冷弯薄壁型钢拼合柱失稳机理和设计方法

李艳春　周天华　路延　著

中国环境出版集团·北京

图书在版编目（CIP）数据

冷弯薄壁型钢拼合柱失稳机理和设计方法 / 李艳春，
周天华，路延著. -- 北京 ： 中国环境出版集团，2024.
9. -- ISBN 978-7-5111-5973-1

Ⅰ. TU392.5

中国国家版本馆 CIP 数据核字第 2024VM1979 号

责任编辑　易　萌
封面设计　彭　杉

出版发行	中国环境出版集团
	（100062　北京市东城区广渠门内大街 16 号）
	网　　　址：http://www.cesp.com.cn
	电子邮箱：bjgl@cesp.com.cn
	联系电话：010-67112765（编辑管理部）
	发行热线：010-67125803，010-67113405（传真）
印　　刷	北京建宏印刷有限公司
经　　销	各地新华书店
版　　次	2024 年 9 月第 1 版
印　　次	2024 年 9 月第 1 次印刷
开　　本	787×1092　1/16
印　　张	14.75
字　　数	320 千字
定　　价	59.00 元

中国环境出版集团郑重承诺：
中国环境出版集团合作的印刷单位、材料单位均具有中国环境标志产品认证。

前　言

冷弯薄壁型钢（Cold-formed Steel，CFS）作为一种新型建材，具有质量轻、强度高、施工方便等特点，因此在水利工程中的应用非常广。它可以用于制作各种水闸、堤坝、水库、渠道等重要设施，其强度和耐腐蚀性可以保证这些设施在长期使用过程中的稳定性和安全性。此外，冷弯薄壁型钢还可以用于制造水利水电设备，如管道、水轮机等，为水利工程的发展提供了重要支持。可以说，冷弯薄壁型钢在水利工程中的应用对于保障国家水资源的安全和可持续利用具有重要意义。

CFS 在其他领域也得到了广泛应用。如建筑、交通、能源等领域，它的轻量化和高强度特性可以大幅减轻建筑物结构负荷，提高建筑物安全性。随着冷弯薄壁型钢结构飞速的发展，CFS 基本单肢截面构件已不足以承受设计荷载，因而产生了多种截面形式的拼合构件。本书对 CFS 双肢闭合拼合柱的失稳机理和承载力计算方法展开了深入的理论研究，从螺钉拼合板的基础理论（板件层次）、拼合截面单肢间和板组间的相互作用理论（板组层次）、拼合柱承载力计算方法（构件层次）3 个层次，全面揭示了拼合柱的真实失稳机理并建立了相应的承载力计算方法。

本书的编写得到了河南省重点研发与推广专项（242102321151）的大力支持。本书由华北水利水电大学李艳春担任主要撰写人，撰写 20 万字；由长安大学周天华教授和内蒙古工业大学路延参与撰写，其中周天华教授撰写 6 万字，路延撰写 6 万字。华北水利水电大学韩爱红副教授、陈记豪副教授、武宗良高级工程师等给本书的编写提出了很好的建议。本书于撰写过程中使用了赵阳、丁嘉豪、牛宏祥、谢艳芬等同学在校攻读硕士研究生期间的部分论文资料，研究生陈娇娇和乔梦慧同学为本书的撰写做了部分图表整理工作，在此一并向他们表示感谢。

作者还要感谢中国环境出版集团的编辑老师们，他们的辛勤工作，保证了本书的顺利出版。

由于著者水平有限，书中肯定会存在很多不足和缺点，恳请读者批评指正。

作　者

2023 年 11 月

目 录

第 1 章

冷弯薄壁型钢的应用

1.1 冷弯薄壁型钢的概述

1.1.1 冷弯薄壁型钢的特征及应用

党的二十大报告提出，推动绿色发展，促进人与自然和谐共生。协同推进降碳、减污、扩绿、增长，推进生态优先、节约集约、绿色低碳发展。冷弯薄壁型钢（CFS）结构体系是一种节地、节能、节水、节材，有利于保护资源及环境的"绿色"结构体系，便于标准化、定型化、工厂化生产，其保温、隔热、隔声及舒适性均优于传统钢结构，具有独特的性能优势和良好的综合经济效益。发展这种新型结构体系，不仅符合国家环保政策和可持续发展战略，而且对提升我国钢结构节能住宅技术的创新能力、促进住宅产业化进程、改善居民尤其是中小城镇居民的住宅条件具有重要意义。

随着科学技术的高速发展，建筑结构中的构件和设计理论得到了不断改进和完善，促进构件朝着薄壁、轻型化方向发展，即截面越来越开阔、力学性能越来越好、越来越能有效利用材料和节约材料。作为薄壁构件的典型代表，CFS 通常由钢片、钢带或钢板经过冷轧、模压或弯折等冷加工成型。与传统热轧型钢相比，CFS 具有以下显著特征：

（1）通过冷成型可较为经济地得到 CFS 不同的截面形状（图 1-1），进而获得令人满意的强度质量比。

图 1-1　CFS 不同的截面形状

（2）组成截面的板件宽而薄，易于出现局部屈曲，但具有较高的屈曲后强度，并不立即丧失承载力。在设计时，充分利用板件的屈曲后强度可显著地增加截面的经济效益。

（3）成型灵活，生产工艺简单，有利于工业化、规格化。现场施工安装简便，可按设计要求任意摆放，减少构件接头，便于节点连接。

20 世纪 50 年代末，美国和英国开始在建筑结构中使用冷弯型钢。1946 年，美国钢铁协会（AISI）发布了《冷弯型钢结构构件设计规范》（以下简称美国规范），进一步加速了冷弯型钢的发展和应用。如今，在欧美等发达国家和地区，CFS 住宅已占普通住宅的 25%以上，且比重不断提升，而我国也已从欧美等发达国家和地区引进了相关技术，将其广泛应用于 CFS 结构房屋、CFS 门式钢架、CFS 货架、CFS 光伏板架等（图 1-2）。

（a）CFS 结构房屋　　　　　　　　　（b）CFS 门式钢架

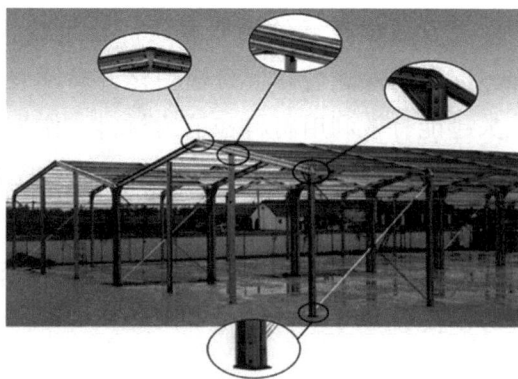

（c）CFS 货架 　　　　　　　　　　　（d）CFS 光伏板架

图 1-2　冷弯薄壁型钢结构的应用

随着技术的不断发展和创新，CFS 在水利工程中的应用正逐渐扩大。它可以用于建造各种水利设施，如水库、水闸、水电站等。CFS 具有质量轻、强度高、耐腐蚀等特点，可以有效地提高建筑物的安全性和耐久性。CFS 还可以用于制造水利设施的支撑结构和框架。它可以提供良好的支撑和稳定性，保证水利设施的可靠性和安全性。此外，CFS 还可以用于制造水利设施的配件，如管道、阀门和法兰等。这些配件可以与其他材料和设备配合使用，构建出更加完整的水利系统。此外，CFS 还可以用于制作桥梁、隧道、地下管道、风电塔架等建筑物，因其具有轻便、耐久、抗震等特点，能够满足不同地区的建筑需求，为各行各业的发展提供有力的支持和保障。同时，它的加工和安装也非常方便，可以大幅缩短施工周期，降低工程造价。随着科技的不断发展和人们对环保、节能的要求越来越高，CFS 将会在未来的水利工程中发挥更加重要的作用，为人类创造更加美好的明天。

1.1.2　CFS 拼合构件的特征及应用

单个 C 形截面和单个 U 形截面［图 1-3（a）和图 1-3（b）］是 CFS 结构中最常用的 2 种构件，在结构中（屋面板、檩条、立柱、门窗和储物架等）一般布置在非主要受力位置和维护结构中。随着 CFS 技术的飞速发展，CFS 基本单肢截面构件已不足以承受设计荷载，因而产生了多种截面形式的拼合构件。拼合构件主要是由 C 形、U 形截面或二者拼合后，通过自攻螺钉或焊接技术拼合而成，图 1-3（c）～图 1-3（f）给出了常见并常用的几种单肢和拼合构件的截面形式。另外，图 1-4 为 CFS 拼合构件在墙体中的应用。

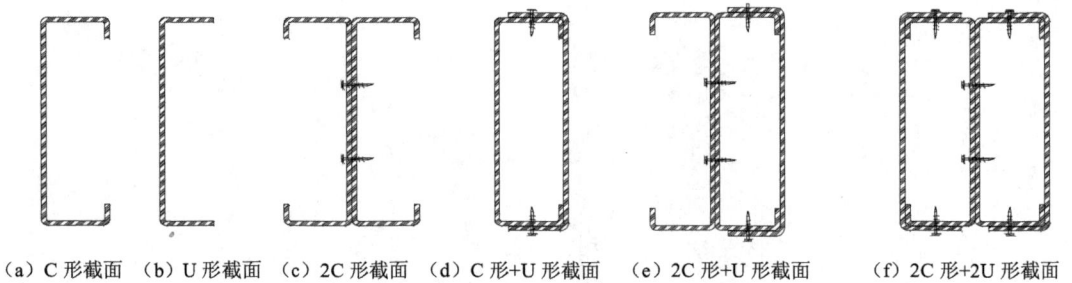

（a）C 形截面　（b）U 形截面　（c）2C 形截面　（d）C 形+U 形截面　（e）2C 形+U 形截面　（f）2C 形+2U 形截面

图 1-3　CFS 常见的单肢和拼合构件的截面形式

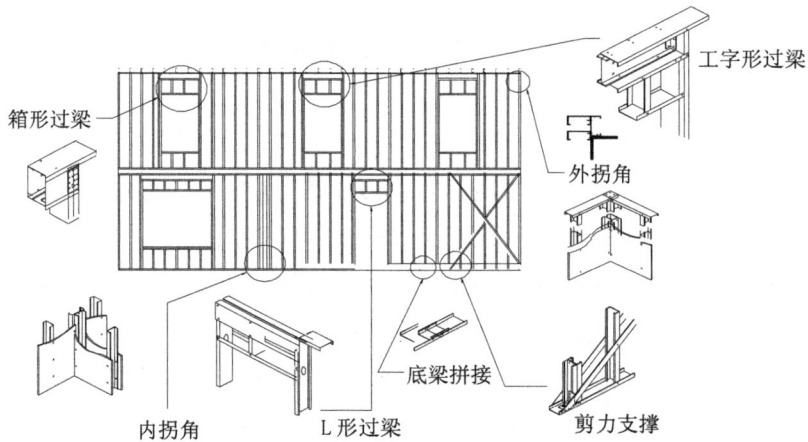

图 1-4　CFS 拼合构件在墙体中的应用

在各类拼合截面中，CFS 双肢开口拼合截面作为最典型的截面形式，在实际工程中得到了大量应用。以 CFS 结构房屋为例，它不仅承担着屋、楼面传递而来的竖向荷载，还承受着风荷载和地震倾覆作用产生的轴向力，图 1-5 为 CFS 双肢开口拼合轴压柱在墙体中的受力情况。

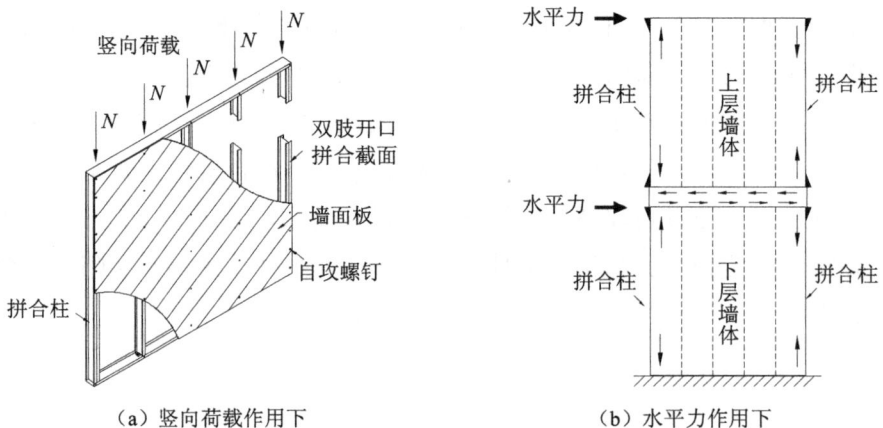

（a）竖向荷载作用下　　　　　　　　（b）水平力作用下

图 1-5　CFS 双肢开口拼合轴压柱在墙体中的受力情况

1.2　CFS 轴压构件的稳定性

CFS 在发挥自身承载作用的同时，由于截面复杂、薄壁开展等特点，其稳定问题尤为突出。一般而言，CFS 在轴压荷载作用下可能发生局部屈曲、畸变屈曲、整体屈曲，甚至在一定条件下，这 3 种屈曲模式还会出现两两相关或三者相关的耦合屈曲，即相关屈曲，如图 1-6 所示。对于 CFS 双肢开口拼合柱，各构件之间通过自攻螺钉连接，并非一个完整的整体，在其连接界面往往存在剪切滑移变形，使得拼合构件不能完全看作统一整体，稳定问题更为复杂，其受力性能也低于相应整体截面构件。

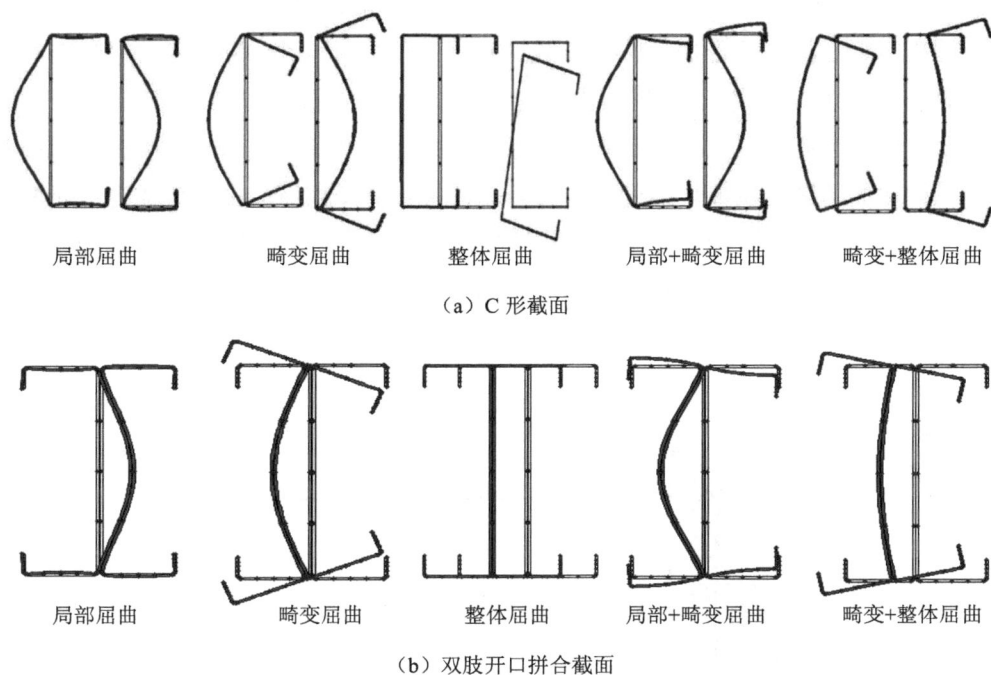

局部屈曲　　畸变屈曲　　整体屈曲　　局部+畸变屈曲　　畸变+整体屈曲

（a）C 形截面

局部屈曲　　畸变屈曲　　整体屈曲　　局部+畸变屈曲　　畸变+整体屈曲

（b）双肢开口拼合截面

图 1-6　CFS 构件的常见屈曲模式

1.2.1　局部屈曲

相较热轧型钢而言，CFS 的局部屈曲问题比较典型。由于 CFS 材料具有薄膜效应，当构架受力发生局部屈曲，继续施加荷载构件仍可以承载，即具有较高的屈曲后强度，故工程中充分利用 CFS 这一特性能明显提高截面的经济效益。热轧型钢则不具有屈曲后强度，故人们通常采取一些措施来避免局部屈曲的发生，而 CFS 构件设计时不仅局部屈曲可发生，还可以充分利用其屈曲后强度。板的挠度将继续发展到相当大的数值，在发展挠度的过程中，板的应力将出现重分布，板的中面会产生相当大的薄膜拉力，因此很难使屈曲后强度定量化。图 1-7（d）给出了局部屈曲的 CFS 构件组成板件中面屈曲前均匀分布的应力和屈曲后重分布的应力分布。

学者对局部屈曲的研究始于单个薄板，主要研究其在分支点屈曲的稳定性能，其稳定性主要表现在屈曲临界应力 σ_{crL}，如图 1-7 所示。矩形板的屈曲临界荷载受边界约束条件及加载方式的影响，Timoshenko 等对此进行了系统的研究。但是，构件中的各个板件并不是相互独立的。因此，Bleich 通过理论解析首次提出板组效应的概念，即在构件发生局部屈曲时，组成其构件的各个板件之间具有相互约束作用。板组效应的特点是先有屈曲的板件会被限制，最后使组成构件的所有板件同时发生屈曲。此外，Bleich 通过理论推导，提出受压 C 形截面构件局部屈曲临界应力的表达式，充分考虑了板组效应的影响。依据伽辽金（Galerkin）方法，Walker 推导出受压槽钢的局部屈曲临界荷载。此后，热轧型钢工字形过梁的局部屈曲临界荷载计算式方法也被提出。为研究板组效应对局部屈曲临界应力的影响规律，对槽钢边界条件为两端简支的局部屈曲临界荷载进行了理论研究，研究结果表明板组效应的影响不可忽略。此外，学者均是以一个半波长为局部屈曲构件纵向屈曲的屈曲参数，并设定构件两端铰接来对局部屈曲临界荷载进行研究。但是很显然，这样的假设与构件受压时的实际情况不符，大多数情况下，构件的边界条件并非为铰接，Szymczak 的研究中发现构件的真实长度与屈曲半波长及半波数对局部屈曲临界荷载均有影响。

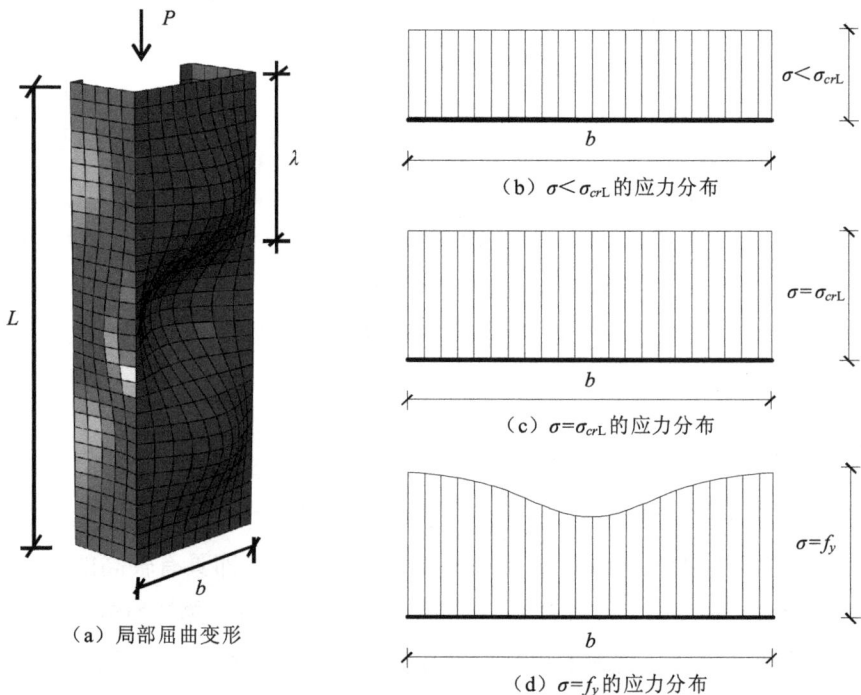

（a）局部屈曲变形

（b）$\sigma < \sigma_{crL}$ 的应力分布

（c）$\sigma = \sigma_{crL}$ 的应力分布

（d）$\sigma = f_y$ 的应力分布

图 1-7　冷弯薄壁 C 形钢的局部屈曲示意

对于局部屈曲后强度而言，Von Karman 是最早对其进行理论研究的学者，在理论解析过程中 Von Karman 考虑了薄膜张力的影响，从而对板小挠度理论进行了修正，首次建立了含有薄膜张力影响参数的大挠度方程组。随后，在 Von Karman 研究结果的基础上，Rhodes 等对受压槽形截面发生局部屈曲后的板组效应进行了研究，并基于能量法推广了薄板屈曲后受力性能的分析方法。基于弹塑性能量原理，Smith 运用大挠度理论研究分析了受压箱形截面柱的极限承载力。在 Rhodes 理论研究的基础上，板组屈曲后受力性能的半能量法被提出，研究了考虑常位移梯度的受压卷边槽形构件局部屈曲后强度，提出了计算方法，并被我国现行国家标准《冷弯薄壁型钢结构技术规范》（GB 50018—2002）纳入。值得一提的是，大挠度理论在理论上与实际受压构件的受力情况类似，但是其求解方法基本上是利用数值分析的方法，此方法无法推导出闭合解，故无法运用在实际工程设计中。

对屈曲后强度的研究是大挠度理论，其具有较大的复杂性。1932 年有效宽度法首次被提出，根据假想宽度进行折减得到有效宽度 b_e，如图 1-8（a）所示，从图中可以看出实际的非线性应力由两个宽度为 $b_e/2$ 和应力为 f_{max} 的有效板件来代替，即

$$\int_0^b f\mathrm{d}x = b_e f_{max} \tag{1-1}$$

基于边缘屈服准则（$f_{max}=f_y$），薄板的有效宽度 b_e 可由四边简支板稳定计算式解得：

$$\frac{4\pi^2 E}{12(1-v^2)}\left(\frac{t}{b_e}\right)^2 = f_y \tag{1-2}$$

求出四边简支矩形板的临界应力 σ_{cr}，得到：

$$\frac{b_e}{b} = \left(\frac{\sigma_{cr}}{f_y}\right)^{0.5} \tag{1-3}$$

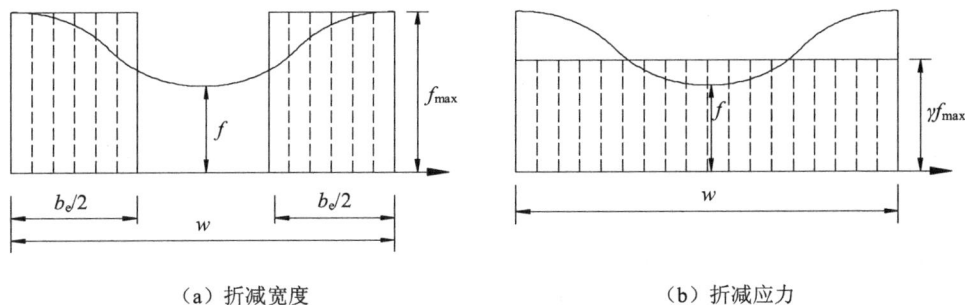

（a）折减宽度　　　　　　　　　　　　　（b）折减应力

图 1-8　折减宽度和折减应力的比较

随后，在诸多学者试验研究结果的基础上，Winter 对式（1-3）进行了修正，得到如式（1-4）有效宽度 b_e 与薄板实际宽度 b 的关系表达式：

$$\frac{b_{\mathrm{e}}}{b} = \begin{cases} 1 & \lambda \leqslant 0.673 \\ \left[1 - 0.22 \left(\dfrac{\sigma_{\mathrm{cr}}}{f_{\mathrm{y}}} \right)^{0.5} \right] \left(\dfrac{\sigma_{\mathrm{cr}}}{f_{\mathrm{y}}} \right)^{0.5} & \lambda > 0.673 \end{cases} \quad (1\text{-}4)$$

式中，$\lambda = \sqrt{\sigma_{cr}/f_{\mathrm{y}}}$；$\sigma_{cr} = \dfrac{k\pi^2 E}{12\left(1 - \mu^2\right)\left(b_{\mathrm{e}}/t\right)^2}$；$k$ 为板件的稳定系数；μ 为泊松比。

与式（1-3）相比，式（1-4）是通过大量试验数据有效回归得到的，并充分考虑了初始几何缺陷和残余应力对 CFS 性能的影响。在 Winter 有效宽度法表达式的基础上，Peköz 经过研究表明式（1-4）在一定条件下既可以适用于边界条件为四边简支板，也能用于计算其他边界条件下板的有效宽度 b_{e}。随后，依据前人研究的结果，相关专家学习提出了一套统一计算有效宽度的方法，直至现在仍在沿用。该方法也被多国纳入冷弯薄壁规范，如美国规范（AISI S100—2016）、澳大利亚/新西兰冷弯型钢结构标准（AS/NZS 4600：2005）、欧洲规范（Eurocode 3）（EN 1993，Part 1～3）和现行国家标准（GB 50018—2002）。虽然有效宽度法在以上规范中有不同的计算方式，但是计算理论均是依据 Winter 提出的有效宽度法公式。

对于整体构件而言，各个组成板件发生局部屈曲后将使整体构件的刚度降低，有效宽度法对这一影响构件整体屈曲的因素进行考虑，即将板件的部分有效截面作为验证整体构件的强度和稳定的重要参数，由此可知，考虑板件之间的相互作用是非常必要且重要的。而 Winter 提出的有效宽度法公式忽视了板件之间的相关性因素。依据 Winter 有效宽度法公式，大多数研究学者进一步研究发现，利用式（1-4）计算的构件的承载力误差很大。但是至今仍然没有一个关于如何合理考虑板组效应的定论。虽然我国现行标准《冷弯薄壁型钢结构技术规范》（GB 50018—2002）中的有效宽度法中包含板组效应这一影响参数，但是它仅考虑了局部屈曲的影响而忽视了畸变屈曲的影响，导致计算结果偏于保守。在有效宽度法研究存在缺陷的基础上，Schafer 和 Peköz 在 1998 年依据大量的 CFS 试验数据提出了直接强度法（DSM）的概念。直接强度法不需要计算组成板件的有效宽度和构件的有效面积，而是利用全截面特性对应力进行折减，大大简化了有效宽度法的计算过程。

综上所述，国内外学者对局部屈曲变形特征及受力性能的研究大多数集中在单肢截面构件，也有对板组效应、相关屈曲、屈曲后强度和性能等的研究。但是，截至目前，关于螺钉拼合构件的连接界面不连续性和螺钉约束作用对 CFS 双肢闭合箱形拼合构件稳定性能的影响，仍然没有相关研究结果。

1.2.2　畸变屈曲

1）畸变屈曲研究概况

畸变屈曲、局部屈曲和整体屈曲的研究均始于理论研究，且在研究初期也没有得到学者的广泛关注。畸变屈曲现象最早是由 Chilver 在对 U 形截面受压柱试验过程中发现的。随后，对不同截面形式的构件研究时也发现了畸变屈曲现象。由于畸变屈曲变形对试件的承载力具有一定的控制作用，所以大多数学者对采取控制构件畸变屈曲的发生作了大量的研究。

以上学者对畸变屈曲的理论探讨可以看作畸变屈曲研究的起源。而对 CFS 畸变屈曲的研究始于开口截面，且对于 CFS 而言是一类比较特殊的稳定问题。畸变屈曲的变形特征主要是横截面的形状产生变化，导致屈曲时板件之间的交线不再是受力前的直线状态，而是在横向发生了变形，这一概念由 Hancock 于 1978 年第一次提出。

2）畸变屈曲临界荷载的现状

Chilver 是第一个在 U 形截面受压柱试验过程中观察到畸变屈曲现象的人，随后 Chilver 在 1951 年和 1953 年研究并发表了带卷边槽形钢和不带卷边槽形钢截面试件受压时发生畸变屈曲的论文，如图 1-9 所示，受压构件畸变屈曲临界荷载的计算方法也同时被提出。但是，由于对畸变屈曲现象尚在研究初期，大多数问题仍未考虑，理论尚不成熟，以至于计算方法比较复杂，且需要编程进行大量的计算。此后，学者也分别在试验现象中发现了畸变屈曲的出现，但是由于大多数学者对畸变屈曲现象及概念认识的不成熟，他们把这一现象误认为"局部-扭转屈曲"，且采取在两卷边布置缀条的方法来限制畸变屈曲的发生，Mulligan 对畸变屈曲的试验现象如图 1-10 所示。为考虑畸变屈曲对构件承载力性能的影响，美国规范在 Mulligan 研究的基础上，对其稳定系数进一步修正，但数据研究表明，计算结果仍然过于不安全。

（a）试验装置　　（b）U 形截面受压柱的畸变屈曲

图 1-9　Chilver 对畸变屈曲的试验现象　　图 1-10　Mulligan 对畸变屈曲的试验现象

Hancock 在 1984 年总结概括出畸变屈曲的概念，并利用有限的分析方法对储存货物的框架柱的畸变屈曲性能进行了研究，CFS 受压构件屈曲模式的多样性和复杂性导致对薄壁受压构件屈曲问题的研究难度急剧增加：①增加了一种全新的畸变屈曲模式；②试件受压时可能存在畸变-整体相关屈曲、局部-畸变相关屈曲、畸变-局部相关屈曲和局部-畸变-整体等复杂的相关屈曲模式。因此，对于在以上新增屈曲模式下受压构件的屈

曲临界荷载的计算问题及试件截面几何尺寸、试件物理参数、试件边界约束条件对受压构件屈曲模式的影响等便成了后期广大学者研究的热点之一。

早期，学者常常通过各种数值法、各种分析软件或理论解析等方法来求解构件的畸变屈曲临界应力或临界荷载。当前，广大学者常运用 Cheung 提出的有限条法（Finite Strip Method）、Schardt 提出的广义梁理论（Generalized Beam Theory）等，并基于这两种数值计算方法研究其他计算方法。利用以上软件使计算畸变屈曲临界值更加快捷方便。但是，在研究畸变屈曲失稳机理方面，最有效且被广泛使用的仍然是理论解析的计算方法。

1987 年 Lau 和 Hancock 提出的边界条件为两端简支的轴压构件的畸变屈曲临界荷载的计算公式和同时建立的其畸变屈曲计算模型，如图 1-11 所示。该畸变屈曲计算模型被澳大利亚/新西兰标准（AS/NZS 4600：2005）和我国现行行业标准《低层冷弯薄壁型钢房屋建筑技术规程》（JGJ 227—2011）纳入。1997 年，Schafer 在畸变屈曲计算模型的基础上作了进一步的修正与调整（图 1-12），此后美国规范（AISI S100—2007）采纳了这一计算方法。畸变屈曲计算模型和计算方法也一直被沿用至今。

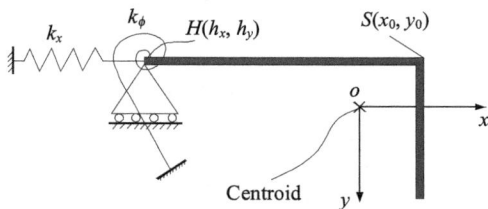

图 1-11　畸变屈曲计算模型

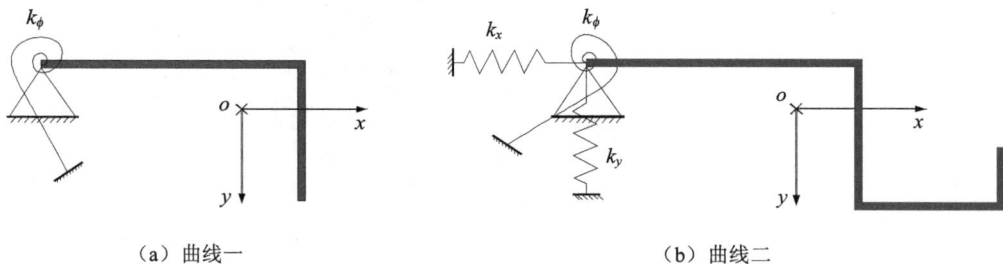

（a）曲线一　　　　　　　　　　　　　　　（b）曲线二

图 1-12　Schafer 的畸变屈曲计算模型

受弯构件的畸变屈曲临界应力计算公式相继被提出，我国广大研究学者也广泛关注到这一问题。依据 Lau 和 Hancock 提出的畸变屈曲计算模型，苏明周和陈绍蕃提出了 C 形截面钢梁受压时翼缘发生畸变屈曲时的稳定系数的取值（图 1-13）。

研究学者建立了较为复杂的畸变屈曲分析模型（图 1-14），即为考虑腹板与翼缘之间的相关作用，在截面形心处加设刚度为 k_x 的弹簧。2008 年，姚谏等广大学者对 C 形截面钢梁畸变屈曲转动约束刚度进行了研究，并提出了 C 形截面钢梁畸变屈曲临界荷载的简化计算公式。依据广义梁理论，CFS 带卷边槽形截面板件当发生局部屈曲和畸变屈曲时的稳定系数的计算公式应进行统一。另外，依据对畸变屈曲现象的研究，提出了限制畸变屈曲发生的构造措施。

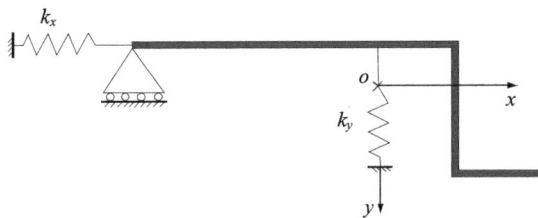

图 1-13　C 形截面钢梁受压时畸变屈曲模型　　　　图 1-14　畸变屈曲分析模型

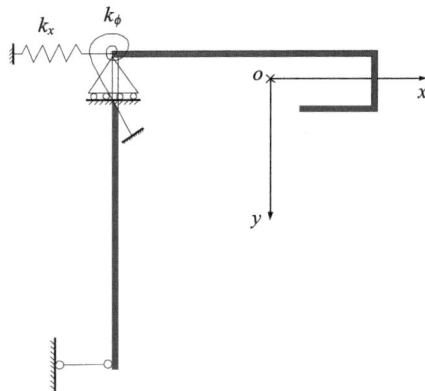

与局部屈曲相同，国内外学者对畸变屈曲临界荷载的相关研究相对成熟及完善，它们的计算表达式也被引入相关行业规范。但是，国内外学者均假定计算模型的边界条件为两端铰接，且假定模型纵向变形的特征参数为试件的一个屈曲半波长 λ，以便于屈曲临界荷载公式的推导。因此，在 Lau 和 Hancock 提出的畸变屈曲计算模型的基础上，改进了其计算模型纵向变形的特征参数，考虑了加载端固结的影响，并依据广义梁理论法推导出畸变屈曲临界应力表达式，分析研究了边界条件对畸变屈曲临界值的影响规律。2017年，周天华对畸变屈曲问题展开了深入研究，指出试件端部边界条件和屈曲波形均是影响畸变屈曲临界荷载的重要因素，且密切相关。

综上所述，国内外学者不仅研究分析了 CFS 开口截面构件的畸变屈曲失稳机理，还揭示了几何参数、物理参数和端部边界条件对畸变屈曲临界荷载的影响规律，并总结了对于此类构件发生畸变屈曲失稳的影响因素。但是，各国学者对畸变屈曲临界荷载的研究仅以单肢截面为研究对象，而对于 CFS 双肢闭合拼合构件，由于螺钉的连接使拼合截面不连续，且当试件受压时拼合截面可能存在一定的剪切滑移，因此，连接界面的不连续性和螺钉的剪切滑移是否对畸变屈曲的稳定性有影响及影响规律，有关研究目前很少。

3）极限承载力方面的研究

国外对畸变屈曲的发现始于 20 世纪 50 年代，研究发现，畸变屈曲后强度小于局部屈曲后强度。而试验研究表明，构件发生畸变屈曲后不存在屈曲后强度。1992 年，学者对由高强钢材制成的卷边槽钢，在加载端为两端固结的条件下展开了试验研究，指出柱发生畸变屈曲破坏后并没有马上失效，仍可以持载一段时间，即存在较大的屈曲后强度，并在此基础上，给出了两种计算畸变屈曲承载力的计算表达式，如式（1-5）和式

（1-6）所示。

（1）承载力曲线一：

$$f_u = \begin{cases} f_y\left(1 - 0.25\dfrac{f_y}{f_{crD}}\right) & \lambda_{crD} \leqslant 1.414 \\[3mm] f_y\left[0.055\left(\sqrt{\dfrac{f_y}{f_{crD}}} - 3.6\right)^2 + 0.237\right] & 1.414 \leqslant \lambda_{crD} \leqslant 3.606 \end{cases} \qquad (1\text{-}5)$$

式中，f_{crD} 为畸变屈曲临界荷载；f_y 为材料屈服强度。

（2）承载力曲线二：

$$\frac{b_e}{b} = \begin{cases} 1 & \lambda_{crD} \leqslant 0.561 \\[3mm] \left(\dfrac{f_{crD}}{f_y}\right)^{0.6}\left[1 - 0.25\left(\dfrac{f_{crD}}{f_y}\right)^{0.6}\right] & \lambda_{crD} \geqslant 0.561 \end{cases} \qquad (1\text{-}6)$$

式中，$\lambda_{crD} = \sqrt{f_y / f_{crD}}$ 。

在对腹板有 V 形加劲肋的构件试验研究中发现了畸变屈曲，并对国际相关标准中的相关截面承载力设计方法进行了验证。1996 年，学者又对同样截面形式的试件及翼缘中部帽形加劲的构件展开了试验研究，并把试验承载力与各国规范的承载力计算方法进行比较，验证了各国规范中计算表达式的准确性及精度，最后提出了更加精确的计算畸变屈曲承载力的表达式。对发生畸变屈曲的薄壁构件的承载力数值模拟分析展开了研究，将试件自身的初始几何缺陷和残余应力的影响引入有限元模型中，建立了影响承载力的初始缺陷图谱，给出了影响承载力的分析参数残余应力的概念。随着对畸变屈曲性能研究的深入，2002 年，Schafer 给出了构件轴心受压时的极限承载力计算公式：

$$\frac{P_{uD}}{P_y} = \begin{cases} 1 & \sqrt{\dfrac{f_y}{f_{crD}}} \leqslant 0.561 \\[3mm] \left[1 - 0.25\left(\dfrac{\sigma_{crD}}{f_{crD}}\right)^{0.6}\right]\left(\dfrac{\sigma_{crD}}{f_{crD}}\right)^{0.6} & \sqrt{\dfrac{f_y}{f_{crD}}} > 0.561 \end{cases} \qquad (1\text{-}7)$$

式中，P_{uD} 为畸变屈曲承载力；σ_{crD} 为畸变屈曲压力。

本书对 C 形截面和 Z 形截面受弯构件的畸变屈曲受力性能展开了试验研究，并对比了其他学者研究的局部屈曲的受弯构件的承载力，发现构件的承载力呈下降的趋势，这主要是由畸变屈曲引起的，而并非由局部屈曲引起，并将试验结果与国外规范中的直接强度法计算值进行比较，表明国际相关标准计算值与该试验值吻合较好，而美国规范中的直接强度法计算结果偏不安全。本书在前人对腹板开孔柱承载力试验研究的基础上，对该类截面构件展开了大量的数值模拟分析，并将有限元模拟结果和前人试验结果与已有的直接强度法计算结果进行对比分析，提出了一种适用于该截面类型的直接强度法畸变屈曲承载力表达式［式（1-8）］，并验证了提出的设计表达式的普遍适用性及准确性。

$$P_{uD} = \begin{cases} \left[1 - 0.25 \left(\dfrac{P_{crD}}{P_y} \right)^{-1} \right] & P_y \sqrt{\dfrac{P_y}{P_{crD}}} \leqslant 1 \\ \left[1 - 0.25 \left(\dfrac{P_{crD}}{P_y} \right)^{0.6} \right] \left(\dfrac{P_{crD}}{P_y} \right)^{0.6} & P_y \sqrt{\dfrac{f_y}{f_{crD}}} > 1 \end{cases} \qquad (1\text{-}8)$$

Landesmann 和 Camotim 对构件发生畸变屈曲破坏后的屈曲后行为和承载力进行了研究，考虑了截面形式、截面尺寸、试件长度和端部边界条件对畸变屈曲性能的影响，并将研究结果与直接强度法中的畸变屈曲承载力计算结果进行比较，指出除边界条件为两端固结的试件外，其他边界条件下构件的直接强度法承载力计算结果均偏保守，并给出了相应的计算公式，如式（1-9）所示。

$$P_{uD} = \begin{cases} P_y & \sqrt{\dfrac{P_y}{P_{crD}}} \leqslant 0.561 \\ \left[1 - 0.25 \left(\dfrac{P_{crD}}{P_y} \right)^{0.6} \right] P_y & 0.561 < \sqrt{\dfrac{P_y}{P_{crD}}} \leqslant 1.133 \\ \left[0.65 + 0.2 \left(\dfrac{P_{crD}}{P_y} \right)^{0.75} \right] \left(\dfrac{P_{crD}}{P_y} \right)^{0.75} & P_y \sqrt{\dfrac{f_y}{f_{crD}}} > 1.133 \end{cases} \qquad (1\text{-}9)$$

Anil Kumar 利用带卷边和中间加劲肋的槽形受压构件的试验结果，以及不同形状加卷边槽形受压构件的非线性有限元分析结果，计算了畸变屈曲强度的扩散模型（DSM）方程，对截面类型、截面尺寸、卷边深度与翼缘宽度比、腹板高度与翼缘宽度比、屈服应力、端部边界条件和破坏模式等参数的影响研究表明，无量纲极限强度可表示为受压下极限强度与屈服强度之比 P_u/P_y，可通过无量纲畸变屈曲长细比 λ_d 进行充分说明。试验和分析结果表明，DSM 方程对畸变屈曲作用下加筋卷边槽钢的强度计算一般是保守的。建议对 DSM 方程进行修正，以更准确地评估加筋卷边槽钢的畸变屈曲强度。

Susila 通过试验和数值模拟研究了控制畸变屈曲加固方法对腹板的加固效果，确定了畸变屈曲强度和承载力，提出在腹板中间设置加劲肋并不能显著提高其抗弯承载力，但提供的屈曲模式性能稍好。Landesmann 提出了一种数值研究方法，旨在评估现行 DSM 畸变屈曲破坏的性能，以估算固定端 CFS 卷边槽钢和机架型钢柱：①在不同均匀温度下的极限强度由火灾条件引起的分布；②显示出不同的室温屈服应力，覆盖了广泛的变形长细比范围。研究探讨了通过（降低的）杨氏模量和名义屈服应力值感受到的钢材料行为的温度依赖性如何影响 DSM 畸变强度曲线柱极限强度预测的质量（精度和安全性）。考虑了 6 种不同的温度相关钢材本构关系，即欧洲规范 3：钢结构设计（EN 1993）第 1.2 部分中规定的两种冷弯型钢和热轧型钢模型，以及相关报道的 4 种基于实验的分析表达式。将 DSM 柱的极限强度估算值与考虑小振幅临界模态初始缺陷的有限元计算结果进行比较。Landesmann 通过对发生 CFS 腹板/翼缘加劲肋带槽柱的畸变屈曲强度的研究，给出了该截面形式的平衡强度、失效荷载和变形结构，并讨论了 V 形加劲对畸变屈曲强度的影响程度，提出了当前 DSM 应用程序的想法设计强度曲线。Fratamico 对 CFS 拼合柱的畸变屈曲和承载力性能进行了试验和计算工作，以背对背、螺钉连接的形式，选择其局部和畸变长细比，研究螺钉间距和布置形式对畸变屈曲与破坏行为的影响。

采用 Galerkin 方法推导了畸变屈曲公式。此外，对严格公式进行了简化，以便于使用。随后，为了验证推导公式的准确性，将所得结果与计算机软件 GBTUL 的计算结果进行比较。此外，通过将基于 Schafer 的 DSM 表达式与文献中的数值计算结果进行比较，进一步验证了推导公式的适用性。结果表明：①公式可成功地用于估算具有实际长度的销端柱和固定端柱的畸变屈曲承载力；②由于考虑了柱的长度和端部条件的影响，可以得到更为合理的屈曲强度估算公式。Pezeshky 建立了宽翼缘双对称截面梁柱弹性分析的统一畸变屈曲有限元公式，包括腹板变形引起的软化效应、预屈曲变形引起的加劲效应、强轴弯矩与轴力之间的预屈曲非线性相互作用、预屈曲剪切变形效应的贡献，荷载偏离剪力中心引起的失稳效应，以及横向加劲肋对腹板变形的影响。研究了梁跨深、翼缘宽厚、腹板高厚和翼缘宽高比对临界弯矩的影响。与忽略畸变和预屈曲效应的常规侧向扭转屈曲解决方案进行比较，量化了畸变预屈曲变形效应的影响。Degtyareva 研究了开槽穿孔 CFS 受弯构件的畸变屈曲行为，根据美国规范（AISI S100—2016）和澳大利亚/新西兰标准（AS/NZS 4600：2005），研究了具有腹板孔的 CFS 受弯构件的现行直接强度法的可靠性。同时，提出了开缝开孔 CFS 受弯构件畸变屈曲的直接强度法修正公式。

国内学者也逐渐关注了畸变屈曲问题，并逐渐开展试验、数值及理论研究。1997 年，苏明周和陈绍蕃对 C 形截面钢梁的稳定性能展开研究，较早提出了畸变屈曲的概念，给出了翼缘发生畸变屈曲系数的计算表达式，并参考我国实际工程中常用的截面尺寸，给出了板件长宽比的界限及相对应的最小屈曲稳定系数。2002 年，陈绍蕃把畸变屈曲定义为局部屈曲中特殊的一种屈曲模式——局部扭转屈曲，根据 C 形截面构件畸变屈曲的变形特征，当卷边刚度很大且翼缘-卷边的屈曲系数为 3 时，构件设计时可以忽略畸变屈曲变形对其的影响，指出由于过窄的卷边受力容易在其平面内发生屈曲，板件间的相互作用使卷边带动翼缘一起屈曲，才导致畸变屈曲发生。2022 年，依据能量原理，周绪红提出了两大屈曲理论，即弹性屈曲理论和板组相关屈曲理论，并给出了一定受力条件下板件的屈曲系数和考虑板组效应的约束系数，而后这些系数被相关设计方法采纳。随后，大多数学者对不同截面形式和不同受力方式的单肢构件的畸变屈曲承载力展开了试验、有限元及理论的研究。

李元齐在考虑局部屈曲板组效应影响的基础上，通过对两端固结的卷边槽钢轴压柱的试验研究及理论分析，给出了卷边槽钢的畸变屈曲稳定系数，提出截面尺寸是影响畸变屈曲承载力的重要因素。2022 年，李元齐和王树坤等又对高强钢材且腹板中部加劲的 CFS 槽钢展开了试验研究，推导出了偏压柱畸变屈曲承载力计算公式。石宇分别给出了 3 种屈曲模式下轴压柱极限承载力的计算方法——折减强度法和对应的 3 种屈曲模式的计算公式，并依据试验数据验证了理论公式的精度及适用性。姚永红通过对腹板开孔 C 形截面轴压构件畸变屈曲特征的试验研究，指出构件的屈曲模式和承载力大小受腹板开孔的影响，腹板开孔可以改变该截面构件的屈曲模式，还会降低构件的承载力。罗洪光提出了不同受力方式的斜卷边槽形截面构件的畸变屈曲应力的计算公式，并给出了相关计算模型，为计算构件畸变屈曲承载力奠定了基础。

姚永红对腹板 V 形加劲肋的 C 形截面柱展开试验研究，试验中发现中长柱发生畸变屈曲破坏时，其会绕弱轴发生弯曲变形，因此，可以判定畸变屈曲具有一定的屈曲后强度。同时基于直接强度法，提出了适用于计算该截面构件承载力的设计方法，将理论计算值与试验结果及数值模拟结果比较，验证了提出理论公式的安全可靠性。何子奇对 CFS 轴压构件的畸变屈曲的力学机理和设计理论展开深入的研究，在直接强度法中的两条畸变屈曲承载力设计曲线的基础上，提出了新的畸变屈曲承载力设计曲线，给出了新的直接强度法畸变屈曲承载力计算表达式。另外，依据有效宽度法和直接强度法，给出了 CFS 构件的失稳系数，以便于构件的设计，并给出了一套完整的承载力计算方法，同时还建议了 CFS 构件失稳模式的判定依据。刘占科对卷边槽形钢轴压柱的屈曲模式和极限承载力进行了试验研究，揭示了柱截面高宽比及计算长度的影响规律，提出了判别构件发生畸变屈曲的方法及依据，并建立了适用于 CFS 受压构件极限荷载的通用理论。李丹妮对有复杂加劲的 CFS 槽钢的畸变屈曲承载力展开理论研究，分析了加劲模式、加劲尺寸等对畸变屈曲承载力的影响规律，通过对已有的直接强度法进行修正，得到不同加劲形式 CFS 槽钢构件畸变屈曲承载力的计算公式。陈明对腹板纵向设置 V 形加劲肋截面的卷边槽钢柱展开了试验、有限元和理论研究，考察了构件长度、截面尺寸、试件初始缺陷、荷载加载形式、端部边界条件和加劲肋刚度等因素对构件承载力的影响规律。通过对大量的参数研究分析，给出了轴压柱和偏压柱畸变屈曲承载力计算公式，并验证了其提出公式的精度及适用性。柳亚华通过对 CFS 腹板开孔轴压构件屈曲性能的研究，分析了腹板开孔位置、开孔大小及开孔类型等对试件畸变屈曲稳定系数的影响，依据参数分析结果，给出了适用于该截面类型构件的畸变屈曲承载力计算建议公式，并通过与美国相关规范中的计算结果比较，验证了建议方法的可行性和适用性。Zhou 提出了一种新的畸变屈曲公式的解析方法，该解析方法同时考虑了柱长和端部条件的影响，推导了基于边缘加劲板模型的计算公式。为了验证推导公式的准确性，将所得结果与计算机软件 GBTUL 的计算结果进行比较。还对 Schafer 的 DSM 方程与文献中的数值计算结果进行比较，进一步验证了推导公式的适用性。结果表明：①可成功用于估算具有实际长度的两端铰接和固定端柱的承载力；②得到了更为合理的屈曲强度估算公式。

国内外对单肢截面构件的畸变屈曲承载力设计曲线研究已相对成熟。澳大利亚/新西兰标准和我国行业现行标准《低层冷弯薄壁型钢房屋建筑技术规程》(JGJ 227—2011)中的有效宽度计算方法的设计依据均是采纳 Kwon 提出的设计曲线。另外，澳大利亚/新西兰标准和美国规范中直接强度法均是以 Schafer 提出的畸变屈曲承载力曲线计算式(1-5)为设计依据。但是，以上学者及规范中给出的计算方法均是以单肢截面为研究对象，这些计算方法是否适用于 CFS 双肢闭合拼合轴压柱，至今仍没有系统的研究。

1.2.3 整体屈曲

整体屈曲包括弯曲屈曲、扭转屈曲和弯扭屈曲 3 种模式，其中弯曲屈曲是最早被研究的。学者对弯曲屈曲的研究起源于 1740 年，Euler 在推导薄壁受压构件的整体失稳模式弯曲失稳 [图 1-15 (a)] 临界荷载的基础上，指出对于长细比较大的轴压杆，当施加荷载低于全截面屈服荷载时，构件将发生弯曲屈曲直至破坏。然而，当年的建筑结构所用材料普遍使用的是强度较低的石材和木材，所采用的构件普遍比较短且粗，故导致构件的稳定问题并不明显，以至于人们对该类构件的稳定问题认识比较狭隘。随着国内外工业的发展，大量屈服强度较高的材料在实际工程中被广泛应用，构件的稳定问题也浮出水面。1970 年，加拿大的 Quebec 大桥发生整体塌陷，究其原因主要是其南侧设计过于细长的下弦杆不足以承载而导致桥梁压溃，悬臂坠入河中。然而类似 Quebec 大桥的工程事故随后不断发生，这引起了广大学者的关注，国内外学者对薄壁构件稳定问题展开了深入研究，研究发现弯扭屈曲和扭转屈曲也可发生在开口截面薄壁构件中，如图 1-15 (b) 和图 1-15 (c) 所示。

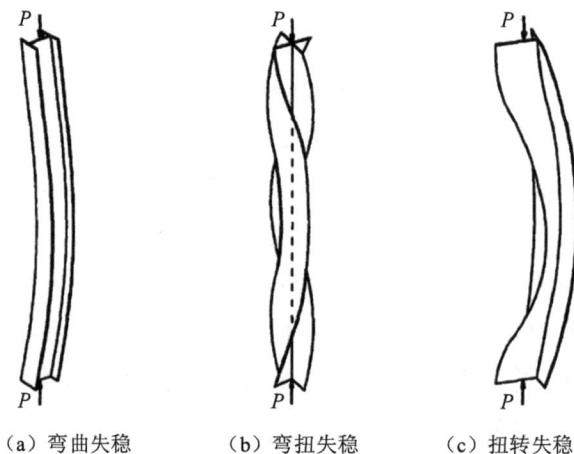

(a) 弯曲失稳   (b) 弯扭失稳   (c) 扭转失稳

图 1-15 薄壁受压构件的整体失稳模式

在国外，薄壁型钢开口截面构件的扭转失稳问题最早被 Wagner 研究，他指出不同于实体截面构件，薄壁型钢开口截面构件受约束而发生的不均匀翘曲的影响作用不可忽略。对于这一问题，Wagner 在建立的计算模型中假定构件的扭转中心与剪切中心重合以忽略翘曲变形的控制作用，但是这一假定在后续的研究中被证明是错误的。为了验证这一问题，大多数学者陆续对扭转和弯扭屈曲的性能展开了深入的研究，提出了较为精确的计算扭转和/或弯曲屈曲承载力的公式。依据前人提出的构件受压截面发生翘曲且其几何形状保持不变的假定，Vlasov 通过深入研究提出两个"刚周边"假定：①构件组成板件之间的交线不变形；②杆件发生屈曲变形曲线剪应变为"0"。假定的"刚周边"的适应范围为

$$\frac{t}{b} \leqslant 0.1, \ \frac{b}{L} \leqslant 0.1 \tag{1-10}$$

式中，t 为板件厚度；b 为横截面几何尺寸的代表尺寸；L 为试件长度。

随后，依据 Vlasov 提出的"刚周边"假定，大多数学者对 CFS 开口截面构件的整体失稳的临界荷载展开理论研究，他们的研究结果也为相关行业规范所采纳。美国规范中有关 CFS 开口截面构件整体失稳荷载的计算规定先计算构件可能发生的弯曲屈曲、扭转屈曲和弯扭屈曲 3 种屈曲荷载，而构件的整体失稳荷载为三者中的最小值。我国现行国家标准《冷弯薄壁型钢结构技术规范》（GB 50018—2002）与美国规范的不同在于计算方法。美国规范中主要是采用直接强度法，依据构件的全截面特性确定板件的极限承载力，而我国国家标准主要是通过将杆件的稳定性的计算包含在长细比计算过程中，即长细比法。虽然我国与美国的计算方法不同，但相关研究表明，利用两国计算构件整体屈曲临界荷载的结果很接近，都可以精确预测 CFS 开口截面构件的整体屈曲临界荷载。

董俊巧对不同截面形式槽钢的弯曲屈曲进行了有限元分析，结果表明，板件腹板或中间 V 形加劲可使板件的宽厚比减小，但能显著提高受弯构件的屈曲荷载，同时指出带加劲肋槽钢的屈曲荷载比未加劲肋槽钢的屈曲荷载高出 12%～15%。Susila 通过试验和数值模拟研究，确定了弯曲强度和屈曲承载力，采用了澳大利亚/新西兰冷弯型钢结构标准或美国规范中规定的有效宽度法（EWM）和直接强度法进行计算，在试验的基础上，进行了数值模拟，预测了 C 形截面在四点弯曲试验下的行为。对试验结果的数值分析表明，在中间腹板上设置加劲肋并不能显著提高其抗弯承载力，但提供的屈曲模态性能稍好。Sun 对一种新研制的 EN 1.4420 级高铬不锈钢焊接工字形截面柱的弯曲屈曲性能和抗力进行了试验研究和数值分析。并采用所获得的试验和数值数据，对现行欧洲标准和美国规范中规定的普通不锈钢焊接工字钢柱和冷弯成型双对称截面柱的设计规定的适用性进行了评估，根据现有澳大利亚/新西兰标准和美国规范，对新型高铬不锈钢焊接工字钢柱弯曲屈曲承载力进行了规定，并使用欧洲规范获得了最精确、一致的弯曲屈曲抗力设计曲线。

伴随 CFS 建筑结构的发展，简单截面（C 形和 U 形）构件已不能满足现代建筑结构的受荷要求，通过大量的试验研究和数值分析，越来越多的拼合截面形式的构件被应用到实际工程中，如 CFS 双肢开口截面、CFS 双肢闭合拼合截面、CFS 三肢半开口拼合截面及多肢拼合截面。显然，由各个单肢组成的 CFS 拼合构件使截面整体的惯性矩增大，与整体构件的不同之处在于其拼合连接处截面的不连续，因此，当拼合构件发生弯曲时，不可忽略由剪力引起的屈曲变形，这是螺钉连接拼合而成的拼合截面构件的受力性能不及截面连续的整体构件受力性能的原因之一。

剪力作用引起拼合构件滑移变形的现象最早出现在格构柱中（图 1-16），Engesser 是最早对这一问题展开研究的。随后，Timosheko 依据 Engesser 的研究结果，提出了两种分别计算拼合截面缀条柱和拼合截面缀板柱的弯曲屈曲临界荷载的公式。在此基础上，众多学者对以上两种拼合截面柱的受力性能及设计方法展开了深入研究，更有力地证明了不可忽略剪力对构件变形的影响。因此，剪切变形逐渐成为学术界的热点话题，为了将剪切变形这一影响因素在计算拼合构件承载力时考虑进去，美国相关结构标准参考试验研究，第一个提出了对修正长细比法的相关规定。随后，提出的修正长细比法的适用性及精度也相继被大量的试验数据及理论分析验证。

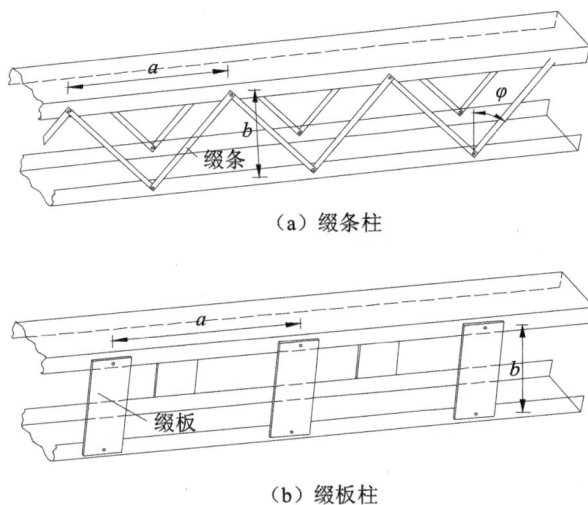

（a）缀条柱

（b）缀板柱

图 1-16 格构柱示意

考虑 CFS 拼合构件设计的问题，在美国规范中已有研究的基础上，美国冷弯规范和澳大利亚冷弯规范对 CFS 双肢拼合截面构件的承载力采用修正长细比法进行设计，设计依据见式（1-11）。

$$\left(\frac{kL}{r}\right)_m = \sqrt{\left(\frac{kL}{r}\right)_0^2 + \left(\frac{a}{r_i}\right)^2} \tag{1-11}$$

式中，$\left(\dfrac{kL}{r}\right)_m$ 为修正后的长细比；$\left(\dfrac{kL}{r}\right)_0$ 为试件的实际长细比；a 为连接件之间的距离；r_i 为组合构件中单肢构件的最小回转半径。

随后，许多学者对拼合截面的修正长细比法进行了深入研究，并通过试验数据或有限元结果对其加以验证。需要注意的是，式（1-11）仅适用于热轧组合柱，对于冷弯型钢拼合柱是否适用仍有待研究。Zhou 经过对 CFS 背靠背双肢拼合截面柱的理论分析，建立了 CFS 背靠背双肢拼合截面柱抗弯屈曲承载力的计算方法，提出了一种新的弯曲屈曲模型来建立单个型材的运动学关系。此外，在螺钉位置采用剪切板来考虑离散的螺钉剪切变形约束效应。剪切板的抗剪刚度由横截面剪应力传递路径确定。在能量法的基础上，推导出一种计算方法，并表明美国规范中的修正长细比法不能用于 CFS 拼合构件整体屈曲承载力的计算。此外，还对公式进行了简化，以便在实际工程中使用。Stone 的研究也表明，利用式（1-11）计算 CFS 拼合截面构件的承载力，结果会出现过于保守的现象。而现行国家标准《冷弯薄壁型钢结构技术规范》（GB 50018—2002）中仍未给出关于 CFS 双肢闭合拼合截面稳定承载力方面的设计方法及相关规定。

1.2.4　相关屈曲

前已述及，局部屈曲、畸变屈曲和整体失稳这 3 种屈曲模式在一定条件下会出现两两之间或三者之间的耦合屈曲，即相关屈曲。在局部-整体相关屈曲问题上，研究表明，由于局部屈曲具有一定的屈曲后强度，故当受压构件长细比适中时（中长柱），局部屈曲和整体屈曲的相关性显著，如果忽视这种影响，将显著高估构件的承载力。在我国，郭彦林、张其林和沈祖炎等学者均对局部-整体相关性问题进行了深入研究，丰富了局部-整体相关屈曲的理论。目前，各国规范无论是有效宽度法还是直接强度法均明确给出了局部-整体相关屈曲的计算规定。

相较于局部-整体相关屈曲，在包含畸变屈曲在内的其他耦合相关屈曲问题上，如局部-畸变相关屈曲、畸变-整体相关屈曲和局部-畸变-整体相关屈曲，由于变形模式十分复杂，相关极限荷载的计算难度极大，是否应将其纳入极限荷载的计算，以及如何计算相关的承载力，已成为近 10 年来的研究难点和热点。为了考虑相关屈曲的影响，Schafer 建议局部-畸变相关屈曲、畸变-整体相关屈曲和局部-畸变-整体相关屈曲的承载力，分别按式（1-12a）～式（1-12d）的设计曲线计算：

1）局部-畸变（LD）相关屈曲

局部-畸变相关屈曲可选取式（1-12a）或式（1-12b）任一计算。

$$P_{uLD} = \begin{cases} P_{uD} & \lambda_{LD} \leqslant 0.776 \\ P_{uD}\left(\dfrac{P_{crL}}{P_{uD}}\right)^{0.4}\left[1-0.15\left(\dfrac{P_{crL}}{P_{uD}}\right)^{0.4}\right] & \lambda_{LD} > 0.776 \end{cases} \qquad (1\text{-}12a)$$

式中，P_{uLD} 为局部-畸变相关屈曲承载力；$\lambda_{LD} = \sqrt{P_{uD}/P_{crL}}$；$P_{crL}$ 为局部屈曲临界荷载；P_{uD} 为畸变屈曲承载力。

$$P_{uDL} = \begin{cases} P_{uL} & \lambda_{DL} \leqslant 0.561 \\ P_{uD}\left(\dfrac{P_{crD}}{P_{uL}}\right)^{0.6}\left[1 - 0.25\left(\dfrac{P_{crD}}{P_{uL}}\right)^{0.6}\right] & \lambda_{DL} > 0.561 \end{cases} \tag{1-12b}$$

式中，P_{uDL} 为畸变-局部相关屈曲承载力；$\lambda_{DL} = \sqrt{P_{uL}/P_{crD}}$；$P_{crD}$ 为畸变屈曲临界荷载；P_{uL} 为局部屈曲承载力。

2）畸变-整体（DG）相关屈曲

$$P_{uDG} = \begin{cases} P_{uG} & \lambda_{DG} \leqslant 0.561 \\ P_{uG}\left(\dfrac{P_{crD}}{P_{uG}}\right)^{0.6}\left[1 - 0.25\left(\dfrac{P_{crD}}{P_{uG}}\right)^{0.6}\right] & \lambda_{DG} > 0.561 \end{cases} \tag{1-12c}$$

式中，P_{uDG} 为畸变-整体相关屈曲承载力；$\lambda_{DG} = \sqrt{P_{uG}/P_{crD}}$；$P_{uG}$ 为整体屈曲承载力。

（3）局部-畸变-整体（LDG）相关屈曲

$$P_{uLDG} = \begin{cases} P_{uDG} & \lambda_{LDG} \leqslant 0.776 \\ P_{uDG}\left(\dfrac{P_{crL}}{P_{uDG}}\right)^{0.4}\left[1 - 0.15\left(\dfrac{P_{crL}}{P_{uDG}}\right)^{0.4}\right] & \lambda_{LDG} > 0.776 \end{cases} \tag{1.12d}$$

式中，P_{uLDG} 为局部-畸变-整体相关屈曲承载力，$\lambda_{LDG} = \sqrt{P_{uDG}/P_{crL}}$。

Dinis、Camotim 和 Silvestre 以卷边槽形截面为对象，通过数值模拟研究了受压构件加载历程中的荷载-位移关系、变形发展历程，揭示了局部-畸变相关屈曲的受力机理。Dinis、Camotim 和 Silvestre 通过对比 111 根发生局部-畸变相关屈曲的卷边槽形截面受压柱的局部屈曲临界荷载 P_{crL}、畸变屈曲临界荷载 P_{crD} 和有限元分析的承载力 P_{uLD} 的关系，指出按现行直接强度法畸变屈曲设计曲线［式（1-9）］计算的承载力存在过于不安全的现象，而按式（1-12a）和式（1-12b）计算出的承载力均与有限元分析结果吻合良好，可以较好地预估局部-畸变相关屈曲的承载力，在计算精度方面，式（1-12a）和式（1-12b）基本接近。Kwon 和 Kim 等对高强材料卷边槽型钢和腹板加劲卷边槽型钢进行了试验研究，发现直接强度法的畸变屈曲设计曲线［式（1-9）］存在显著高估局部-畸变相关屈曲承载力的现象。Loughlan、Young 和 Martins 等也分别对局部-畸变相关屈曲进行了研究，丰富了这类问题的研究。何子奇进行了 9 根腹板加劲槽形截面和 9 根腹板及翼缘均加劲构件的轴压试验，也发现了局部-畸变相关屈曲，在分析和总结前人已有的研究成果和不足上，揭示了局部-畸变相关屈曲的失稳机理，并根据局部、畸变变形发生的先后，明确了 LD 和 DL 两种相关屈曲模式的概念，提出了相关屈曲判据。

相对局部-畸变相关屈曲而言，各国学者对畸变-整体以及更加复杂的局部-畸变-整体相关屈曲的研究较少，但近几年相关报道逐渐增多。Dinis、Niu 和 Rasmussen、Anbarasu 对畸变-整体相关屈曲进行了研究，而 Dinis、Santos 和 Young 等对局部-畸变-整体相关屈曲进行了研究。相关研究表明，对于畸变-整体以及局部-畸变-整体相关屈曲而言，采用形式更加复杂的设计曲线 P_{uDG}［式（1-12c）］和 P_{uLDG}［式（1-12d）］存在过于保守的现象，但如何精确地计算这两类屈曲模式的承载力，至今仍没有定论。综上所述，各国学者以单肢构件为对象，对相关屈曲的问题已开展了大量的研究，发现局部-整体和局部-畸变相关屈曲对承载力的影响不可忽略，而在畸变-整体和局部-畸变-整体相关屈曲问题上，则不能简单地将 Schafer 提出的 P_{uDG}［式（1-12c）］和 P_{uLDG}［式（1-12d）］曲线纳入承载力计算。

1.3　承载力单元叠加法

在明确拼合柱复杂失稳机理的基础上，考虑该拼合截面板组相关性、螺钉拼合板的稳定、构件整体力学性能的影响，提炼出若干典型承载力单元，通过对各承载力单元的叠加，创造性地提出一种普遍适用于各类复杂拼合截面柱的通用承载力设计方法——基于"承载力单元"的叠加法。

首先将拼合柱拆分为箱形截面短柱和典型承载力单元，如图 1-17 所示。然后将螺钉连接，最后将截面板组相关性影响的各单肢的承载力叠加并乘以折减系数，即可得到拼合柱的承载力。

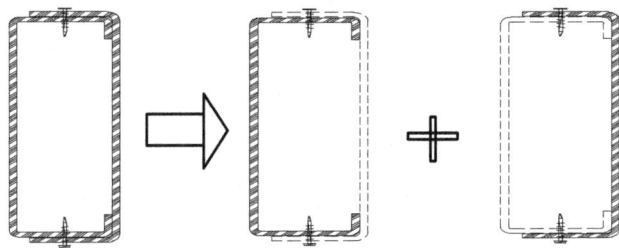

图 1-17　箱形截面短柱和典型承载力单元

其中对于短柱承载力的计算，是将拼合柱拆分为承载力单元，并分析各承载力单元稳定性后，根据基于试验回归得到的承载力曲线计算出各承载力单元的局部屈曲、畸变屈曲承载力，取各单元最不利模式进行叠加，即可得到拼合短柱极限承载力，短柱承载力单元叠加法计算流程如图 1-18 所示。

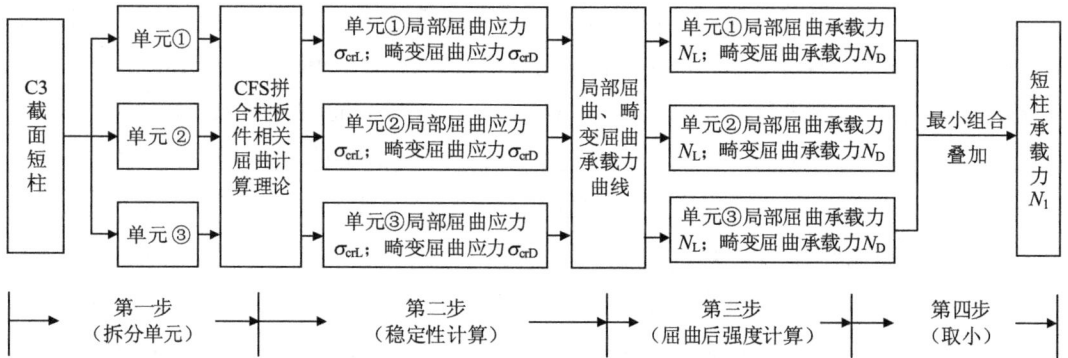

图 1-18　短柱承载力单元叠加法计算流程

1.4　CFS 单肢柱的研究现状

1.4.1　CFS 单肢柱受力性能研究

我国冷弯型钢研究始于 20 世纪 50 年代，早期，大多数学者主要对基本单肢构件的受力性能展开研究。

较局部-整体相关屈曲而言，局部-畸变相关屈曲、畸变-整体相关屈曲和局部-畸变-整体相关屈曲模式十分复杂。何子奇对 9 根腹板加劲槽形截面和 9 根腹板及翼缘均加劲构件进行轴压试验研究，揭示了局部-畸变相关屈曲的失稳机理，并根据局部、畸变变形发生的先后，明确了局部-畸变相关屈曲和畸变-局部两种相关屈曲模式的概念。Chen 对 CFS 腹板翼缘加劲和腹板加劲的卷边槽钢柱轴压荷载下发生局部-畸变屈曲的行为的极限承载力展开试验研究，分析了材料强度对其相关屈曲性能规律。Dubina 以卷边槽形开口截面为对象，研究边缘加劲角度、截面宽厚比等参数对其发生局部-整体或畸变-整体相关屈曲特征的影响规律，揭示了畸变-整体相关屈曲的受力机理。

1.4.2　CFS 单肢柱的承载力设计方法研究

为考虑相关屈曲的影响，Schafer 建议对于 CFS 单肢柱发生局部-畸变相关屈曲、畸变-整体相关屈曲和局部-畸变-整体相关屈曲的承载力，分别按式（1-12a）～式（1-12d）的设计曲线计算，这一建议被纳入美国规范 DSM 中。U 形是常见的 CFS 基本截面，经对该截面柱轴压试验研究发现，其发生局部-整体相关屈曲后该截面的有效形心发生改变，依据直接强度法提出一套适用于 U 形柱局部-整体相关屈曲承载力的计算方法。何子奇对 CFS 槽型钢轴压构件发生相关屈曲的特性及相应的承载力计算方法展开试验与理论研究。试验研究结果揭示了畸变-局部相关屈曲和局部-畸变相关屈曲的不同，并基于直接强度法提出了 CFS 柱相关屈曲承载力的设计公式。姚永红对腹板开孔冷弯薄壁型钢柱在局部-畸变相关屈曲作用下的受压稳定性能展开研究，研究了孔洞的存在及相应孔径变化对构件极限承载力及屈曲失效模式的影响。CFS 构件极易受到局部-畸变、局部-整体、畸变-整体、局部-畸变-整体等相关屈曲的影响而失稳，基于直接强度法，给出了以上几种相关屈曲模式下 CFS 单肢柱强度设计曲线。

1.5　CFS 拼合柱的研究现状

1.5.1　CFS 拼合柱受力性能研究

　　早期，各国学者对 CFS 拼合柱受力性能的研究主要是进行构件受压性能的足尺模型试验，试验的主要设计参数是截面几何尺寸、螺钉间距、螺钉布置和截面形式等对拼合柱极限承载力的影响。较单肢构件，拼合构件的整体稳定性能表现出显著"1+1＞2"的拼合效应，且随着拼合肢数的增多和长细比增大，拼合效应逐渐变强。对于发生局部屈曲的 CFS 拼合箱形截面和拼合工字形截面构件，其承载力并不能通过拼合效应作用得以提高，部分拼合截面形式的构件在开口组成部分会发生畸变屈曲，闭合组成部分发生局部屈曲，而对于这种不同组成分肢呈现的不同屈曲模式，对拼合构件极限承载力的影响更为复杂。此外，拼合构件的承载力受截面尺寸和截面构型变化的影响，但均仅能得到一些定性的结果，并不具有统一性；螺钉直径和螺钉布置对 CFS 拼合构件的承载力具有一定影响力，但很难得到定量的结论来反映这些参数对 CFS 拼合构件承载力的影响。

　　随着对 CFS 拼合柱受力性能的深入研究及要求，拼合构件逐渐由简单的双肢拼合箱形、工字形截面形式向更加复杂的多肢拼合截面发展，屈曲变形也相对复杂。通过试验和数值模拟研究螺钉特性和螺钉布置对 CFS 双肢开口拼合柱的局部-畸变相关屈曲的受力性能和承载力的影响规律，结果表明，螺钉特性对拼合构件的受力性能影响很小，却忽略了板组效应和由于螺钉连接拼合板产生的剪切滑移的影响。姚行友通过试验研究发现，CFS 拼合工字形截面轴压试件的破坏模式主要表现为畸变和局部相关屈曲以及畸变、局部和整体相关屈曲，并主要研究了螺钉间距和构件端部螺钉布置对拼合柱承载力的影响规律。何子奇对 CFS 双肢腹板拼合 Σ 形钢柱的畸变屈曲性能展开试验研究，结果表明：试验主要发生畸变屈曲或畸变-整体、畸变-局部相关屈曲，而 Σ 形钢柱加劲有效防止了腹板局部屈曲。以上仅对 CFS 拼合柱的相关屈曲模式展开探究，简单分析相关屈曲的变形特征，虽有学者针对螺钉间距、螺钉布置等参数进行研究，但仅针对拼合柱承载力的影响，并未上升至稳定性问题。稳定问题是 CFS 结构最显著的特点，而"板组效应"和"剪切滑移"因素对其稳定性的影响不可忽略。如何考虑以上两种影响因素，是明确 CFS 拼合构件各分肢间和截面板组间相关性的基础，只有明确其相关屈曲机理，才能为该类结构或构件的设计提供理论依据。

1.5.2　CFS 拼合柱的承载力设计方法研究

早期，美国规范和澳大利亚/新西兰标准依据格构柱的相关设计规定，对双肢拼合柱采用修正长细比法进行稳定承载力设计。我国现行行业标准《低层冷弯薄壁型钢房屋建筑技术规程》（JGJ 227—2011）中也给出了双肢箱形截面承载力的计算方法。Reyes 对由 C 形截面构件经点焊连接而成的双肢闭合拼合截面柱展开了试验研究。试验共设计了两种边界条件的试件，即加载端铰接和加载端固接，并研究了点焊间距对拼合柱屈曲形式、破坏特征和承载力的影响规律。研究表明：1.5 mm 和 2.0 mm 厚的材料不一定需要修改长细比，如果点焊间距小于等于 600 mm，则可使用实际长细比计算这些结构构件的极限承载力。但当点焊间距不满足美国规范的构造规定时，CFS 拼合构件各组成分肢自身失稳的影响则不可忽略。李元齐分析了安装误差和连接件间距对 CFS 双肢拼合构件承载力的影响，提出了针对组合箱形和工字形截面构件的轴心受压承载力设计方法，与试验结果对比表明，提出的建议方法基本合理但缺乏完备性。Zhang 研究了用自攻螺钉将具有相同长度的两个 Σ 形截面槽钢段背对背连接而形成工字形截面拼合柱的轴压性能，并对该截面提出了修正腹板厚度的弹性屈曲临界应力计算模型，同时结合直接强度法对 CFS 拼合柱的承载力进行了预测。

近年来，Shi 对焊接工字钢柱局部-整体相关屈曲展开试验和数值研究，分析了材料强度对拼合柱屈曲变形和承载力的影响，并提出了适用于该拼合截面的承载力计算方法。姚行友等通过对长细比、螺钉间距和 CFS 拼合柱端部螺钉群等因素的分析研究，对直接强度法进行修正，但其是将拼合截面试件近似作为整体工字形截面通过有限条软件 CUFSM 计算得到屈曲临界应力，并未考虑分肢间的屈曲模式的影响因素。何子奇采用多种规范方法对 CFS 腹板并合 Σ 形钢双肢拼合柱的极限承载力结果与试验结果进行对比分析，结果表明：荷载绕强轴偏心作用时，中国规范和美国规范计算结果均偏于安全；荷载绕弱轴偏心作用时，现行国家标准《冷弯薄壁型钢结构技术规范》（GB 50018—2002）和美国规范（AISI S100—2016）计算结果偏于安全，而现行行业标准《冷弯薄壁钢多层住宅技术标准》（JGJ/T 421—2018）计算值较为保守。但该研究未将自攻螺钉的约束作用和各分肢间的剪切滑移等影响因素纳入承载力计算方法中。Selvaraj 对 CFS 双肢拼合工字形截面柱的局部-整体相关屈曲展开试验和理论研究，分析了螺钉间距对拼合柱承载力的影响规律，采用美国规范直接强度法中局部-整体相关设计曲线计算结果偏不安全，并提出了一种适用于该类截面局部-整体相关屈曲承载力的设计曲线。周天华课题组对 CFS 拼合柱开展大量试验研究，并基于有效宽度法和直接强度法，对 CFS 拼合轴压柱的承载力进行计算，结果表明：①忽略拼合板剪切滑移效应，将拼合截面看作整体截面来计算其截面特性时，计算出的承载力均比试验值低；②CFS 拼合柱的承载力在基本单肢柱的承载力之和的基础上增大，而拼合构件截面无法反映其板组间作用，故可分别对不同截面拼合构型进行分析，但目前相关通用设计方法尚不全面。

需要指出的是，CFS 拼合构件运用广泛，合理安全设计 CFS 构件是进行基础建设的关键。对于 CFS 拼合柱，大多学者对其局部屈曲、畸变屈曲和整体屈曲的失稳机理和承载力设计方法开展试验和理论研究，系统且全面，而对其局部-畸变、畸变-整体和局部-畸变-整体等相关屈曲的研究，大多数集中在对屈曲模式的简单介绍，分析一些影响因素与其承载力的定性关系，尚未系统全面考虑"板组效应"和"剪切滑移"因素的影响，缺乏一套精细化的理论。本书拟以 CFS 拼合柱发生相关屈曲为研究对象，并将以上两种因素与 CFS 拼合柱截面板组相关性建立起定量关系，揭示 CFS 相关屈曲破坏机理，提出相应的承载力设计方法。

1.6　主要研究内容

本书以 CFS 双肢闭合拼合柱为对象，从拼合板、板组和构件 3 个层次对 CFS 双肢闭合拼合柱失稳机理进行设计与计算分析，主要工作和研究内容如下：

1）螺钉拼合板的失稳机理和临界荷载计算理论研究

对 CFS 双肢拼合箱形截面柱的拼合翼缘板进行研究，通过建立不同屈曲模式的计算模型来分析拼合翼缘板可能存在的失稳变形模式，并根据 CFS 双肢拼合箱形截面柱的拼合翼缘板的特点，以三边简支、一边自由板为例，基于能量法中的最小势能原理推导出螺钉翼缘拼合板屈曲临界荷载的解析式。

2）CFS 双肢闭合拼合柱的受力性能分析

采用 ABAQUS 软件对局部屈曲模式下的冷弯薄壁型钢双肢闭合拼合柱进行线性和非线性有限元模拟分析。通过将 ABAQUS 分析得到的数值与试验对应试件的试验结果进行对比分析，验证有限元建模方式及分析方法的可靠性。在此基础上，利用 ABAQUS 进行变参数（高厚比、高宽比、螺钉间距因素）分析，得到并分析试件高厚比、高宽比、螺钉间距因素对构件的受力性能及屈曲模式的影响规律，尽可能全面地探索其受力特性。

3）CFS 双肢闭合拼合柱局部屈曲临界荷载和承载力研究

首先，在螺钉拼合板的研究基础上，提出了 CFS 双肢抱合双肢闭合简支柱和固结柱局部屈曲的计算模型，该模型考虑了组成板件的"板组效应"，根据能量法推导出弹性屈曲临界荷载的表达式。其次，建立有限元模型进行数值分析，将分析得到的结果与理论计算得出的 P_{crL} 对比分析，揭示了构件几何尺寸、边界约束条件和螺钉间距等参数对拼合柱 P_{crL} 的影响规律。最后，将推导出的 P_{crL} 计算方法用于 DSM 中局部屈曲设计曲线，由此建立了 CFS 双肢闭合拼合轴压柱局部屈曲承载力的计算方法。

4）CFS 双肢闭合拼合柱畸变屈曲临界荷载和承载力研究

首先，构建了能够考虑连接界面剪切滑移变形和离散螺钉约束作用影响的畸变屈曲临界荷载计算模型，并基于模型的平衡条件和 Galerkin 法推导出了畸变屈曲临界荷载的解析解。其次，通过解析解和数值算例的对比分析，解析了边界约束条件、截面几何尺寸和自攻螺钉布置形式等基本参数对构件畸变屈曲临界荷载的影响规律。最后，将该解析解引入 Kwon 和 Hancock 的承载力曲线，提出了 CFS 双肢开口拼合柱的畸变屈曲承载力计算方法。该理论拓展了经典薄板理论在螺钉拼合板上的应用，不仅可以为冷弯薄壁型钢拼合柱稳定性分析方面的研究提供理论依据，在考虑相关物理背景情况下，还可应用于其他相关领域，如工程机械、船舶和航空航天等。

5）CFS 双肢闭合拼合柱弯曲临界荷载和承载力研究

首先，建立了更加接近 CFS 双肢拼合柱受力特性的绕虚轴弯曲屈曲的计算模型，并基于能量法推导了考虑剪切滑移变形影响的 CFS 双肢开口拼合柱的弯曲屈曲临界荷载计算式。其次，通过数值算例的对比分析，揭示了几何尺寸、自攻螺钉布置形式等基本参数对 CFS 双肢开口拼合柱弯曲屈曲临界荷载的影响规律。最后，将所推导的弯曲屈曲临界应力计算式引入已有的整体失稳承载力设计曲线，建立了 CFS 双肢开口拼合柱弯曲屈曲承载力计算方法。

6）CFS 拼合轴压柱的承载力设计方法研究

介绍了各国规范关于 CFS 拼合柱承载力计算的主要规定，评价了有效宽度法和直接强度法在 CFS 双肢开口拼合柱承载力计算上的优劣，然后对现有直接强度法设计曲线的研究背景和适用范围进行了介绍，分析了直接强度法在 CFS 双肢开口拼合柱应用方面存在的问题。在揭示局部-畸变相关屈曲失稳机理的基础上，提出了局部-畸变相关屈曲的判据，并基于此提出了能够有效考虑局部-畸变相关屈曲影响的 CFS 双肢开口拼合柱承载力设计方法。

7）CFS 双肢闭合拼合短柱局部屈曲承载力叠加法研究

采用我国现行国家标准《冷弯薄壁型钢结构技术规范》（GB 50018—2002）、美国规范中有效宽度法和直接强度法的计算方法计算局部屈曲模式下的冷弯薄壁型钢双肢拼合箱形截面短柱的轴压承载力，并将理论计算结果与试验值及有限元值进行对比。分析中美规范计算方法对于局部屈曲模式下的冷弯薄壁型钢双肢拼合箱形截面轴压短柱的适用性，在此基础上，提出适用于冷弯薄壁型钢双肢拼合箱形截面轴压短柱局部屈曲承载力的建议计算方法。

8）CFS 双肢闭合拼合短柱基于"承载力单元"叠加法研究

（1）对短柱：先拆分为若干单元，再分析各单元的稳定性，然后根据承载力曲线（该曲线需基于试验回归所得）换算出各单元的局部屈曲、畸变屈曲承载力，最后取各单元的最不利模式叠加组合，即拼合短柱承载力。

（2）对长柱：根据"刚周边"原理，可将拼合截面中各单肢看作一个整体，但考虑剪切滑移效应、板组屈曲相关等影响，最后根据整体承载力曲线（该曲线需基于试验回归所得）求出长柱承载力。

（3）对中长柱：由于构件长细比较短，构件发生整体失稳时往往存在一定的局部屈曲或畸变屈曲的耦合作用，为此借鉴直接强度法的思路，本书首次提出了叠加的"相关性组合系数"（该系数需基于试验回归所得），以考虑板组层次和构件层次失稳对中长柱承载力的（耦合）影响，得到中长柱承载力。

9）CFS-地聚物泡沫混凝土柱受力性能研究

CFS-地聚物泡沫混凝土柱是轻钢轻混凝土结构体系中重要的部分，适合于多层别墅住宅等低层民用房屋，因此，明确该组合柱的受力性能是至关重要的。介绍了国内外规范基于不同理论建立的钢管混凝土轴心受压承载力计算公式，分析了相关规范公式对于本书构件承载力计算的适用性，并在此基础上建立了适用于本书构件形式的 CFS-地聚物泡沫混凝土柱轴心受压承载力计算公式。

参考文献

[1] 陈绍蕃. 钢结构稳定设计指南（第二版）[M]. 北京：中国建筑工业出版社，2004.

[2] 周绪红. 开口薄壁型钢压弯构件中板件屈曲后性能与板组屈曲后相关作用的研究[D]. 长沙：湖南大学，1992.

[3] 周绪红，莫涛，周期石，等. 边缘加劲板件有效宽厚比计算方法中的板组效应研究[J]. 建筑结构学报，2002，23（3）：37-43.

[4] 冷弯薄壁型钢结构技术规范：GB 50018—2002[S]. 北京：中国计划出版社，2002.

[5] 低层冷弯薄壁型钢房屋建筑技术规程：JGJ 227—2011[S]. 北京：中国建筑工业出版社，2011.

[6] 苏明周，陈绍蕃. 卷边槽钢梁受压翼缘畸变屈曲时的屈曲系数[J]. 西安建筑科技大学学报，1997，29（2）：119-124.

[7] 姚谦. 普通卷边槽钢的弹性畸变屈曲荷载[J]. 工程力学，2008，25（12）：30-34.

[8] 姚谦，滕锦光. 冷弯薄壁卷边槽钢弹性畸变屈曲分析中的转动约束刚度[J]. 工程力学，2008（4）：65-69.

[9] 程婕，姚谦. 弯曲应力作用下的腹板转动约束刚度研究[J]. 工程力学，2010，27（11）：94-98，105.

[10] 姚谦，程婕，邢丽. 冷弯薄壁卷边槽钢梁的弹性畸变屈曲荷载简化计算公式[J]. 工程力学，2011，28（10）：21-26.

[11] 李元齐，刘翔，沈祖炎，等. 高强冷弯薄壁型钢卷边槽形截面轴压构件畸变屈曲控制试验研究[J]. 建筑结构学报，2010，31（11）：10-16.

[12] 姚行友，李元齐. 冷弯薄壁型钢卷边槽形截面构件畸变屈曲控制研究[J]. 建筑结构学报，2014，35（6）：93-101.

[13] 陈绍蕃. 卷边槽钢的局部相关屈曲和畸变屈曲[J]. 建筑结构学报，2002，23（1）：27-32.

[14] 何保康，蒋路，姚行友，等. 高强冷弯薄壁型钢卷边槽形截面轴压柱畸变屈曲试验研究[J]. 建筑结构学报，2006，27（3）：10-17.

[15] 王春刚，张耀春，张壮南. 冷弯薄壁斜卷边槽钢受压构件的承载力试验研究[J]. 建筑结构学报，2006，27（3）：1-9.

[16] 张耀春，王海明. 冷弯薄壁型钢 C 形截面构件受弯承载力试验研究[J]. 建筑结构学报，2009，30（3）：53-61.

[17] 王海明，张耀春. 冷弯型钢 C 形截面受弯构件平面内稳定性能研究[J]. 建筑结构，2009，39（4）：87-91.

[18] 王海明，张耀春. 冷弯薄壁型钢受弯构件受弯承载力实用计算方法研究[J]. 建筑结构学报，2010，S1（增刊Ⅰ）：178-183.

[19] 姚行友，李元齐，沈祖炎. 高强冷弯薄壁型钢卷边槽形截面轴压构件畸变屈曲性能研究[J]. 建筑结构学报，2010，31（11）：1-9.

[20] 李元齐，刘翔，沈祖炎，等. 高强冷弯薄壁型钢卷边槽形截面偏压构件试验研究及承载力分析[J]. 建筑结构学报，2010，31（11）：26-35.

[21] 李元齐，王树坤，沈祖炎，等. 高强冷弯薄壁型钢卷边槽形截面轴压构件试验研究及承载力分析[J]. 建筑结构学报，2010，31（11）：17-25.

[22] 姚永红，武振宇. 腹板 V 形加劲冷弯薄壁卷边槽钢柱试验研究[J]. 实验力学，2013，28（6）：741-746.

[23] 何子奇. 冷弯薄壁型钢轴压构件畸变及与局部相关的失稳机理和设计理论[D]. 兰州：兰州大学，2014.

[24] 刘占科. 薄壁受压构件的畸变屈曲理论与试验研究[D]. 兰州：兰州大学，2015.

[25] 李丹妮. 加劲冷弯薄壁槽钢柱畸变屈曲承载力研究[D]. 武汉：华中科技大学，2017.

[26] 陈明. 腹板加强型冷弯薄壁卷边槽钢柱畸变屈曲理论分析与试验研究[D]. 兰州：兰州大学，2018.

[27] 柳亚华. 腹板开孔冷弯薄壁型钢轴压构件屈曲性能与设计方法[D]. 南昌：南昌工程学院，2019.

[28] 周绪红，王世纪. 薄壁构件稳定理论及其应用[M]. 北京：科学出版社，2009.

[29] 陈骥. 钢结构稳定理论与设计（第二版）[M]. 北京：科学出版社，2001.

[30] 董俊巧，赵金友，李成亮，等. 加劲冷弯薄壁型钢受弯构件屈曲分析[J]. 低温建筑技术，2014，36（7）：86-87，95.

[31] 郭彦林. 冷弯薄壁单轴对称开口截面柱局部与整体屈曲相关作用的有限条分析及试验研究[D]. 西安：西安冶金建筑学院，1988.

[32] 郭彦林. 冷弯薄壁型钢柱局部与整体稳定相关作用的理论和试验研究[J]. 土木工程学报，1991，24（1）：23-31.

[33] 张其林，沈祖炎. 薄壁轴压焊接方管柱整体稳定-局部稳定相互作用问题的研究[J]. 建筑结构学报，1991，12（6）：15-24.

[34] Yu W W, LaBoube R A. Cold-formed steel design[M]. 4th ed. Hoboken: John Wiley & Sons, Inc. 2010.

[35] Schafer B W. Local, distortional, and Euler buckling in thin-walled columns[J]. Journal of Structural Engineering（ASCE），2002，128（3）：289-299.

[36] Timoshenko S P, Gere J M. Theory of elastic stability[M]. 2nd ed. New York: McGraw-Hill，1961.

[37] Bleich F. Buckling strength of metal structures[M]. New York: McGraw-Hill，1952.

[38]　Walker A C. Local instability in plates and channel struts[J]. Journal of the Structural Division（ASCE），1966，92（3）：236-246.

[39]　Seif M，Schafer B W. Local buckling of structural steel shapes[J]. Journal of Constructional Steel Research，2010，66（10）：1232-1247.

[40]　Ragheb W F. Local buckling of welded steel I-beams considering flange–web interaction[J]. Thin-Walled Structures，2015，97：241-249.

[41]　Han K H，Lee C H. Elastic flange local buckling of I-shaped beams considering effect of web restraint[J]. Thin-Walled Structures，2016，105：101-111.

[42]　Szymczak C，Kujawa M. On local buckling of cold-formed channel members[J]. Thin-Walled Structures，2016，106：93-101.

[43]　Rhodes J，Harvey J M. Plain channel section struts in compression and bending beyond the local buckling load[J]. International Journal of Mechanical Sciences，1976，18（9）：511-519.

[44]　Smith T R G. The ultimate strength of locally buckled columns of arbitrary length[A]. London：Symposium on Thin-walled Structures，1966.

[45]　Kármán T V，Sechler E E，Donnell L H. The strength of thin plates in compression[J]. Transactions of the American Society of Mechanical Engineers，1932，16（4）：53-57.

[46]　Winter G. Strength of thin steel compression flanges[J]. Transactions of ASCE，1947，1：112.

[47]　Peköz T B. Development of a unified approach for to the design of cold-formed steel members[C]. Missouri-Rolla：Proceedings of 8th International Specialty Conference on Cold-Formed Steel Structures，1986：10-16.

[48]　Dewolf J T，Peköz T，Winter T. Local and overall buckling of cold-formed members[J]. Journal of the Structural Division（ASCE），1974，100（2）：2017-2036.

[49]　AISI S100-2016. North American specification for the design of cold-formed steel structural members[S]. Washington：American Institute of Steel Construction，2016.

[50]　AS/NZS 4600：2005. Cold-formed steel structures[S]. Sydney：Australian Institute of Steel Construction，2005.

[51]　EN1993-1-3. Eurocode 3-Design of steel structures-part 1-3：General rules- Supplementary rules for cold-formed members and sheeting[S]. European Committee for Standardization，2006.

[52]　Schafer B W，Peköz T. Direct strength prediction of cold-formed steel members using numerical elastic buckling solutions[C]. St. Louis，MO：Proceedings of the fourteenth international specialty conference on cold-formed steel structures，1998：69-76.

[53]　Chilver A H. The behaviour of thin-walled structural members in compression[J]. The Engineering，1951，10（3）：281-282.

[54]　Takahashi K，Mizuno M. Distortion of thin-walled open-cross-section members[J]. Bulletin of the Japan Society of Mechanical Engineers，1978，21（160）：1448-1454.

[55]　Takahashi K. A new buckling mode of thin-walled columns with cross-sectional distortions[J]. Solid Mechanics，1988（25）：553-573.

[56]　Hikosaka H，Takami K，Maruyama Y. Analysis of elastic distortional instability of thin-walled members

with open polygonal cross section[J]. Proceedings of Japan Society of Civil Engineers，Structural Eng./Earthquake Eng.，1987，6（4）：31-40.

[57] Thomasson S P. Thin-walled C-shaped panels in axial compression[R]. Report D1，Swedish Council for Building Research，1978.

[58] Desmond T P，Peköz T，Winter G. Edge stiffeners for thin-walled members[J]. Journal of Structural Engineering（ASCE），1981，107（2）：329-353.

[59] Desmond T P，Peköz T，Winter G. Intermediate stiffeners for thin-walled members[J]. Journal of Structural Engineering（ASCE），1981，107（4）：627-648.

[60] Hancock G J. Distortional buckling of steel storage rack columns[C]. St. Louis：Proceedings，Seventh International Specialty Conference on Cold-Formed Steel Structures，1984：345-373.

[61] Chilver A H. The behavior of thin-walled structural members in compression[J]. Engineering，1951，172（4466）：281-282.

[62] Chilver A H. The stability and strength of thin-walled steel struts[J]. The Engineer，1953，196（5089）：180-183.

[63] Mulligan G P. The influence of local buckling on the structural behavior of singly-symmetric cold-formed steel columns[D]. Cornell University，Ithaca，NY，1983.

[64] Cheung Y K. Finite strip method in structural analysis[M]. New York：Pergamon Press，1976.

[65] Schardt R. Verallgemeinerte technische biegetheorie[M]. Berlin：Springer，1989.

[66] Schafer B W.，Peköz T. Laterally braced cold-formed steel flexural members with edge stiffened flanges[J]. Journal of Structural Engineering，1999，125（2）：118-127.

[67] Teng J G，Yao J，Zhao Y. Distortional buckling of channel beam-columns[J]. Thin-Walled Structures，2003，41（7）：595-617.

[68] Silvestre N，Camotim D. Distortional buckling formulae for cold-formed steel C- and Z-section members：Part Ⅰ—derivation[J]. Thin-Walled Structures，2004，42（11）：1567-1597.

[69] Silvestre N，Camotim D. Distortional buckling formulae for cold-formed steel C- and Z-section members：Part Ⅱ—Validation and application[J]. Thin-Walled Structures，2004，42（11）：1599-1629.

[70] Li L Y，Chen J K. An analytical model for analysing distortional buckling of cold-formed steel sections[J]. Thin-Walled Structures，2008，46（12）：1430-1436.

[71] Zhu J，Li L Y. A stiffened plate buckling model for calculating critical stress of distortional buckling of CFS beams[J]. International Journal of Mechanical Sciences，2016，115-116：457-464.

[72] Schafer B W. CUFSM elastic buckling analysis of thin-walled members with general end boundary conditions[DB/CD]. Baltimore：Department of Civil Engineering，Johns Hopkins University，2012.

[73] Papangelis J P，Hancock G J. THIN-WALL（ver. 2.0）[DB/CD]. Sydney：Center for Advanced Structural Engineering，Department of Civil Engineering，University of Sydney，1998.

[74] Bebiano R，Pina P，Silvestre N，et al. GBTUL—buckling and vibration analysis of thin-walled members[DB/CD]. 2.0ed. Lisbon：Department of Civil Engineering，Technica University of Lisbon，2014.

[75] Lau S C W，Hancock G J. Distortional buckling formulas for channel columns[J]. Journal of Structural

Engineering，1987，113（5）：1063-1078.

[76] Schafer B W. Distortional buckling of cold-formed steel columns[R]. Research report RPOO-1，Committee on Specifications for the Design of Cold-Formed Steel Structural Members，American Iron and Steel Institute，Revision 2006，August 2000.

[77] Schafer B W. Cold-formed steel behavior and design：analytical and numerical modeling of elements and members with longitudinal stiffeners[D]. New York：Cornell University. 1997.

[78] Hancock G J. Design for distortional buckling of flexural members[J]. Thin-Walled Structures，1997，27（1）：3-12.

[79] Jiang C，Davies J M. Design of thin-walled purlins for distortional buckling[J]. Thin-Walled Structures，1997，29（1-4）：189-202.

[80] Basaglia C，Camotim D，Silvestre N. Post-buckling analysis of thin-walled steel frames using generalized beam theory（GBT）[J]. Thin-Walled Structures，2013，62（1）：229-242.

[81] Zhou T H，Lu Y，Li W C，et al. End condition effect on distortional buckling of cold-formed steel columns with arbitrary length[J]. Thin-Walled Structures，2017，117：282-293.

[82] Landesmann A，Camotim D. On the Direct Strength Method（DSM） design of cold-formed steel columns against distortional failure[J]. Thin-Walled Structures，2013；67（6）：168-187.

[83] Kumar M V A，Kalyanaraman V. Distortional Buckling of CFS Stiffened Lipped Channel Compression Members[J]. Journal of Structural Engineering，2014，140（12）：04014099.

[84] Susila A，Tan J. Flexural Strength Performance and Buckling Mode Prediction of Cold-formed Steel（C Section）[J]. Procedia Engineering，2015，125：979-986.

[85] Landesmann A，Camotim D. DSM to predict distortional failures in cold-formed steel columns exposed to fire：Effect of the constitutive law temperature-dependence[J]. Computers & Structures，2015，147：47-67.

[86] Landesmann A，Camotim D，Garcia R. On the strength and DSM design of cold-formed steel web/flange-stiffened lipped channel columns buckling and failing in distortional modes[J]. Thin-Walled Structures，2016，105：248-265.

[87] Fratamico D C，Torabian S，Rasmussen K J R，et al. Experimental Investigation of the Effect of Screw Fastener Spacing on the Local and Distortional Buckling Behavior of Built-Up Cold-Formed Steel Columns[C]. Wei-wen Yu International Specialty Conference on Cold-formed Steel Structure，2016.

[88] Pezeshky P，Mohareb M. Distortional lateral torsional buckling of beam-columns including pre-buckling deformation effects[J]. Computers & Structures，2018，209：93-116.

[89] Degtyareva N，Gatheeshgar P，Poologanathan K，et al. New distortional buckling design rules for slotted perforated cold-formed steel beams[J]. Journal of Constructional Steel Research，2020，168：106006.

[90] Zhang Y C，Wang C G，Zhang Z N. Tests and finite element analysis of pin-ended channel columns with inclined simple edge stiffeners[J]. Journal of Constructional Steel Research，2007，63（3）：383-395.

[91] Wang H M，Zhang Y C. Experimental and numerical investigation on cold-formed steel C-section flexural members[J]. Journal of Constructional Steel Research 2009，65（5）：1225-1235.

[92] Zhou T H，Lu Y，Li W C，et al. End condition effect on distortional buckling of cold-formed steel

columns with arbitrary length[J]. Thin Walled Structures，2017，117：282-293.

[93] Wagner H. Torsion and buckling of open sections[A]. 25th Anniversary Publication，Technische Hochschule. Danzig，1904-1929：329-343.

[94] Власов В З. Тонкостенные упругие стержни[M]. Москва：Государственное Издательство Строительной Литературы，1940.

[95] Chajes A，Winter G. Torsional-flexural buckling of thin-walled members[J]. Journal of the Structural Division（ASCE），1965，91（4）：103-124.

[96] Peköz T B，Winter G. Torsional-flexural buckling of thin-walled sections under eccentric load[J]. Journal of the Structural Division，1969，95（ST5）：941-963.

[97] Sun Y，He A，Liang Y，et al. Flexural buckling behaviour of high-chromium stainless steel welded I-section columns[J]. 2020，154：106812.

[98] Engersser F. Die knickfestigkeit gerader stabe[J]. Zeitzschrift des Architekten und Ingenieur Vereins zu Hannover，1889，35：455.

[99] Gjelsvik A. Buckling of built-up columns with or without stay plates[J]. Journal of Engineering Mechanics，1990，116（5）：1142-1159.

[100] Paul M. Theoretical and experimental study on buckling of built-up columns[J]. Journal of Engineering Mechanics，1995，121（10）：1098-1105.

[101] Razdolsky A G. Euler critical force calculation for laced columns[J]. Journal of Engineering Mechanics，2005，131（10）：997-1003.

[102] Gantes C J，Kalochairetis K E. Axially and transversely loaded Timoshenko and laced built-up columns with arbitrary supports[J]. Journal of Constructional Steel Research，2012，77（10）：95-106.

[103] Zandonini R. Stability of compact built-up struts：experimental investigation and numerical simulation[R]. Construzioni Metalliche，No.4，1985.

[104] Zhou T H，Li Y C，Wu H H，et al. Analysis to determine flexural buckling of cold-formed steel built-up back-to-back section columns[J]. Journal of Constructional Steel Research，166：105898.

[105] Stone T A，Laboube R A. Behavior of cold-formed steel built-up I-sections[J]. Thin-Walled Structures，2005，43（12）：1805-1817.

第 2 章

CFS 双肢闭合拼合柱受力性能的数值模拟分析

随着相关专业软件功能的不断丰富，有限元法成为研究工程结构性能的一种很好的工具。ABAQUS 有限元软件采用的分析方法是一种求解描述物理现象的微分方程的数值方法。这是一种简便的方法，可以确定物理坐标下的节点来查找结构的位移和应力。将要分析的结构离散为在其节点处相互连接的有限元。基于已知的材料本构关系，定义单元，并建立用未知节点位移表示节点力的方程。力和初始位移被规定为初始条件和边界条件。将各单元刚度矩阵求和，构成整体矩阵系统，利用现有的数值方法求解未知节点位移值的整体矢量。采用 ABAQUS 有限元软件对本章试验试件建立有限元分析模型进行线性及非线性数值模拟分析，以得到试验试件的屈曲临界荷载、弹性屈曲状态、破坏特征，以及极限承载力与轴向位移、应变及挠度之间的关系曲线。

2.1 有限元模型

2.1.1 有限元模型的特征

有限元分析包括 4 个步骤：创建模型的几何结构、生成实体模型的网格（将模型划分为单元）、应用适当的边界及加载条件和求解。当模型的网格划分和材料属性的分配完成后，在单元节点处施加适当的载荷和边界条件。一旦建立了描述单个单元的刚度方程，就可以组装整体刚度矩阵。有限元分析结果的准确性在很大程度上取决于选择合适的单元来预测结构的实际性能。

2.1.2　单元类型和网格划分

冷弯薄壁型钢具有很高的宽厚比。CFS 截面的极限强度主要由后屈曲强度决定。S4R 单元是 ABAQUS 有限元软件单元库中最先进的壳单元，被确定为螺柱和轨道截面建模的最佳选择。壳单元适用于分析薄壳到中厚壳结构。它是一个 4 节点线性减缩积分单元，每个节点有 6 个自由度：在 x、y 和 z 方向上的平移及围绕 x、y 和 z 轴的旋转。另外，自攻螺钉 ST4.8 的建模选取单元类型为 8 节点六面体线性减缩积分单元 C3D8R 的实体单元，其尺寸为试验的实际尺寸 4.8 mm×12.5 mm（直径×长度）。

自由网格技术可以用于网格划分，但它会增加单元数和计算时间。有限元模型的网格划分有两个目标：创建足够精细的网格来模拟变形形状的基本特征，以及最小化元素数量以减少计算时间。柱翼缘截面为穿孔截面，中间有孔。因此，翼缘截面被划分为几个区域。使用"自由网格"命令对有孔的区域进行网格划分。在孔附近，创建一个细网格来解释应力集中。壳体元件的最大尺寸为 5 mm×5 mm。用于制造构件（如 C 形截面和 U 形截面）的冷成型工艺不会形成直角，但会有一定的弯曲半径。圆角避免了与沿张力弯开裂的基础钢或金属涂层相关的制造问题，张力弯可能会出现尖角。标准内弯曲半径等于厚度的 2 倍。有限元模型考虑了拐角半径，沿弯道有 3 个单元，如图 2-1 所示。自攻螺钉的划分网格为 1 mm×1 mm。

2.1.3　材料属性

材料非线性可以定义为应力与应变之间的非线性关系，即应力是应变的非线性函数。塑性理论模拟材料在以延性方式经历不可恢复变形时的机械响应。ABAQUS 有限元软件可以考虑多种材料的非线性。塑性理论提供了描述材料弹塑性响应的数学关系。塑性理论包含 3 个要素：屈服准则、流动准则和硬化准则。屈服准则决定了屈服开始的应力水平，流动准则决定了塑性应变的方向，硬化准则描述了屈服面随渐进屈服的变化，从而可以建立后续屈服的条件（应力状态）。两种硬化规则被广泛使用：加工（或各向同性）硬化和运动硬化。在加工硬化中，屈服面保持围绕其初始中心线的中心位置，并随着塑性应变的发展而扩大，而运动硬化假设屈服面保持尺寸恒定，并且表面在应力空间中随着逐渐屈服而平移。

学者考虑了一种完全弹塑性材料，采用 Von-Mises 屈服准则。冷成型工艺将冷加工引入型材中，特别是在拐角处。结果表明，在拐角处屈服应力增加，延性降低。拐角处的材料可能是各向异性的，此外还包括残余应力。本书对通过有限元分析获得的 CFS 双肢闭合拼合截面柱的极限承载力与根据现行国家标准《金属材料　拉伸试验　第 1 部分：室温试验方法》（GB/T 228.1—2021）计算的截面的标称承载力进行了比较，但没有考虑成型的冷加工。

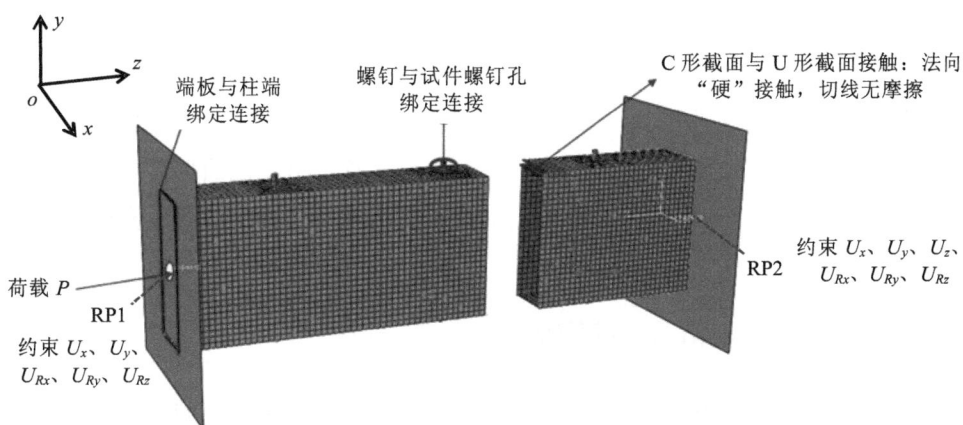

（a）边界条件两端固结

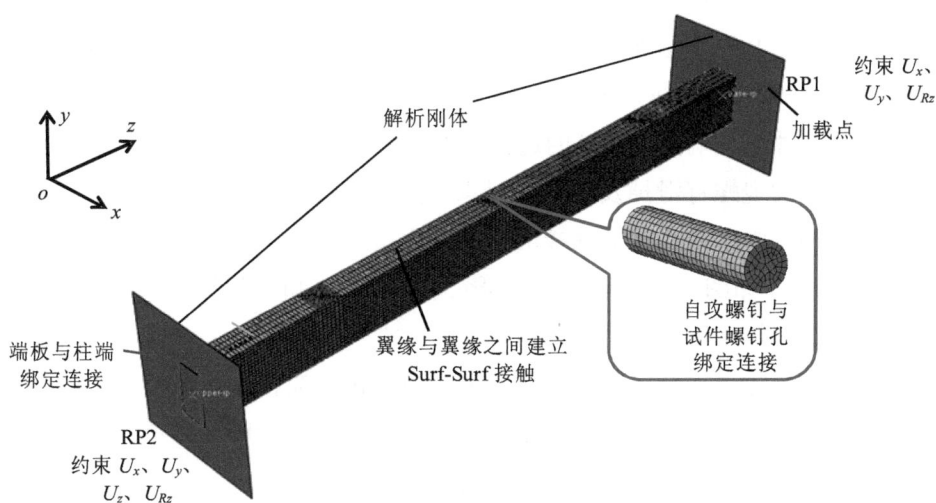

（b）边界条件两端铰结

图 2-1　有限元模型

2.1.4　初始几何缺陷

初始几何缺陷可以定义为构件偏离其完美几何的偏差。构件的缺陷可能包括弯曲、翘曲、扭曲及局部偏差。由于钢板在制造、运输和安装过程中的意外冲击，可能会出现整体和局部变形。初始几何缺陷对冷弯型钢的极限强度有显著影响。由于冷弯薄壁结构对初始几何缺陷的敏感性，几何缺陷建模一直是一个活跃的研究领域。在无法获得几何缺陷分布精确数据的情况下，Schafer 和 Peköz 提出了几种建模方法。初始几何缺陷可以通过叠加多个屈曲模态并通过傅里叶变换和谱控制其大小，并入数值模型中。Schafer 和 Peköz 还建议使用一个最大偏差，近似等于板厚，作为一个简单的经验法则。

由于初始几何缺陷影响 CFS 截面的极限承载力，因此在有限元模型中考虑初始几何缺陷是非常重要的。在本书中，利用 ABAQUS 有限元软件对理想结构进行第一特征值屈曲分析，以建立可能的屈曲模式。根据 Schafer 和 Peköz 的建议，通过缩放第一特征值屈曲模态形状，将其添加到理想几何体中，使最大缺陷不超过截面厚度，从而将初始几何缺陷包含在模型中。然后，对含有缺陷的结构进行几何非线性荷载-位移分析，确定其极限承载力。

2.1.5 边界条件、接触和荷载的施加

精确边界条件的模拟对有限元分析的精度有很大影响。在试验中，对于局部屈曲和畸变屈曲试件，试件端部与解析刚体的钢板通过绑定（Tie）连接在一起。在柱两端沿轴心方向钢板上各设置参考点 RP1 和 RP2，通过控制两个参考点的自由度来实现两端固结的边界条件。参考点 RP2 的 6 个自由度全部被约束，而约束除 U_z 方向（轴向位移方向）外的 5 个自由度，如图 2-1（a）所示；整体弯曲试件，通过如图 2-1 所示的边界条件的设置来实现试验试件加载端两端铰结的边界条件。

试验过程中未发现螺钉滑掉及弯折的现象，因此螺钉表面与拼合柱螺钉孔采用绑定连接的方式。另外，为了防止两翼缘接触面相互穿透，上下翼缘采取面与面接触的方式建立 Surf-Surf 接触，如图 2-1 所示。相关研究结果表明，拼合翼缘间切向摩擦力影响较小，故在设置接触时忽略该摩擦力的影响。

为了与试验加载方式保持一致，有限元分析分为两个阶段：特征值分析与非线性分析。在特征值分析时采用集中荷载的加载方式，在非线性分析时采用位移荷载的加载方式，加载点均为轴心方向的参考点 RP1，如图 2-1 所示。

2.1.6 解决方案

为确定 CFS 双肢闭合拼合截面柱的极限承载力，进行了几何非线性的大位移静力分析。使用应力加劲效应来模拟局部屈曲行为。应力加劲（也称几何加劲、增量加劲、初始应力加劲或差异加劲），是指结构由于其应力状态而发生的加劲（或弱化）。对于与轴向刚度相比非常小的薄结构（如电缆、薄梁和壳体），通常需要考虑这种加劲效应。应力加劲效应还增强了大应变或大挠度效应产生的规则非线性刚度矩阵。应力刚化效应通过生成并使用附加刚度矩阵（应力刚度矩阵）来计算。在常规的非线性刚度矩阵中加入应力刚度矩阵，得到总刚度。如果膜应力变成压缩而不是拉伸，则应力刚度矩阵中的项可能会抵消规则刚度矩阵中的正项，从而产生非正定总刚度矩阵，这表明屈曲开始。

采用牛顿-拉斐逊（Newton-Raphson）法求解。Newton-Raphson 法解使用与上一次迭代对应的切线模量刚度来计算下一个变形位置。刚度将继续更新，直到荷载阶跃值和投影位置之间的差异在可接受的公差范围内。非线性分析需要在每个加载步骤中有多个子步

骤，这样 ABAQUS 有限元软件才能逐步施加指定的载荷并获得精确的解。为了逐渐施加荷载（力或位移），在 ABAQUS 有限元软件的"解决方案控制"对话框中定义了许多子步骤。加载（力或位移）一步施加 50 个初始子步骤。在默认情况下，"解决方案控制"处于启用状态，这意味着 ABAQUS 有限元软件将监视在该子步骤收敛所需的迭代次数。如果认为收敛困难，它将自动减少所需的下一个载荷增量（力或位移），并使用自动时间步进选项添加更多子步骤。当荷载作为控制位移时，位移载荷大小设置为试件破坏极限位移的 1.5 倍，初始加载步为 0.01，最大加载步设置为 0.02，所有解均采用力的默认收敛准则。

2.2　CFS 双肢闭合拼合柱受力性能分析实例

确定有限元模型能给出合理的结果，并能预测结构的实际性能是非常重要的。验证模型准确性的最佳方法是将结果与试验结果进行比较。将有限元模拟结果与试验所得的变形形态、极限承载力和荷载-轴向位移曲线进行了比较。

对于 CFS 构件，当直接施加荷载或作为控制位移施加荷载时，有限元失效模式也与试验失效模式相似。对于局部屈曲试件，在局部翼缘屈曲破坏之前，观察到组成构件 C 形截面腹板上出现波纹，波纹的波谷似乎与螺钉的位置一致。如图 2-2 所示，在与试验类似的模型中观察到组成构件 C 形截面腹板的局部屈曲。对于畸变屈曲试件，拼合构件 U 形截面翼缘先发生局部屈曲，观察拼合构件的断截面发现组成构件 C 截面卷边带动翼缘内扣发生畸变屈曲，由于外包 U 形截面的约束作用导致 C 形截面不能发生外张口的畸变屈曲现象。有限元模拟的这一现象与试验现象类似，如图 2-2 所示。对于整体弯曲试件，先是组成构件 U 形截面两翼缘在柱中位置外张，随着荷载继续施加，柱最终在柱中发生弯曲屈曲，数值模拟现象与试验现象一致，如图 2-3 所示。由此可知，有限元分析的试件最终破坏模式与试验加载后试件的最终破坏模式基本一致，破坏位置也几乎相同，说明有限元模型精度较好，结果准确、可靠。

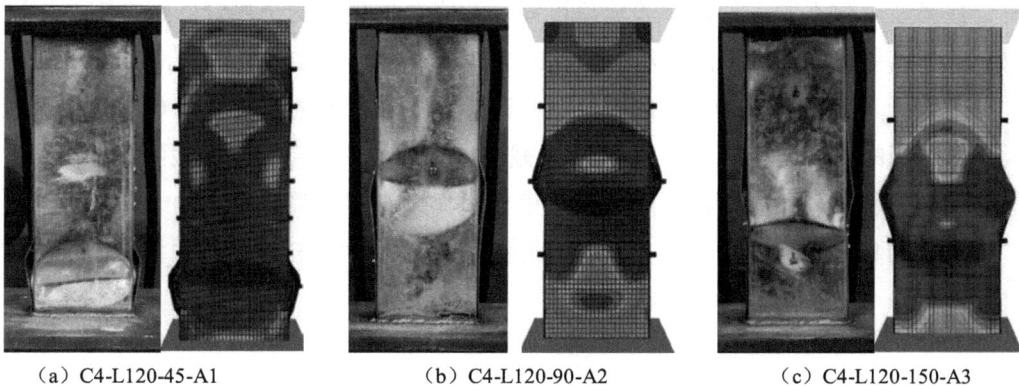

（a）C4-L120-45-A1　　　　（b）C4-L120-90-A2　　　　（c）C4-L120-150-A3

图 2-2　120 系列局部屈曲试件破坏模式

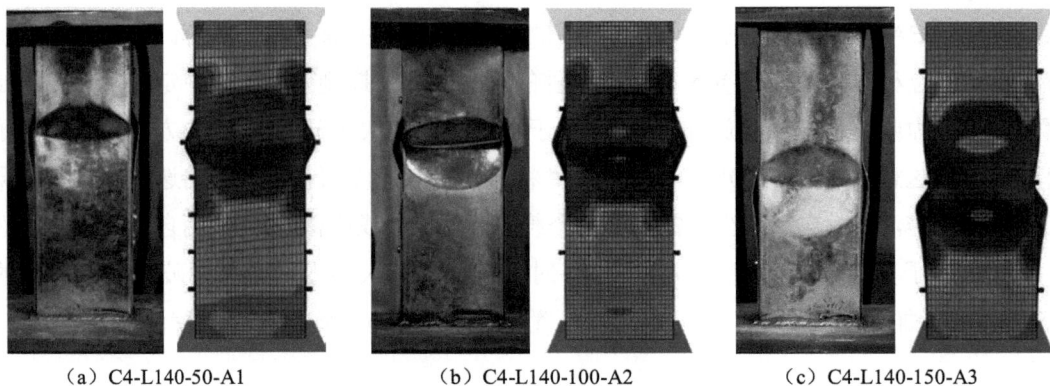

  （a）C4-L140-50-A1   （b）C4-L140-100-A2   （c）C4-L140-150-A3

图 2-3 140 系列局部屈曲试件破坏模式

2.3 本章小结

  本章分别对冷弯薄壁型钢双肢闭合拼合轴压柱的 3 种屈曲模式（局部屈曲、畸变屈曲和整体弯曲屈曲）进行了轴心受压研究。试验加载过程中详细观察并记录各个试件的屈曲变形情况、半波个数及半波长。然后经过处理试验数据，分析了单肢 C 形、U 形和CFS 双肢闭合轴压柱的屈曲模式、屈曲临界荷载、极限承载力、破坏模式特性及屈曲后强度对比。综合以上研究可得出以下结论：

  （1）3 种屈曲模式试验现象均符合当时试验设计试件的理念。通过分析试验数据可知，屈曲模式的不同对试件的承载力具有一定的影响性，这一现象可由试件的承载力与理想试件强度破坏的荷载的比例来体现，主要表现为不同的屈曲模式对截面承载力的降低状况有所不同，即不同的屈曲模式下，试件的承载力与理想试件强度破坏的荷载比值不同。

  （2）不同屈曲模式拼合柱半波长不同，而对于同一截面尺寸的拼合柱，不同螺钉间距拼合柱半波个数不同，通过试验现象可知，波峰总出现在两个螺钉间距之间，由试验现象及数据结果可知，螺钉间距对拼合柱的半波长及半波个数影响较大。

  （3）CFS 双肢闭合拼合截面的畸变屈曲试件的变形特征主要表现在 C 形截面翼缘和腹板绕其之间的交线扭转，但是由于 U 形截面翼缘的约束作用，C 形截面翼缘仅发生内扣的畸变屈曲现象。另外，由于螺钉的约束作用，以布置在翼缘中间的一列螺钉为分界线，U 形截面翼缘靠近腹板一侧几乎未发生变形，而另一侧在 C 形截面翼缘板组的作用下发生外张。

参考文献

[1]　庄茁. 基于 ABAQUS 的有限元分析和应用[M]. 北京：清华大学出版社，2009.

[2]　国家市场监督管理总局，国家标准化管理委员会. 金属材料　拉伸试验　第 1 部分：室温试验方法：GB/T 228.1—2021[S]. 北京：中国标准出版社，2021.

[3]　Schafer B W，Peköz T. Computational modeling of cold-formed steel：Characterizing geometric imperfections and residual stresses[J]. Journal of Constructional Steel Research，1998，47（3）：193-210.

第 3 章

螺钉拼合板的失稳机理和临界荷载计算理论

　　CFS 双肢拼合箱形截面柱拼合翼缘的稳定性受自攻螺钉的影响，然而在对拼合翼缘稳定性受力分析时，是否考虑以及该以怎样的方式考虑仍需要进一步探索有效的研究方法。鉴于此，本章对由自攻螺钉连接而成的型钢拼合板的失稳机理进行探讨分析。而螺钉拼合板的屈曲临界荷载是其失稳机理的特征项，故为了研究螺钉拼合板屈曲临界荷载的影响因素，本章对自攻螺钉间距、板件几何尺寸和边界条件等参数展开深入的研究。

　　Timoshenko 等学者已经对单个薄板的弯曲及屈曲等稳定问题进行了相当成熟的研究，并建立了相对精确的计算理论。对于 CFS 双肢拼合箱形截面柱，如图 3-1 所示，翼缘与翼缘之间通过自攻螺钉连接形成一种新概念的螺钉拼合板，由于螺钉连接的因素导致拼合板界面不是连续的，即当拼合板受力屈曲时可能会产生一定的剪切变形，反之，螺钉的作用也会约束这一剪切变形。那么，拼合板的剪切变形与各组成单板之间有怎样的运动学关系，以及如何通过螺钉对拼合板剪切变形的约束作用分析研究螺钉拼合板的稳定性等问题，至今仍未得到解决，目前在实际工程板件的设计中，工程师仅仅是通过实践经验及粗略的计算，并不是精确的理论计算结果。

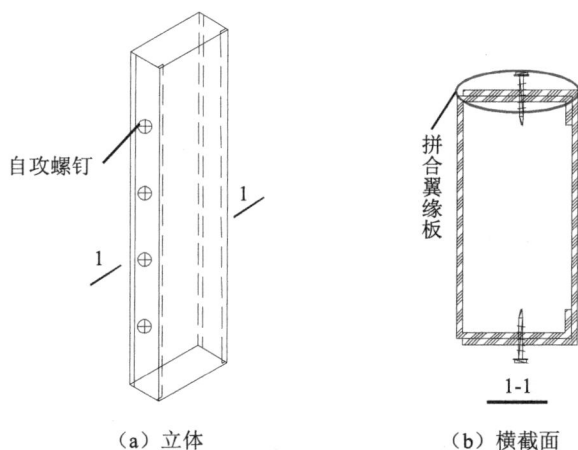

（a）立体 （b）横截面

图 3-1 螺钉拼合板的构造形式

考虑以上仍需研究的问题，本章将对 CFS 双肢拼合箱形截面柱的拼合翼缘板进行研究，但在本章不考虑翼缘与腹板的相关作用。本章将通过建立不同屈曲模式的计算模型来分析拼合翼缘板可能存在的失稳变形模式，并根据 CFS 双肢拼合箱形截面柱的拼合翼缘板的特点、以三边简支，一边自由板为例，基于能量法中的最小势能原理推导出螺钉翼缘拼合板屈曲临界荷载的解析式。然后，通过数值模拟分析的结果与本书理论结果进行对比分析，以验证本书提出理论的精确度及适用性。

3.1 板的稳定理论简介

3.1.1 板的类型、受力特点及薄板稳定理论

如将各维作比较，板的弯曲性质在很大程度上取决于它的厚度。因此，可将板划分为 3 类：①厚板 $[t/b>（1/8\sim1/5）]$；②具有小挠度的薄板 $[1/100<t/b<（1/8\sim1/5）]$；③具有大挠度的薄板，也称薄膜（$t/b<1/100$）。对于厚板，由于板内的横向剪力造成板的剪切变形与板的弯曲变形相比量级大小相同，故当计算时需考虑在内；对于薄板，剪切变形与弯曲变形相比很小，可以忽略不计；对于薄膜，其厚度极小，导致其抗弯刚度几乎降至零时，板的横向荷载的支撑作用完全靠板的薄膜拉力来支撑。薄板不仅具有抗弯能力还可以存在薄膜拉力，这些受力的薄板常常是受压和受弯构件的组成部分。因此，大多学者研究分析薄板稳定性时采用薄板稳定理论。

对于薄板屈曲有以下 4 个特点：①作用于板中面的外力，无论是一个方向作用有外力还是两个方向同时作用有外力，屈曲时板产生的都是出平面的凸曲现象，产生双向弯曲变形，因此在板的任何一点的弯矩 M_x、M_y 和扭矩 M_{xy} 及板的挠度 ω 都与此点的坐标 x

和 y 有关。②薄板的平衡方程属于二维的偏微分方程，除均匀受压的四边简支的理想的矩形板可以直接求解其分岔屈曲荷载外，对于其他受力条件和边界条件的板，用平衡法很难直接求解，经常采用能量法（如瑞利-里兹法和伽辽金法）或者数值法（如差分法和有限单元法）等，在弹塑性阶段，用数值法可以得到精确度很高的板的屈曲荷载。③平直的薄板失稳属于稳定分岔失稳问题。对于有刚度侧边支撑的板，凸曲后板的中面会产生薄膜应变，从而产生薄膜应力。如果在板的一个方向有外力作用而凸曲时，在另一个方向的薄膜拉力会对它产生支撑作用，从而增强板的抗弯刚度进而提高板的强度，这种凸曲后的强度提高称为屈曲后强度。单向均匀受压的板会因屈曲后各点薄膜应力不同而转变成不均匀的双向受力的板，由此，有些部位板的应力可能远超过屈曲应力而达到材料的屈曲强度，这时板将很快被破坏，它标志着板的承载力不再是分岔屈曲荷载，而是板的边缘纤维已达屈服强度后的极限荷载。④板的屈曲后强度和板的挠度可由大挠度理论分析得到，而小挠度理论分析只能得到板的分岔屈曲荷载。

而实际工程中，工程师在设计 CFS 时不仅考虑板易发生屈曲，也考虑对板屈曲后强度的充分利用，因此，大挠度理论的问题在 CFS 稳定设计时就必须考虑。但大挠度理论适用于变形过大的情况，需要用变形后的形状作为计算依据，属于非线性问题，比较复杂，在求解相关问题时，目前只能应用计算机迭代求解，用其他方法求解相关方程组时无法得到闭合解，因此不能应用在实际设计中。那么，人们只能采用半经验、半理论的方法将 CFS 应用在工程实际设计中，即运用小挠度理论来计算薄板的屈曲临界荷载。

综上所述，本章在推导螺钉拼合板的屈曲临界荷载计算公式时将运用小挠度理论，以尝试并拓展小挠度理论在螺钉拼合板上的应用。

3.1.2 小挠度理论简介

1）平衡法

Kirchhoff 最早对薄板的小挠度弯曲理论进行研究，并提出了 3 个基本假设，又称 Kirchhoff 假设，随后 Navier 对薄板弯曲进行了系统研究，提出一套完整的薄板弯曲计算方法，紧接着 Timoshenko 在前人研究的基础上进行了改进及完善，给出了矩形板弹性屈曲平衡方程。对于如图 3-2（a）所示等厚的板，其坐标轴分别指向板的两个邻边，z 轴与板垂直且向下，板的上表面和下表面之间的中平面 xy 即为中面。图 3-2（b）为从板中截取的一个微元体 $dxdydz$，在它的每一个面上都作用有正应力和剪应力。根据薄板的受力特征，Timoshenko 又重新提出了以下 3 条假定：

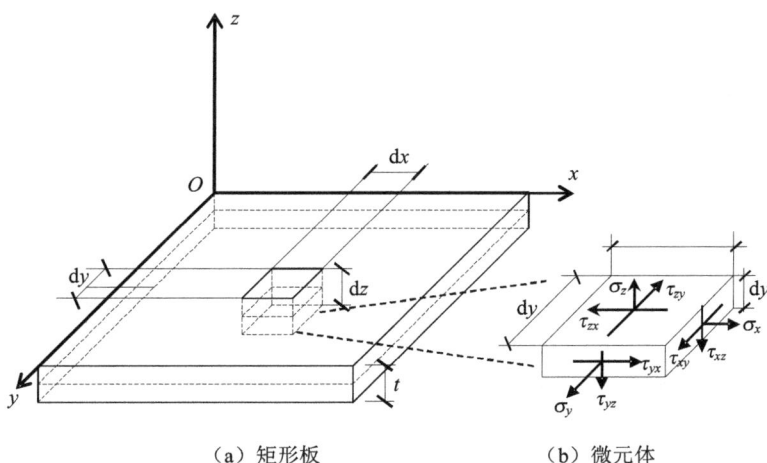

（a）矩形板　　　　　（b）微元体

图 3-2　板的坐标和微元体上的应力

（1）由于板相当薄，在图 3-2（b）中微元体上的应力 σ_z、τ_{zx} 和 τ_{zy} 远小于应力 σ_x、σ_y 和 τ_{xy}，在这种情况下由它们产生的正应变 ε_z 和剪应变 γ_{zx}、γ_{zy} 均可忽略不计。因忽略了正应变 ε_z，故 $\partial\omega/\partial z = 0$，这表明板任意一点的挠度 ω 仅与坐标 x 和 y 有关系，而与坐标 z 没有关系，即可以用板中面的挠度表示平行于板厚度方向任意一点的挠度。

（2）相对于板的厚度，垂直于板中面的挠度是微小的，即可忽略因中面弯曲变形伸长而产生的薄膜力。

（3）板是各向同性的弹性体，应力和应变关系服从胡克定律。

依据以上 3 条假定，运用平衡法可推导出薄板在微弯状态下 z 方向的力平衡方程，它是常系数线性四阶偏微分方程：

$$D\left(\frac{\partial^4 \omega}{\partial x^4} + 2\frac{\partial^4 \omega}{\partial x^2 \partial y^2} + \frac{\partial^4 \omega}{\partial y^4}\right) = N_x \frac{\partial^2 \omega}{\partial x^2} + 2N_{xy}\frac{\partial^2 \omega}{\partial x \partial y} + N_y \frac{\partial^2 \omega}{\partial y^2} \tag{3-1}$$

式中，D 为单位宽度板的抗弯刚度；ω 为垂直于板面方向的挠度；N_x、N_y 和 N_{xy} 分别作用于 x 方向、y 方向的中面压力和中面剪力。

解式（3-1）偏微分方程与板的边界条件有关，其表达式均可用与板的挠度 ω 有关的量来表示。以 x=0 的边界为例说明。

（1）边界条件为简支。

挠度 ω=0，弯矩 M_x=0，即 $-D\left(\dfrac{\partial^2 \omega}{\partial x^2} + \upsilon\dfrac{\partial^2 \omega}{\partial y^2}\right) = 0$，因边界各点挠度均为零，故其曲率 $\dfrac{\partial^2 \omega}{\partial y^2} = 0$，因此 $\dfrac{\partial^2 \omega}{\partial x^2} = 0$。

（2）边界条件为固结。

挠度 $\omega=0$，斜率 $\dfrac{\partial \omega}{\partial x}=0$。

（3）边界条件为自由。

弯矩 $M_x=0$，即 $\dfrac{\partial^2 \omega}{\partial x^2}+\upsilon\dfrac{\partial^2 \omega}{\partial y^2}=0$，剪力 $Q_x=0$，扭矩 $M_{xy}=0$，均匀分布的扭矩 M_{xy} 等效于均匀分布的剪力 $\dfrac{\partial M_{xy}}{\partial y}$，$Q_x$ 与 $\dfrac{\partial M_{xy}}{\partial y}$ 可合并为 $\dfrac{\partial^3 \omega}{\partial x^3}+(2-\upsilon)\dfrac{\partial^3 \omega}{\partial x \partial y^2}=0$。

根据以上板边界条件的特点可得出：

（1）单向均匀受压四边简支板的挠曲面可用三角函数表示为

$$\omega_1 = A_1 \sin\frac{m\pi x}{a}\sin\frac{n\pi y}{b} \tag{3-2}$$

（2）单向均匀受压三边简支、一边自由板的挠曲面可用三角函数表示为

$$\omega_2 = A_2 y \sin\frac{m\pi x}{a} \tag{3-3}$$

式中，a、b 分别为板长、板宽；m 和 n 分别为沿板长度和宽度方向的屈曲半波个数。

分别将式（3-2）和式（3-3）代入式（3-1）中，可解得两种边界条件矩形板的屈曲临界荷载，分别为

$$\sigma_{cr1} = \left(\frac{mb}{a}+\frac{a}{mb}\right)^2 \frac{\pi^2 D}{b^2} \tag{3-4}$$

$$\sigma_{cr2} = \left[\frac{m^2 b^2}{a^2}+\frac{6(1-\upsilon)}{\pi^2}\right]\frac{\pi^2 D}{b^2} \tag{3-5}$$

2）能量法

前述利用平衡法求解四边简支及三边简支、一边自由矩形板的屈曲临界应力时，其微分方程的每一项都有一致的三角函数，故可从各项中分离出来，这样运用平衡法就可以简便得到板的临界应力的表达式。但是对于受力条件较为复杂或者支撑条件复杂，如四边固定的板，满足边界条件的挠曲面的函数如仍用二重三角函数，应是 $\omega = \sum\limits_{m=1}^{\infty}\sum\limits_{n=1}^{\infty} A_{mn}\left(1-\cos\dfrac{2m\pi x}{a}\right)\times\left(1-\cos\dfrac{2n\pi y}{b}\right)$，如将此函数代入平衡方程式（3-1），将无法从各项中分离出共有的三角函数，求解屈曲临界应力将非常困难。

因此，Timoshenko 提出了可以解决受力条件较复杂或者支撑条件复杂的弹性稳定问题的能量法。用能量法求解板的屈曲荷载时需先建立板在微弯状态下的总势能，即总势能 Π 是板的应变能 U 和外力势能 V 之和。

$$\varPi = U + V \tag{3-6a}$$

$$U = \frac{D}{2} \int_0^a \int_0^b \left\{ \left(\frac{\partial^2 \omega}{\partial x^2} + \frac{\partial^2 \omega}{\partial y^2} \right)^2 - 2(1-v) \left[\frac{\partial^2 \omega}{\partial x^2} \times \frac{\partial^2 \omega}{\partial y^2} - \left(\frac{\partial^2 \omega}{\partial x \partial y} \right)^2 \right] \right\} \mathrm{d}x\mathrm{d}y \tag{3-6b}$$

$$V = -\frac{1}{2} \int_0^a \int_0^b \left[N_x \left(\frac{\partial \omega}{\partial x} \right)^2 + N_y \left(\frac{\partial \omega}{\partial y} \right)^2 + 2N_{xy} \frac{\partial \omega}{\partial x} \frac{\partial \omega}{\partial y} \right] \mathrm{d}x\mathrm{d}y \tag{3-6c}$$

3.1.3　拼合板存在的主要问题

路延已经详细研究并给出了四边简支、四边固结、两加载边简支两非加载边固结、两加载边固结两非加载边简支 4 种边界约束条件下的螺钉拼合板屈曲临界荷载计算式。但对于小挠度理论在一块板是四边简支，另一块板是三边简支、一边自由的螺钉拼合板中的应用情况仍值得研究，主要存在以下两个方面的问题：

（1）相对于相关专家研究的四边简支螺钉拼合板，本书研究的两个单板的边界条件不同，因此组成拼合板的两个单板的稳定性不相同，故拼合板在发生分岔点失稳时，两个单板的平面外挠曲变形大小也不相同。因此，其具体的变形模式仍需详细研究。

（2）不同的边界条件下，板的中面挠度不同。对于此类考虑拼合板之间的剪切变形和自攻螺钉约束作用影响的螺钉拼合板的屈曲临界荷载该如何计算，仍有待研究。

本章将对一块板四边简支，另一块板三边简支、一边自由的螺钉拼合板进行详细的研究分析。在上下板不同的边界条件下，对比螺钉拼合板与各单板的屈曲模式的不同处，分析此类螺钉拼合板可能存在的失稳变形模式，并在式（3-1）基础上考虑了上下板之间的剪切变形和螺钉约束作用的影响，推导出此类螺钉拼合板的屈曲临界应力公式。

3.2　三边简支、一边半刚结螺钉拼合板的屈曲变形模式

对于两个几何尺寸相同的板通过自攻螺钉组装成拼合板时，由于两块单板的边界约束条件不相同，因此当拼合板失稳时，两个单板的面外挠度大小可能不同，可能出现情况如图 3-3 所示。

由图 3-3（a）和图 3-3（b）可知，考虑与不考虑两个单板之间的变形协调及螺钉的约束作用，拼合板的协调屈曲（两个单板挠曲方向相同）形式是相同的，而分层屈曲（两个单板挠曲方向相反），如图 3-3（b）中分层屈曲所示，出现平直段的主要原因是板件之间的相互作用。另外，同时考虑板件和螺钉处协调作用时，拼合板的协调屈曲和分层屈曲如图 3-3（c）所示。

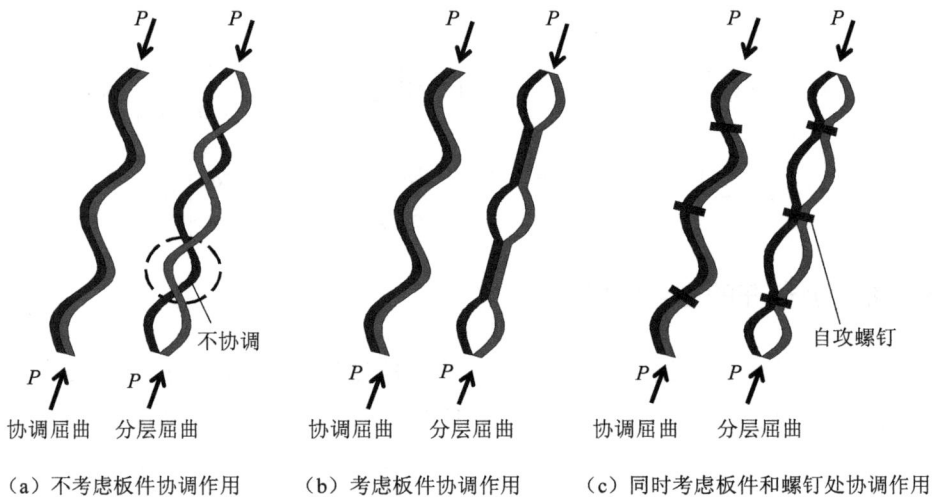

图 3-3　螺钉拼合板失稳的变形模式

3.3　三边简支、一边半刚结螺钉拼合板协调屈曲临界荷载

螺钉拼合板的分层屈曲的变形模式路延已经进行了详细研究，并指出在不同边界条件下螺钉拼合板之间的分层屈曲为协调屈曲的高阶屈曲模态，故在计算螺钉拼合板的屈曲临界荷载时仅考虑协调屈曲即可，同时验证并解释了在大量试验过程中也并未观察到分层屈曲现象。

1）计算模型

为便于分析上下板之间的变形关系，图 3-4（a）给出了协调屈曲变形模式下临界屈曲荷载的计算模型，模型由几何尺寸相同而边界条件不同的两块单板通过自攻螺钉连接而成。

模型在微弯状态下，xz 平面及 yz 平面所截微元体的变形情况分别如图 3-4（b）和图 3-4（c）所示。其中，$x_1o_1z_1$ 和 $y_1o_1z_1$ 分别为建立在拼合板连接界面处的随动坐标系，u_{s0}、v_{s0} 和 u_{x0}、v_{x0} 分别表示上下两微元体中面沿整体坐标系 x 轴方向和 y 轴方向的位移，而 Δ_x、Δ_y 分别表示上体元和下体元沿整体坐标系 x 轴、y 轴的剪切滑移变形。

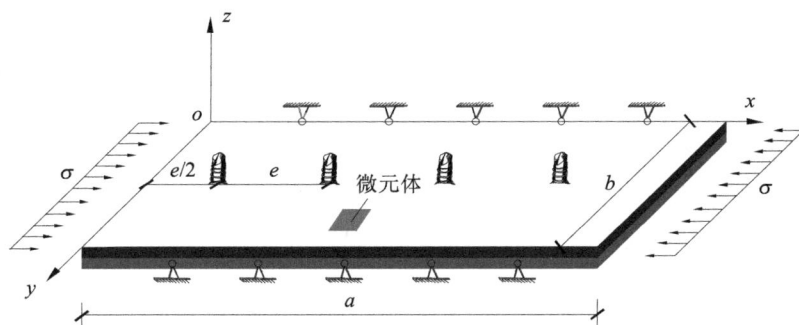

（a）计算模型

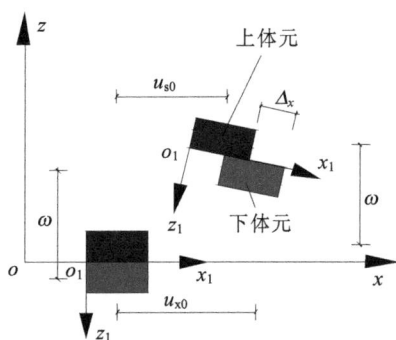

（b）xz 平面微元体变形图　　　　　　　（c）yz 平面微元体变形图

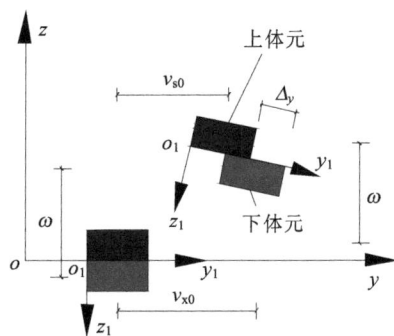

图 3-4　三边简支、一边半刚结螺钉拼合板同向屈曲的计算模型

为便于数学建模，作出如下基本假定：

（1）由于板很薄，忽略两个单板沿厚度方向产生的正应变和剪应变，也就是用板中面的挠度代表板沿厚度方向上任一点的挠度，即板在弯曲时服从平截面假定。

（2）相对于板的厚度，垂直于板中面的挠度是微小的，即可忽略因中面弯曲变形伸长而产生的薄膜力。

（3）板是各向同性的弹性体，应力和应变关系服从胡克定律。

（4）由于自攻螺钉直径 d_s 远小于板宽 b，因此忽略自攻螺钉处开孔的大小对拼合板稳定性的影响。

（5）自攻螺钉对拼合板剪切变形的约束作用，可简化为如图 3-5 所示的假想剪切体对拼合板剪切滑移变形的约束作用。该假想剪切体受力只发生剪切变形［图 3-5（c）］，其抗剪刚度 K_L 详见参考文献。

根据假定（1），板的受力属于平面应力问题。根据假定（2）和假定（3），可以用常系数线性偏微分方程来描述板的受力性能。根据假定（4），拼合板的总势能受螺钉约束作用的影响量可由该假想剪切体的势能改变量来分析。根据假定（5），拼合板的总势能不受螺钉处板件的开孔影响。

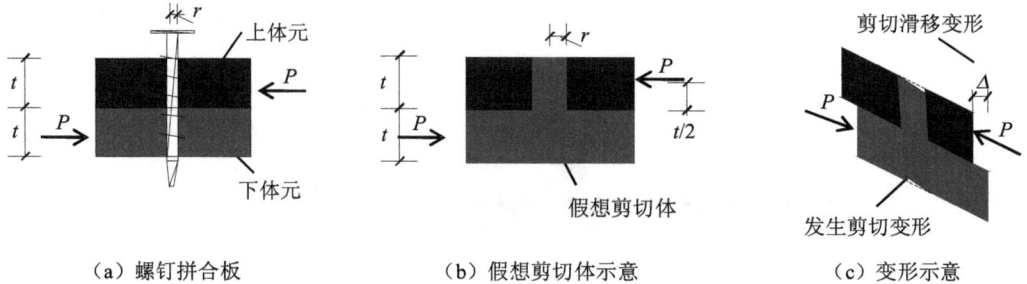

（a）螺钉拼合板 　　　　（b）假想剪切体示意 　　　　（c）变形示意

图 3-5　假想剪切体的受力机理

注：P 为作用于各单板中面处的压力。

2）上下体元间的函数关系

由图 3-5 和假定（1）可知，上体元任意点的位移为

$$u_s = u_{s0} - (z_1 + t/2)\frac{\partial \omega_1}{\partial x} \tag{3-7a}$$

$$v_s = v_{s0} - (z_1 + t/2)\frac{\partial \omega_1}{\partial y} \tag{3-7b}$$

式中，u_s 和 v_s 分别为上体元沿整体坐标系 x 方向和 y 方向的位移；ω_1 为上体元沿整体坐标系 z 方向的挠度；z_1 为上体元沿随动坐标系 z 方向的位移。

同理，下体元任意点的位移为

$$u_x = u_{x0} - (z_1 - t/2)\frac{\partial \omega_2}{\partial x} \tag{3-7c}$$

$$v_x = v_{x0} - (z_1 - t/2)\frac{\partial \omega_2}{\partial y} \tag{3-7d}$$

式中，u_x 和 v_x 分别为下体元沿整体坐标系 x 方向和 y 方向的位移；ω_2 为下体元沿整体坐标系 z 方向的挠度；z_1 为下体元沿随动坐标系 z 方向的位移。

由式（3-7a）～式（3-7d）可知，各体元的应变为

$$\varepsilon_{xs} = \frac{\partial u_{s0}}{\partial x} - (z_1 + t/2)\frac{\partial^2 \omega_1}{\partial x^2} \tag{3-8a}$$

$$\varepsilon_{ys} = \frac{\partial v_{s0}}{\partial y} - (z_1 + t/2)\frac{\partial^2 \omega_1}{\partial y^2} \tag{3-8b}$$

$$\varepsilon_{xx} = \frac{\partial u_{x0}}{\partial x} - (z_1 - t/2)\frac{\partial^2 \omega_2}{\partial x^2} \tag{3-8c}$$

$$\varepsilon_{yx} = \frac{\partial v_{x0}}{\partial y} - (z_1 - t/2)\frac{\partial^2 \omega_2}{\partial y^2} \tag{3-8d}$$

式中，ε_{xs}、ε_{ys} 和 ε_{xx}、ε_{yx} 分别为上体元和下体元任一点沿整体坐标系 x 方向和 y 方向的应变。

由胡克定律可知，各体元任一点正应力为

$$\sigma_{xs} = \frac{E}{1-v^2}(\varepsilon_{xs} + v\varepsilon_{ys}) \tag{3-9a}$$

$$\sigma_{ys} = \frac{E}{1-v^2}(\varepsilon_{ys} + v\varepsilon_{xs}) \tag{3-9b}$$

$$\sigma_{xx} = \frac{E}{1-v^2}(\varepsilon_{xx} + v\varepsilon_{yx}) \tag{3-9c}$$

$$\sigma_{yx} = \frac{E}{1-v^2}(\varepsilon_{yx} + v\varepsilon_{xx}) \tag{3-9d}$$

式中，σ_{xs}、σ_{ys} 和 σ_{xx}、σ_{yx} 分别为上体元和下体元任一点沿整体坐标系 x 方向和 y 方向的正应力；E 为材料的弹性模量；v 为材料的泊松比。

由图 3-6 可知，上下体元在面内剪应力的影响下还会产生剪应变。以上体元距中面为 z 的 $abcd$ 薄层为例，图中边 ab 和 ad 分别平行于 x 轴和 y 轴，当板弯曲时，a、b、c、d 诸点均有微小位移，点 a 在 x 方向和 y 方向的位移分量分别用 u_s 和 v_s 来表示，即点 d 在 x 方向的位移为 $u_s+(\partial u_s/\partial x)\mathrm{d}x$，点 b 在 y 方向的位移为 $v_x+(\partial v_x/\partial y)\mathrm{d}y$。因此，依据这些点的位移可得上体元任一点剪应变 γ_{xys} 为

$$\gamma_{xys} = \frac{\partial u_s}{\partial y} + \frac{\partial v_s}{\partial x} = \frac{\partial u_{s0}}{\partial y} + \frac{\partial v_{s0}}{\partial x} - 2(z_1 + t/2)\frac{\partial^2 \omega_1}{\partial x \partial y} \tag{3-10a}$$

同理，下体元的剪应变 γ_{xyx} 为

$$\gamma_{xyx} = \frac{\partial u_x}{\partial y} + \frac{\partial v_x}{\partial x} = \frac{\partial u_{x0}}{\partial y} + \frac{\partial v_{x0}}{\partial x} - 2(z_1 + t/2)\frac{\partial^2 \omega_2}{\partial x \partial y} \tag{3-10b}$$

由胡克定律可知，上下体元内的剪应力分别为

$$\tau_{xys} = G\gamma_{xys} \tag{3-11a}$$

$$\tau_{xyx} = G\gamma_{xyx} \tag{3-11b}$$

式中，τ_{xys}、τ_{xyx} 分别表示上下体元内的剪力分布，材料的剪切模量 $G = E/2(1+v)$。

由螺钉拼合板中微元体的变形情况研究分析，式（3-7）～式（3-11）建立了上下体元之间的变形、应力与应变与中面变形的函数关系，给后续分析其弯曲势能、各剪切体势能和外力势能打下基础。

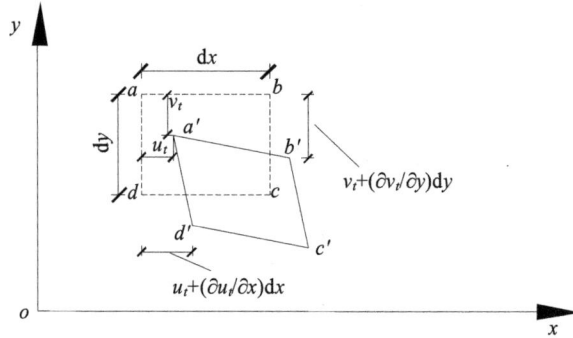

图 3-6　微元体剪应变

3）螺钉与上下体元连接界面处的剪切滑移变形

由图 3-4 中上下体元间的几何关系可知，除上体元和下体元自身发生屈曲变形外，二者在其连接界面处因剪切作用也产生了滑移变形，此变形可分别分解为 x 轴和 y 轴的剪切滑移变形 Δ_x 和 Δ_y：

$$\Delta_x = u_x \big|_{z_1=0} - u_s \big|_{z_1=0} = u_{x0} - u_{s0} + \frac{t}{2}\left(\frac{\partial \omega_1}{\partial x} + \frac{\partial \omega_2}{\partial x}\right) \tag{3-12a}$$

$$\Delta_y = v_x \big|_{z_1=0} - v_s \big|_{z_1=0} = v_{x0} - v_{s0} + \frac{t}{2}\left(\frac{\partial \omega_1}{\partial y} + \frac{\partial \omega_2}{\partial y}\right) \tag{3-12b}$$

4）拼合板的边界条件和位移函数

（1）三边简支、一边自由板的边界条件：

$$\omega_1 \big|_{x=0, x=a, y=0} = 0 \tag{3-13a}$$

$$\omega_1 \big|_{y=b} \neq 0 \tag{3-13b}$$

满足以上 2 式条件的挠度函数可取为

$$\omega_1 = A_1 y \sin\left(\frac{m\pi x}{a}\right) \tag{3-13c}$$

（2）四边简支板边界条件：

$$\omega_2 \big|_{x=0, x=a, y=0, y=b} = 0 \tag{3-14a}$$

$$-D \frac{\partial^2 \omega_2}{\partial y^2} \bigg|_{x=0, x=a, y=0, y=b} = 0 \tag{3-14b}$$

式中，D 为板的抗弯刚度。

满足以上 2 式条件的挠度函数可取为

$$\omega_2 = A_2 \sin\left(\frac{m\pi x}{a}\right) \sin\left(\frac{\pi y}{b}\right) \tag{3-14c}$$

于是，满足各单板中面边界条件的位移函数可取为

$$u_{s0} = A_3 \frac{\partial \omega_1}{\partial x} \tag{3-15a}$$

$$u_{x0} = A_4 \frac{\partial \omega_2}{\partial x} \tag{3-15b}$$

$$v_{s0} = A_5 \frac{\partial \omega_1}{\partial y} \tag{3-15c}$$

$$v_{x0} = A_6 \frac{\partial \omega_2}{\partial y} \tag{3-15d}$$

式中，m 为屈曲半波数，A_1、A_2、A_3、A_4、A_5、A_6 为待定常数。

5）螺钉拼合板的势能表达式

由能量守恒原理，建立如下平衡方程：

$$\Pi = U_1 + U_2 - W \tag{3-16}$$

其中：

$$U_1 = \int_{V_1} (\sigma_{xs}\varepsilon_{xs} + \sigma_{ys}\varepsilon_{ys} + \tau_{xys}\gamma_{xys}) \mathrm{d}V_1 + \int_{V_2} (\sigma_{xx}\varepsilon_{xx} + \sigma_{yx}\varepsilon_{yx} + \tau_{xyx}\gamma_{xyx}) \mathrm{d}V_2 \tag{3-17a}$$

$$U_2 = \frac{K_L}{2} \sum_{i=1}^{n} \int_{A_{si}} (\Delta_x^2 + \Delta_y^2) \mathrm{d}A_{si} \tag{3-17b}$$

$$W = \frac{\sigma}{2} \int_{V_1} \left[\frac{\partial u_s}{\partial x} + \left(\frac{\partial \omega_1}{\partial x} \right)^2 \right] \mathrm{d}V_1 + \frac{\sigma}{2} \int_{V_2} \left[\frac{\partial u_x}{\partial x} + \left(\frac{\partial \omega_2}{\partial x} \right)^2 \right] \mathrm{d}V_2 \tag{3-17c}$$

式中，U_1 为两单板的弯曲势能之和；U_2 为各剪切体势能之和；W 为两单板外力势能之和；V_1、V_2 分别为上、下单板的体积；A_{si} 为第 i 个自攻螺钉的横截面面积；σ 为压应力；n 为自攻螺钉的数量。

（1）两单板的弯曲势能 U_1 的表达式。

将式（3-9a）～式（3-9d）和式（3-11a）～式（3-11b）代入式（3-17a），可得

$$\begin{aligned} U_1 = {} & \frac{E}{1-\nu^2} \iiint_{V_1} \left[\varepsilon_{xs}^2 + \varepsilon_{ys}^2 + 2\nu\varepsilon_{xs}\varepsilon_{ys} + \frac{(1-\nu)}{2}\gamma_{xys}^2 \right] \mathrm{d}x\mathrm{d}y\mathrm{d}z + \\ & \frac{E}{1-\nu^2} \iiint_{V_2} \left[\varepsilon_{xx}^2 + \varepsilon_{yx}^2 + 2\nu\varepsilon_{xx}\varepsilon_{yx} + \frac{(1-\nu)}{2}\gamma_{xyx}^2 \right] \mathrm{d}x\mathrm{d}y\mathrm{d}z \end{aligned} \tag{3-18}$$

将式（3-8a）～式（3-8d）和式（3-10a）～式（3-10b）代入式（3-17a），化简可得如下。

①上体元的弯曲势能表达式：

$$U_s = \frac{13Et^3}{12(1-v^2)} \int_0^a \int_0^b \left(\frac{\partial^2 \omega_1}{\partial x^2} + \frac{\partial^2 \omega_1}{\partial y^2} \right)^2 - 2(1-v) \left[\frac{\partial^2 \omega_1}{\partial x^2} \frac{\partial^2 \omega_1}{\partial y^2} - \left(\frac{\partial^2 \omega_1}{\partial x \partial y} \right)^2 \right] dxdy -$$

$$\frac{2Et^2}{1-v^2} \int_0^a \int_0^b \left[\left(\frac{\partial u_{s0}}{\partial x} + v \frac{\partial v_{s0}}{\partial y} \right) \frac{\partial^2 \omega_1}{\partial x^2} + \left(\frac{\partial v_{s0}}{\partial y} + v \frac{\partial u_{s0}}{\partial x} \right) \frac{\partial^2 \omega_1}{\partial y^2} + (1-v) \frac{\partial u_{s0}}{\partial y} \frac{\partial v_{s0}}{\partial x} \frac{\partial^2 \omega_1}{\partial x \partial y} \right] dxdy +$$

$$\frac{Et}{1-v^2} \int_0^a \int_0^b \left[\left(\frac{\partial u_{s0}}{\partial x} + \frac{\partial v_{s0}}{\partial y} \right)^2 - 2(1-v) \frac{\partial u_{s0}}{\partial x} \frac{\partial v_{s0}}{\partial y} + \frac{1-v}{2} \left(\frac{\partial u_{s0}}{\partial y} + \frac{\partial v_{s0}}{\partial x} \right)^2 \right] dxdy$$

（3-19a）

②下体元的弯曲势能表达式：

$$U_x = -\frac{13Et^3}{12(1-v^2)} \int_0^a \int_0^b \left\{ \left(\frac{\partial^2 \omega_2}{\partial x^2} - \frac{\partial^2 \omega_2}{\partial y^2} \right)^2 + 2(1-v) \left[\frac{\partial^2 \omega_2}{\partial x^2} \frac{\partial^2 \omega_2}{\partial y^2} + \left(\frac{\partial^2 \omega_2}{\partial x \partial y} \right)^2 \right] \right\} dxdy -$$

$$\frac{2Et^2}{1-v^2} \int_0^a \int_0^b \left[\left(\frac{\partial u_{x0}}{\partial x} + v \frac{\partial v_{x0}}{\partial y} \right) \frac{\partial^2 \omega_2}{\partial x^2} + \left(\frac{\partial v_{x0}}{\partial y} + v \frac{\partial u_{x0}}{\partial x} \right) \frac{\partial^2 \omega_2}{\partial y^2} + (1-v) \frac{\partial u_{x0}}{\partial y} \frac{\partial v_{x0}}{\partial x} \frac{\partial^2 \omega_2}{\partial x \partial y} \right] dxdy +$$

$$\frac{Et}{1-v^2} \int_0^a \int_0^b \left[\left(\frac{\partial u_{x0}}{\partial x} + \frac{\partial v_{x0}}{\partial y} \right)^2 - 2(1-v) \frac{\partial u_{x0}}{\partial x} \frac{\partial v_{x0}}{\partial y} + \frac{1-v}{2} \left(\frac{\partial u_{x0}}{\partial y} + \frac{\partial v_{x0}}{\partial x} \right)^2 \right] dxdy$$

（3-19b）

故由 $U_1 = U_s + U_x$，化简可得

$$U_1 = \frac{13Et^3}{12(1-v^2)} \int_0^a \int_0^b \left\{ \left(\frac{\partial^2 \omega_1}{\partial x^2} + \frac{\partial^2 \omega_1}{\partial y^2} \right)^2 - 2(1-v) \left[\frac{\partial^2 \omega_1}{\partial x^2} \frac{\partial^2 \omega_1}{\partial y^2} - \left(\frac{\partial^2 \omega_1}{\partial x \partial y} \right)^2 \right] \right\} -$$

$$\left(\frac{\partial^2 \omega_2}{\partial x^2} - \frac{\partial^2 \omega_2}{\partial y^2} \right)^2 - 2(1-v) \left[\frac{\partial^2 \omega_2}{\partial x^2} \frac{\partial^2 \omega_2}{\partial y^2} + \left(\frac{\partial^2 \omega_2}{\partial x \partial y} \right)^2 \right] dxdy -$$

$$\frac{2Et^2}{1-v^2} \int_0^a \int_0^b \left[\left(\frac{\partial u_{s0}}{\partial x} + v \frac{\partial v_{s0}}{\partial y} \right) \frac{\partial^2 \omega_1}{\partial x^2} + \left(\frac{\partial v_{s0}}{\partial y} + v \frac{\partial u_{s0}}{\partial x} \right) \frac{\partial^2 \omega_1}{\partial y^2} + (1-v) \frac{\partial u_{s0}}{\partial y} \frac{\partial v_{s0}}{\partial x} \frac{\partial^2 \omega_1}{\partial x \partial y} +$$

$$\left(\frac{\partial u_{x0}}{\partial x} + v \frac{\partial v_{x0}}{\partial y} \right) \frac{\partial^2 \omega_2}{\partial x^2} + \left(\frac{\partial v_{x0}}{\partial y} + v \frac{\partial u_{x0}}{\partial x} \right) \frac{\partial^2 \omega_2}{\partial y^2} + (1-v) \frac{\partial u_{x0}}{\partial y} \frac{\partial v_{x0}}{\partial x} \frac{\partial^2 \omega_2}{\partial x \partial y} \right] dxdy +$$

$$\frac{Et}{1-v^2} \int_0^a \int_0^b \left[\left(\frac{\partial u_{s0}}{\partial x} + \frac{\partial v_{s0}}{\partial y} \right)^2 - 2(1-v) \frac{\partial u_{s0}}{\partial x} \frac{\partial v_{s0}}{\partial y} + \frac{1-v}{2} \left(\frac{\partial u_{s0}}{\partial y} + \frac{\partial v_{s0}}{\partial x} \right)^2 +$$

$$\left(\frac{\partial u_{x0}}{\partial x} + \frac{\partial v_{x0}}{\partial y} \right)^2 - 2(1-v) \frac{\partial u_{x0}}{\partial x} \frac{\partial v_{x0}}{\partial y} + \frac{1-v}{2} \left(\frac{\partial u_{x0}}{\partial y} + \frac{\partial v_{x0}}{\partial x} \right)^2 \right] dxdy$$

（3-20）

（2）假想剪切体势能 U_2 的表达式。

将式（3-12a）～式（3-12b）代入式（3-17b），可得

$$U_2 = \frac{K_L}{2} \sum_{i=1}^{n} \int_{A_{si}} \left\{ \left[(u_{x0} - u_{s0}) + \frac{t}{2}\left(\frac{\partial \omega_1}{\partial x} + \frac{\partial \omega_2}{\partial x}\right) \right]^2 + \left[(v_{x0} - v_{s0}) + \frac{t}{2}\left(\frac{\partial \omega_1}{\partial y} + \frac{\partial \omega_2}{\partial y}\right) \right]^2 \right\} \mathrm{d}A_{si} \tag{3-21}$$

化简可得

$$U_2 = \frac{K_L}{2} \sum_{i=1}^{n} \int_{A_{si}} \left\{ \left[\frac{A_4 m\pi y}{a} \cos\left(\frac{m\pi x}{a}\right) - \frac{A_3 m\pi}{a} \cos\left(\frac{m\pi x}{a}\right) \sin\left(\frac{\pi y}{b}\right) + \frac{1}{2}t\left[\frac{A_1 m\pi}{a} \cos\left(\frac{m\pi x}{a}\right) \sin\left(\frac{\pi y}{b}\right) + \frac{A_2 m\pi y}{a} \cos\left(\frac{m\pi x}{a}\right) \right] \right]^2 + A_6 \sin\left(\frac{m\pi x}{a}\right) - \frac{A_5 \pi}{b} \sin\left(\frac{m\pi x}{a}\right) \cos\left(\frac{\pi y}{b}\right) + \frac{t}{2}\left[\frac{A_1 \pi}{a} \sin\left(\frac{m\pi x}{a}\right) \cos\left(\frac{\pi y}{b}\right) + A_2 \sin\left(\frac{m\pi x}{a}\right) \right]^2 \right\} \mathrm{d}A_{si} \tag{3-22}$$

（3）外力势能 W 的表达式。

将式（3-7a）和式（3-7d）代入式（3-17c），化简可得

$$W = \frac{\sigma t}{2} \int_b^a \int_0^b \left[\frac{\partial u_{s0}}{\partial x} + \frac{\partial u_{x0}}{\partial x} + \left(\frac{\partial \omega_1}{\partial x}\right)^2 + \left(\frac{\partial \omega_2}{\partial x}\right)^2 \right] \mathrm{d}x\mathrm{d}y \tag{3-23}$$

（4）总势能表达式。

由式（3-20）、式（3-21）和式（3-22）可得总势能 Π 为

$$\Pi = U_1 + U_2 - W$$

$$= \frac{13Et^3}{12(1-v^2)} \int_b^a \int_0^b \left\{ \left(\frac{\partial^2 \omega_1}{\partial x^2} + \frac{\partial^2 \omega_1}{\partial y^2}\right)^2 - 2(1-v)\left[\frac{\partial^2 \omega_1}{\partial x^2} \frac{\partial^2 \omega_1}{\partial y^2} - \left(\frac{\partial^2 \omega_1}{\partial x \partial y}\right)^2 \right] - \left(\frac{\partial^2 \omega_2}{\partial x^2} - \frac{\partial^2 \omega_2}{\partial y^2}\right)^2 - 2(1-v)\left[\frac{\partial^2 \omega_2}{\partial x^2} \frac{\partial^2 \omega_2}{\partial y^2} + \left(\frac{\partial^2 \omega_2}{\partial x \partial y}\right)^2 \right] \right\} \mathrm{d}x\mathrm{d}y -$$

$$\frac{2Et^2}{1-v^2} \int_b^a \int_0^b \left\{ \left(\frac{\partial u_{s0}}{\partial x} + v\frac{\partial v_{s0}}{\partial y}\right)\frac{\partial^2 \omega_1}{\partial x^2} + \left(\frac{\partial v_{s0}}{\partial y} + v\frac{\partial u_{s0}}{\partial x}\right)\frac{\partial^2 \omega_1}{\partial y^2} + (1-v)\frac{\partial u_{s0}}{\partial y} \frac{\partial v_{s0}}{\partial x} \frac{\partial^2 \omega_1}{\partial x \partial y} + \left(\frac{\partial u_{x0}}{\partial x} + v\frac{\partial v_{x0}}{\partial y}\right)\frac{\partial^2 \omega_2}{\partial x^2} + \left(\frac{\partial v_{x0}}{\partial y} + v\frac{\partial u_{x0}}{\partial x}\right)\frac{\partial^2 \omega_2}{\partial y^2} + (1-v)\frac{\partial u_{x0}}{\partial y} \frac{\partial v_{x0}}{\partial x} \frac{\partial^2 \omega_2}{\partial x \partial y} \right\} \mathrm{d}x\mathrm{d}y +$$

$$\frac{Et}{1-v^2} \int_b^a \int_0^b \left\{ \left(\frac{\partial u_{s0}}{\partial x} + \frac{\partial v_{s0}}{\partial y}\right)^2 - 2(1-v)\frac{\partial u_{s0}}{\partial x} \frac{\partial v_{s0}}{\partial y} + \frac{1-v}{2}\left(\frac{\partial u_{s0}}{\partial y} + \frac{\partial v_{s0}}{\partial x}\right)^2 + \left(\frac{\partial u_{x0}}{\partial x} + \frac{\partial v_{x0}}{\partial y}\right)^2 - 2(1-v)\frac{\partial u_{x0}}{\partial x} \frac{\partial v_{x0}}{\partial y} + \frac{1-v}{2}\left(\frac{\partial u_{x0}}{\partial y} + \frac{\partial v_{x0}}{\partial x}\right)^2 \right\} \mathrm{d}x\mathrm{d}y +$$

$$\frac{K_L}{2} \sum_{i=1}^{n} \int_{A_{si}} \left\{ \left[(u_{x0} - ue) + \frac{t}{2}\left(\frac{\partial \omega_1}{\partial x} + \frac{\partial \omega_2}{\partial x}\right) \right]^2 + \left[(v_{x0} - v_{s0}) + \frac{t}{2}\left(\frac{\partial \omega_1}{\partial y} + \frac{\partial \omega_2}{\partial y}\right) \right]^2 \right\} \mathrm{d}A_{si} -$$

$$\frac{\sigma t}{2} \int_b^a \int_0^b \left[\frac{\partial u_{s0}}{\partial x} + \frac{\partial u_{x0}}{\partial x} + \left(\frac{\partial \omega_1}{\partial x}\right)^2 + \left(\frac{\partial \omega_2}{\partial x}\right)^2 \right] \mathrm{d}x\mathrm{d}y \tag{3-24}$$

由式（3-6a）～式（3-6c）和式（3-24）对比可知，本书在提出的螺钉拼合板总势能方程 [式（3-20）] 中不仅考虑了两单板之间的剪切滑移变形，还包含了反映自攻螺钉约束作用的广义刚度参数 K_L。因此，总势能方程式（3-20）能够真实地解释螺钉拼合板的实际受力性能。

下文将以上板为三边简支、一边自由，下板为四边简支的螺钉拼合板为实例，推导出其屈曲临界荷载公式。

6）广义刚度 K_L

截至目前，要计算螺钉拼合板的协调屈曲荷载 σ_{cr1}，还存在广义刚度 K_L 有待于求解。在物理意义上，广义刚度 K_L 表现为阻止各分肢板件间沿连接界面发生错动变形的能力。当拼合板发生屈曲时，各两个单板的内力主要作用在其截面中性面处，这类似于在上下两个单板的中性面上分别施加大小相等、方向相反的作用力，如图 3-7（a）所示。

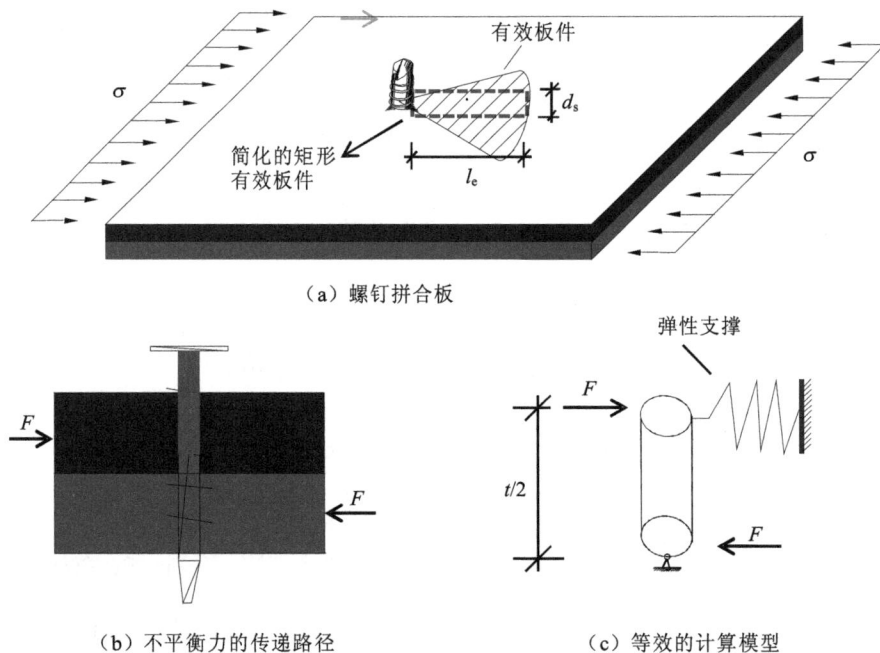

（a）螺钉拼合板

（b）不平衡力的传递路径

（c）等效的计算模型

图 3-7 广义刚度 K_L 的计算模型

根据不平衡力的传递路径 [图 3-7（b）]，可将传力模型简化为反弯点铰接。而压力作用点弹性支撑的简化模型如图 3-7（c）所示。对简化模型分析可知，上下两个单板的错动变形 Δ 主要包含支撑变形 Δ_1（有效板件的压缩变形）和螺钉变形 Δ_2，即

$$\Delta = \Delta_1 + \Delta_2 \tag{3-25}$$

在支撑变形 Δ_1 的计算中，由于自攻螺钉分布的离散性，并非所有的板件都能提供刚度，而参与工作的板件具有一定的扩散性分布。精确求解这种有效板件的大小具有一定

的复杂性。为便于分析，可将其简化为宽为螺钉直径 d_s、长为有效宽度 l_e 的等效矩形有效板件。Vieira 和 Schafer 对冷弯薄壁型钢墙体抗剪刚度的研究表明：在考虑龙骨柱与墙体面板连接界面抗剪刚度时，参与抗剪的有效板件大约分布在半径为 $3d_s$ 的圆形范围内。于是，他们将有效宽度 $l_e=3d_s$ 引入墙体抗剪刚度的计算式中。经笔者研究发现，Vieira 和 Schafer 提出的有效板件计算式（$l_e=3d_s$）在螺钉拼合板方面也具有较高精度。因此，取 $l_e=3d_s$，支撑变形 Δ_1 为

$$\Delta_1 = \frac{3F}{EA_1}d_s \tag{3-26}$$

式中，支撑的横截面积 $A_1=td_s$；E 为板的弹性模量。

螺钉变形 Δ_2 则由螺钉弯曲变形和剪切变形组成：

$$\Delta_2 = \frac{F}{G_sA_s}\frac{t}{2} + \frac{F}{12E_sI_s}\left(\frac{t}{2}\right)^3 \tag{3-27}$$

式中，A_s 为自攻螺钉的横截面面积；E_s 为自攻螺钉的弹性模量；自攻螺钉的剪切模量 $G_s=E_s/2(1+v)$；自攻螺钉的截面惯性矩 $I_s=\pi d^4/64$。

由式（3-25）～式（3-27）可知，连接界面的抗剪刚度 $K_L=F/\Delta$，即

$$K_L = \frac{4.7EE_std_s^4}{28.3E_sd_s^4 + 12Ed_s^2t^2(1+v) + 2Et^4} \tag{3-28}$$

7）离散螺钉约束作用连续化

自攻螺钉的布置形式及数量均对螺钉拼合板的屈曲临界荷载有影响。由式（3-22）可知，三角函数是关于坐标 x、y 的函数，随着螺钉个数的增多，该计算量将大幅增加。因此，考虑螺钉的约束作用及为便于计算，本节将三角函数连续化，即依据自攻螺钉总约束作用近似相等原则，将离散螺钉的约束作用连续化，如图 3-8 所示。

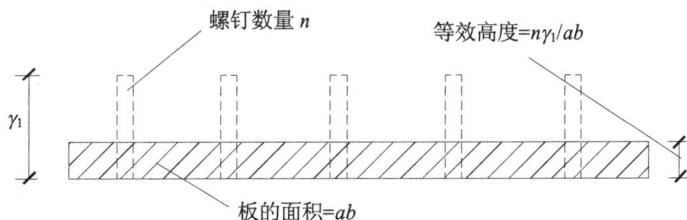

图 3-8　近似计算方法

由图 3-8 可将三角函数简化为

$$\gamma_1 = \frac{n}{ab} \int_0^b \int_0^a \left[\sin\left(\frac{m\pi x}{a}\right) \cos\left(\frac{\pi y}{b}\right) \right]^2 \mathrm{d}x\mathrm{d}y$$
$$= \frac{n}{4} \left[\frac{\cos(m\pi)\sin(m\pi) - m\pi}{m\pi} \right] \tag{3-29a}$$

$$\gamma_2 = \frac{n}{ab} \int_0^b \int_0^a \left[\cos\left(\frac{m\pi x}{a}\right) \sin\left(\frac{\pi y}{b}\right) \right]^2 \mathrm{d}x\mathrm{d}y$$
$$= \frac{n}{4} \left[\frac{\cos(m\pi)\sin(m\pi) + m\pi}{m\pi} \right] \tag{3-29b}$$

$$\gamma_3 = \frac{n}{ab} \int_0^b \int_0^a \left[y\cos\left(\frac{m\pi x}{a}\right) \right]^2 \mathrm{d}x\mathrm{d}y$$
$$= \frac{nb^2}{6} \left[\frac{\cos(m\pi)\sin(m\pi) + m\pi}{m\pi} \right] \tag{3-29c}$$

$$\gamma_4 = \frac{n}{ab} \int_0^b \int_0^a y\cos\left(\frac{m\pi x}{a}\right)^2 \sin\left(\frac{\pi y}{b}\right) \mathrm{d}x\mathrm{d}y$$
$$= \frac{nb}{2} \left[\frac{\cos(m\pi)\sin(m\pi) + m\pi}{m\pi^2} \right] \tag{3-29d}$$

$$\gamma_5 = \frac{n}{ab} \int_0^b \int_0^a \sin\left(\frac{m\pi x}{a}\right)^2 \mathrm{d}x\mathrm{d}y$$
$$= \frac{n}{2} \left[\frac{-\cos(m\pi)\sin(m\pi) + m\pi}{m\pi} \right] \tag{3-29e}$$

实际中，拼合板的屈曲半波数是整数，因此 $\sin(m\pi) = 0$、$\cos(m\pi) = 1$，于是式（3-29）可进一步简化为

$$\gamma_1 = \gamma_2 = \frac{n}{4}, \quad \gamma_3 = \frac{nb^2}{6}, \quad \gamma_4 = \frac{nb}{2\pi}, \quad \gamma_5 = \frac{n}{2} \tag{3-30}$$

8）三边简支、一边半刚结拼合板的协调屈曲荷载

将式（3-13）~式（3-15）和式（3-30）代入式（3-24），化简可得

$$\Pi = \alpha\{\beta_1 A_1^2 + \beta_2 A_2^2 + \beta_3 A_3^2 + \beta_4 A_4^2 + \beta_5 A_5^2 + \beta_6 A_6^2 + (1-v^2)K_L\beta_7 A_1 A_2 -$$
$$(4\pi bmE\beta_7 - bm\beta_8)A_1 A_3 - 2(A_1 A_4 + A_2 A_3)b^2 m\beta_8 - (4\pi aE\beta_7 - a\beta_8)A_1 A_5 -$$
$$2a\beta_8 A_1 A_6 + \beta_9 A_2 A_4 + 2ab\beta_8 A_2 A_5 + 2mt\beta_{10} A_2 A_6 + 4ab^2\beta_8 A_3 A_4 + \beta_{11} A_3 A_5 +$$
$$a\beta_{10} A_4 A_6 + 4ab\beta_8 A_5 A_6\} \tag{3-31}$$

式中，

$$\alpha = \frac{1}{144a^3 b^3 (1-v^2)} \tag{3-32a}$$

$$\beta_1 = 39\pi^4 t^3 (m^2 b^2 + a^2)^2 E + 18\pi^2 abnt^2 (1-v^2)(b^2 m^2 + a^2)K_L - 18\pi^2 a^2 b^4 m^2 t (1-v^2)\sigma \tag{3-32b}$$

$$\beta_2 = -26\pi^2 b^4 m^2 t^3 [\pi^2 b^2 m^2 + 6a^2 (1-v)]E - 12\pi^2 a^2 b^6 m^2 t (1-v^2)\sigma \tag{3-32c}$$

$$\beta_3 = 36\pi^2 a^2 b^2 t [2b^2 m^2 + a^2 (1-v^2)]E + 36\pi a^3 b^3 n (1-v^2)K_L \tag{3-32d}$$

$$\beta_4 = 12\pi a^2 b^4 t [2\pi^2 b^2 m^2 + 3a^2 (1-v)]E + 12\pi a^3 b^5 n (1-v^2)K_L \tag{3-32e}$$

$$\beta_5 = 18\pi^2 a^2 b^2 t [b^2 m^2 (1-v) + 2a^2]E + 18a^3 b^3 n (1-v^2)K_L \tag{3-32f}$$

$$\beta_6 = -36\pi^2 a^2 b^4 m^2 t (1-v)E + 360\pi a^3 b^3 (1-v^2)K_L \tag{3-32g}$$

$$\beta_7 = 18\pi^2 abt^2 (b^2 m^2 + a^2) \tag{3-32h}$$

$$\beta_8 = -18\pi a^2 b^2 nt (1-v^2)K_L \tag{3-32i}$$

$$\beta_9 = 48\pi^2 ab^4 mt^2 [\pi b^2 m^2 - 3a^2 (1-v^2)]E + 12\pi^2 a^2 b^5 mnt (1-v^2)K_L \tag{3-32j}$$

$$\beta_{10} = 72\pi^2 a^2 b^4 mt (1-v)E \tag{3-32k}$$

$$\beta_{11} = 36\pi^2 a^3 b^3 mt (1+v)E \tag{3-32l}$$

显然，式（3-32）存在最小值的条件为

$$\partial \Pi / \partial A_1 = 2\beta_1 A_1 + (1-v^2)K_L \beta_7 A_2 - bm(4\pi E\beta_7 - \beta_8)A_3 - 2b^2 m\beta_8 A_4 - a(4\pi E\beta_7 - \beta_8)A_5 - 2a\beta_8 A_6 = 0 \tag{3-33a}$$

$$\partial \Pi / \partial A_2 = 2\beta_2 A_2 + K_L (1-v^2)\beta_7 A_1 - 2b^2 m\beta_8 A_3 + \beta_9 A_4 + 2ab\beta_8 A_5 + 2mt\beta_{10} A_6 = 0 \tag{3-33b}$$

$$\partial \Pi / \partial A_3 = 2\beta_3 A_3 - bm(4\pi E\beta_7 - \beta_8)A_1 - 2b^2 m\beta_8 A_2 + 4ab^2 \beta_8 A_4 + \beta_{11} A_5 = 0 \tag{3-33c}$$

$$\partial \Pi / \partial A_4 = 2\beta_4 A_4 - 2b^2 m\beta_8 A_1 + \beta_9 A_2 + 4ab^2 \beta_8 A_3 + a\beta_{10} A_6 = 0 \tag{3-33d}$$

$$\partial \Pi / \partial A_5 = 2\beta_5 A_5 - a(4\pi E\beta_7 - \beta_8)A_1 + 2ab\beta_8 A_2 + \beta_{11} A_3 + 4ab\beta_8 A_6 = 0 \tag{3-33e}$$

$$\partial \Pi / \partial A_6 = 2\beta_6 A_6 - 2a\beta_8 A_1 + 2mt\beta_{10} A_2 + a\beta_{10} A_4 + 4ab\beta_8 A_5 = 0 \tag{3-33f}$$

由式（3-33）经积分后得到的 A_1，A_2，A_3，A_4，A_5，A_6 的线性方程组，为得到它们的非零解，其系数行列式 [式（3-34）] 为零，即

$$\begin{vmatrix} 2\beta_1 & (1-v^2)K_L\beta_2 & -bm(4\pi E\beta_7 - \beta_8) & -2b^2 m\beta_8 & -(4\pi E\beta_7 - \beta_8)a & -2a\beta_8 \\ (1-v^2)K_L\beta_7 & 2\beta_2 & -2b^2 m\beta_8 & \beta_9 & 2ab\beta_8 & 2mt\beta_{10} \\ -bm(4\pi E\beta_7 - \beta_8) & -2b^2 m\beta_8 & 2\beta_3 & 4ab^2\beta_8 & \beta_{11} & 0 \\ -2b^2 m\beta_8 & \beta_9 & 4ab^2\beta_8 & 2\beta_4 & 0 & a\beta_{10} \\ -(4\pi E\beta_7 - \beta_8)a & 2ab\beta_8 & \beta_{11} & 0 & 2\beta_5 & 4ab\beta_8 \\ -2a\beta_8 & 2mt\beta_{10} & 0 & a\beta_{10} & 4ab\beta_8 & 2\beta_6 \end{vmatrix} = 0$$

$$\tag{3-34}$$

由式（3-34）可解得，拼合板的屈曲临界应力 σ_{cr} 为

$$\sigma_{cr} = \frac{\pi^2 E}{12(1-v^2)}\left(\frac{Ct}{b}\right)^2 \tag{3-35}$$

式中，C 为反映剪切滑移变形和自攻螺钉约束作用影响的板厚折减系数，该参数的表达式为

$$C = \sqrt{\frac{2\pi^2 Em^3 k_1(3k_1+8k_2)t^2 + \pi^2 EK_L nt\sqrt{k_1} + 4K_L^2 n^2(3k_1+8k_2)(1-v)(1+v)^2/m}{4\pi^2 Em^3 k_1 t^2 + 2\pi^2 EK_L nt\sqrt{k_1} + K_L^2 n^2 k_2(1-v)(1+v)^2/m}} \tag{3-36}$$

式中，k_1 和 k_2 分别表示四边简支板，三边简支一边自由板的稳定系数，表达式分别为

$$k_1 = \left(\frac{mb}{a}+\frac{a}{mb}\right)^2 \tag{3-37a}$$

$$k_2 = \frac{m^2 b^2}{a}+\frac{6(1-v)}{\pi^2} \tag{3-37b}$$

在实际工程设计中通常用纵向螺钉间距 e 来反映螺钉的布置形式对构件的影响规律。由图 3-4（a）可知，本书拼合板模型的螺钉个数 $n=2a/e$，则式（3-36）可表示为

$$C = \sqrt{\frac{2\pi^2 Em^2 k_1(3k_1+8k_2)t^2 + 2a\pi^2 EK_L t\sqrt{k_1}/me_1 + 16a^2 K_L^2(3k_1+8k_2)(1-v)(1+v)^2/m^2 e_1^2}{4\pi^2 Em^2 k_1 t^2 + 4a\pi^2 EK_L t\sqrt{k_1}/me_1 + 4a^2 K_L^2 k_2(1-v)(1+v)^2/m^2 e_1^2}}$$

$$\tag{3-38}$$

由式（3-38）可知，若已知材料材性、板件几何尺寸、自攻螺钉纵向间距、屈曲半波个数、广义刚度 K_L 则可解得三边简支、一边半刚结螺钉拼合板协调屈曲临界应力 σ。

3.4 本章理论和数值算例

试验研究具有一定的局限性，为更加充分地验证本章公式的精度和适用性，本节将运用有限元对螺钉拼合板进行大量的弹性屈曲分析。

3.4.1 有限元弹性屈曲分析简介

从数学上讲，结构在静载作用下出现（失稳）可以归结为平衡方程解的多值性问题。针对屈曲的经典稳定性理论，特别是弹性稳定性理论，已趋于完善。弹性屈曲分析是以特征值为研究对象，特征值是理想线弹性结构的理论屈曲强度，其采用和压杆失稳法一样的基于近似线弹性理论的失稳分析法。

在 ABAQUS 的线性特征值屈曲问题中，载荷会使模型刚度矩阵变得奇异，即式（3-39）具有非无效解。

$$K^{MN}U^M = 0 \tag{3-39}$$

式中，K^{MN} 为载荷施加时的切线刚度矩阵；U^M 为非无效位移解。

一般情况下，特征值屈曲求解的目的就是得到特征值 λ，特征值 λ 乘以所加载荷 Q，即屈曲临界荷载。其中定义在特征值屈曲预测分析步中递增载荷 Q 的幅值大小不重要，因为 Q 会被式（3-40）中相应的载荷乘以 λ 缩放。

$$(K_0^{MN} + \lambda_i K_\Delta^{MN})U_i^M = 0 \tag{3-40}$$

式中，K_0^{MN} 为对应于基础状态的刚度矩阵，其包含预加载荷 P 的影响；K_Δ^{MN} 为对应于递增载荷 Q 的微分初始应力和载荷刚度矩阵；λ_i 为特征值；U_i^M 为屈曲模态形状（特征向量）；M 和 N 为设计整个模型的自由度；i 为第 i 屈曲模态。

如果特征值屈曲过程是分析的第一步，初始条件为式（3-40）中提到的 K_0^{MN} 所对应的基础状态；相反，基础状态则为最后一个通用分析步结束时的模型当前状态，也就是说，基础状态可以包含预加载荷。所以，对于具有预加载的结构，临界屈曲荷载为 $P+\lambda_i Q$，并且预加载荷 P 和扰动载荷 Q 类型可以不一样。满足式（3-40）随机平衡状态的最小特征值，即弹性屈曲分析的第一阶特征值，则是模型的屈曲临界荷载。

故本章运用有限元软件 ABAQUS 的弹性屈曲分析功能对螺钉拼合板进行分析。有限元建立的模型与本书第 2 章有限元模型的单元选择及网格划分一样。模型的接触方式、施加荷载方式和边界约束条件如图 3-9 所示。在有限元材料属性设置中，板材与螺钉的弹性模量一致取为 189 900 N/mm^2。

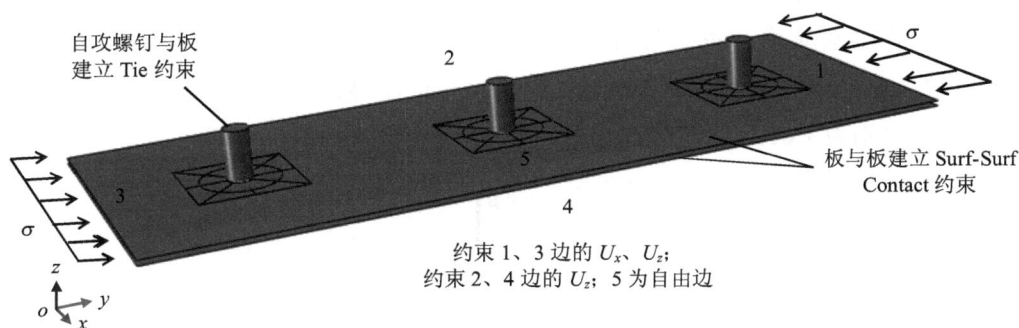

图 3-9　螺钉拼合板的有限元模型

3.4.2　板件几何尺寸对屈曲临界应力的影响

此节分析了板件的长宽比和宽厚比对螺钉拼合板屈曲临界应力的影响。在比较板长宽比与屈曲临界应力时，保持拼合板的厚度不变（$t=1.0$ mm），板宽分别取为 60 mm、80 mm 和 100 mm 3 种尺寸，如图 3-10 所示；在比较板宽厚比与屈曲临界应力时，板厚为 1.5 mm，板件长度为 500 mm，板宽取 40～200 mm，如图 3-11 所示。

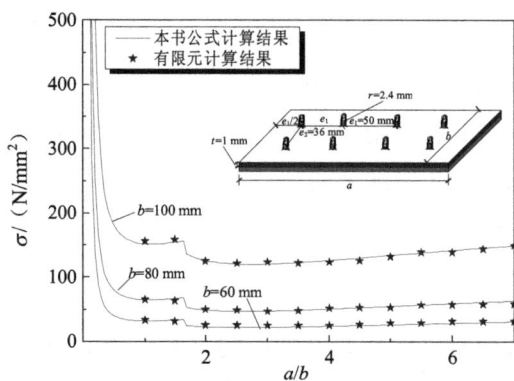

图 3-10　长宽比 a/b 与临界应力 σ 的比较　　图 3-11　宽厚比 b/t 与临界应力 σ 的比较

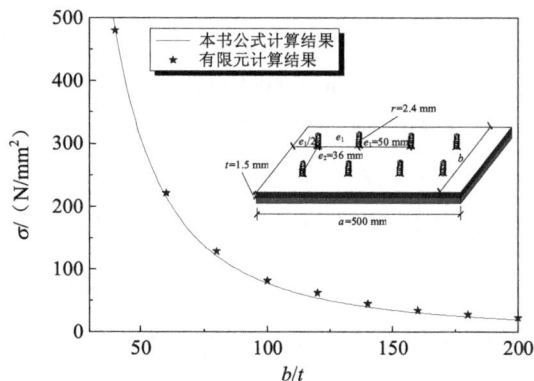

由图 3-10 和图 3-11 观察可得，无论是长宽比对拼合板临界应力的影响，还是宽厚比对拼合板临界应力的影响，有限元计算结果与本书公式计算结果均吻合得较好。研究结果表明，式（3-36）可以精确地反映长宽比、宽厚比分别与拼合板临界应力的关系。另外，由图 3-11 可知，板件长度相同，拼合板的临界应力随着板件宽度增大而增加，但是，随着 a/b 的增大，σ 先是下降，后几乎保持不变。研究结果表明，只有 a/b 在比较小时（a/b <2.0），拼合板的 σ 才会受到严重的影响，而 Timoshenko 对单板也有类似的研究结果。

3.4.3　螺钉间距和螺钉直径对临界应力的影响

1）螺钉间距的影响

螺钉间距/板件宽度（e/b）与拼合板屈曲临界应力 σ 的关系曲线，如图 3-12 所示。板件宽度分别取值 100 mm、150 mm 和 200 mm，而 e/b 处于 0.1～5，则板件长度和厚度保持不变（分别为 1 000 mm 和 1.2 mm）。

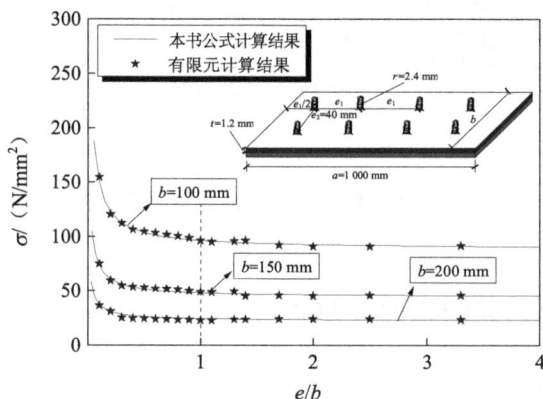

图 3-12　e/b 和临界应力 σ 的比较

e/b 对拼合板 σ 的影响规律可由图 3-12 观察,式(3-36)计算结果与有限元模拟结果较一致。这一方面表明本章有限元模型的准确性很高,另一方面表明本章计算公式的精度很高。另外,当 $e/b>1$ 时,随着 e/b 增大,σ 几乎保持一致,即对 σ 的影响很小;当 $e/b<1$ 时,σ 随着 e/b 增大而逐渐减小。这一研究结果表明,当 $e/b<1$ 时,拼合板的 σ 受螺钉间距的影响较大,主要原因是螺钉间距较大时,两相邻螺钉间距之间并不一定只出现一个半波,因此不能保证每个屈曲半波上均有螺钉约束其变形,故拼合板的 σ 不会受螺钉很大的影响,相反亦然。

2)螺钉直径的影响

自攻螺钉的直径处于 0.8~4 mm,板件长度和宽度均为 100 mm,取 1.0 mm 和 2.0 mm 两种板厚,见图 3-13。螺钉间距一致取为板宽的 1/2,以确保螺钉对拼合板屈曲变形起到有效的约束作用。

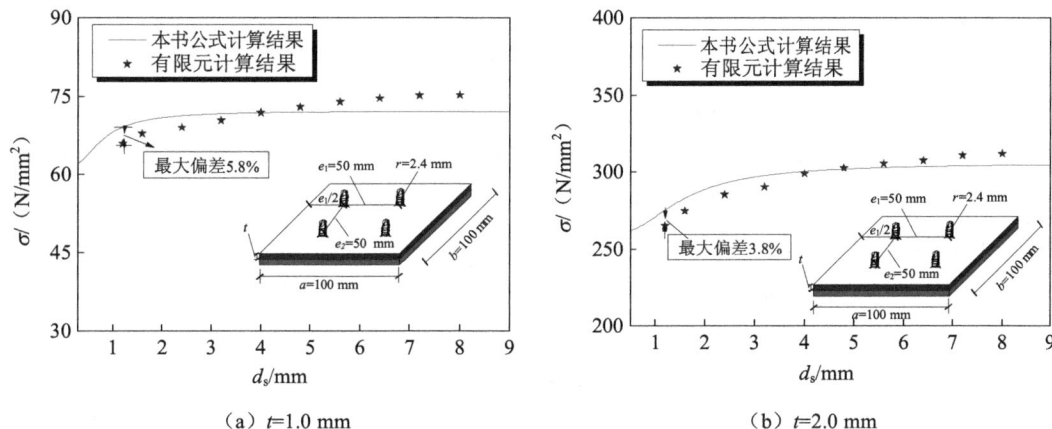

（a）$t=1.0$ mm　　　　　　　　　　（b）$t=2.0$ mm

图 3-13　螺钉直径 d_s 与临界应力 σ 的关系

图 3-13 给出了两种板厚螺钉直径对拼合板临界应力的影响规律,且有限元计算结果与本书公式计算结果的最大偏差分别为 5.8% 和 3.8%。此现象可表明有限元模型的正确性及本书公式高的精确度。另外,图 3-13 自攻螺钉的直径设计是根据我国常见螺钉的直径为 4~6 mm,由图中可以观察出,拼合板的 σ 受螺钉直径变化的影响很小。

3.4.4　边界条件对屈曲临界应力的影响

本节研究分析了四边简支、四边固结、两加载边固结两非加载边简支和两加载边简支两非加载边固结 4 种情况对螺钉拼合板屈曲临界应力的影响,见图 3-14。图 3-14 中板件宽度均取 200 mm,厚度为 1.2 mm,螺钉间距为板件宽度的 1/4。

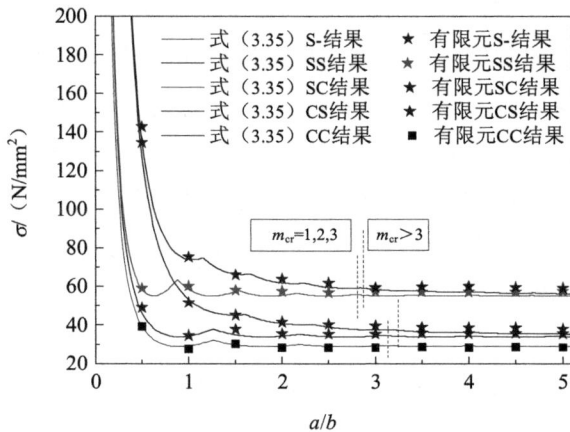

图 3-14　边界条件对临界应力 σ 的影响

图 3-14 给出了拼合板 5 种边界条件的约束情况对拼合板 σ 的影响规律且均吻合较好。由图 3-14 可知，拼合板非加载边一端自由和非加载边铰接（S-、CS 和 SS）的临界应力均小于拼合板非加载边固结（SC 和 CC）的情况。此现象表明，螺钉拼合板的临界应力受非加载边约束条件的影响很大且不可忽略，而当屈曲半波数 $m_{cr}>3$ 时，其受非加载边约束条件的影响很小。相反，仅在 $m_{cr}=1$，2，3 时，拼合板两加载边的约束条件对螺钉拼合板临界应力 σ 才有明显的影响规律。出现这一现象主要是因为除了板件端部转角没有其他因素受边界约束条件的约束，故这种边界约束板件端部转角的约束作用随着屈曲半波数的增加而急速下降至接近零。

由以上研究结果可得出，图 3-14 中 5 种边界条件的拼合板板件的屈曲半波长均比拼合板的宽度要小，故在实际应用中若长宽比大于 3，则拼合翼缘板屈曲临界应力受非加载边约束条件的影响可以忽略不计。

3.5　本章小结

本章建立了边界约束条件为三边简支、一边自由螺钉拼合板屈曲临界荷载的计算式（3-36），又根据数值模拟的对比分析，研究分析板件几何尺寸、螺钉间距和边界约束条件对螺钉拼合翼缘稳定性的影响规律。研究结果表明：

（1）本章给出了螺钉拼合板三边简支、一边半刚结约束条件的屈曲临界应力的详细推导过程和最终计算表达式（3-36），以及其他不同条件下螺钉拼合板的屈曲临界应力表达式，这一理论研究使此前没有对螺钉拼合板屈曲临界应力解析解的问题得以解决。

（2）螺钉拼合板屈曲临界应力的重要影响因素是拼合板宽厚比的影响，相对拼合板长宽比的影响。

（3）拼合板纵向螺钉间距（e）和拼合板板宽（b）的比值（e/b）对螺钉拼合板的屈曲临界应力有一定的影响。当拼合板 $e/b<1$ 时，拼合板的稳定性受螺钉间距的影响随着 e/b 的减小而逐渐增大；当拼合板 $e/b>1$ 时，拼合板的屈曲变形不能得到自攻螺钉的有效约束，因此其屈曲临界应力受 e/b 的影响很小。

（4）根据我国常用的自攻螺钉直径范围（4～6 mm），螺钉拼合板的屈曲临界应力受螺钉直径变化的影响不大。

（5）螺钉拼合板的长宽比小于 3 时才受加载边的边界约束条件的影响，相较加载边而言，非加载边的边界约束条件对拼合板屈曲临界应力有很大的影响。

参考文献

[1]　陈骥. 钢结构稳定理论与设计（第二版）[M]. 北京：科学出版社，2001.

[2]　陈绍蕃. 钢结构稳定设计指南（第二版）[M]. 北京：中国建筑工业出版社，2004.

[3]　周绪红，王世纪. 薄壁构件稳定理论及其应用[M]. 北京：科学出版社，2009.

[4]　路延. 冷弯薄壁型钢双肢开口拼合轴压柱失稳机理和承载力设计方法研究[D]. 西安：长安大学，2018.

[5]　庄茁. 基于 ABAQUS 的有限元分析和应用[M]. 北京：清华大学出版社，2009.

[6]　Timoshenko S P，Gere J M. Theory of elastic stability[M]. 2nd ed. New York：McGraw-Hill，，1961.

第4章

CFS 双肢闭合拼合柱局部屈曲临界荷载和承载力研究

通常金属结构的压杆是由板件组成的，且各组成板件之间具有相互约束的作用（称作板组效应），因此，在设计柱子时必须考虑组成板件的稳定问题。研究表明，构件中板组效应对整体的影响是不可忽略的。直接强度法（Direct Strength Method，DSM）承载力计算理论考虑了这一效应，因此被广大学者认可。组成板件的弹性屈曲临界荷载 P_{crL} 是 DSM 稳定计算的第一步，根据构件的屈曲后强度和材料属性，选取合适的设计理论公式得到构件的极限承载力。但是，构件的屈曲临界荷载的计算式是依据加载端为简支条件的单肢构件设计的，目前并没有用来计算拼合构件屈曲临界荷载的公式。另外，DSM 中局部屈曲承载力曲线是否适用于拼合柱仍待研究及验证。

本章在第 3 章螺钉拼合板的研究基础上，提出了 CFS 双肢闭合简支柱和固接柱局部屈曲的计算模型，该模型考虑了组成板件的"板组效应"，并根据能量法推导出了弹性屈曲临界荷载的解析式。随后，建立数值模型进行有限元模拟分析，将分析得到的结果与理论计算得出的 P_{crL} 进行对比分析，给出了构件截面几何尺寸、边界约束条件和螺钉间距等参数对拼合柱 P_{crL} 的影响规律。最后，将由理论推导出的 P_{crL} 计算方法用于 DSM 中局部屈曲设计曲线，由此提出了 CFS 局部屈曲模式下双肢闭合拼合柱的轴心受压承载力的计算方法，本章方法的精度和适用性也通过试验数据进行了验证。

4.1　CFS 双肢闭合拼合柱的局部屈曲临界荷载

4.1.1　局部屈曲变形特征

想要计算构件的屈曲临界荷载，必须先确定构件的屈曲变形模态。只有确定了该截面形式的变形特征，才可以根据其变形特征作出相应的假定、建立合理的计算模型、给出准确的受力分析，最后，才可以推导出较为准确及完善的计算理论。

1）横截面变形特征

对于单肢截面的局部屈曲［图 4-1（a）和图 4-1（b）］而言，双肢闭合拼合截面不同之处在于外包 U 形截面对 C 形截面的屈曲具有一定的约束作用［图 4-1（c）］。考虑直接强度法的相关使用条件，美国规范（AISI S100—2016）对截面局部屈曲的变形特征作了相关规定，我国学者陈绍蕃也对其进行了相关研究。

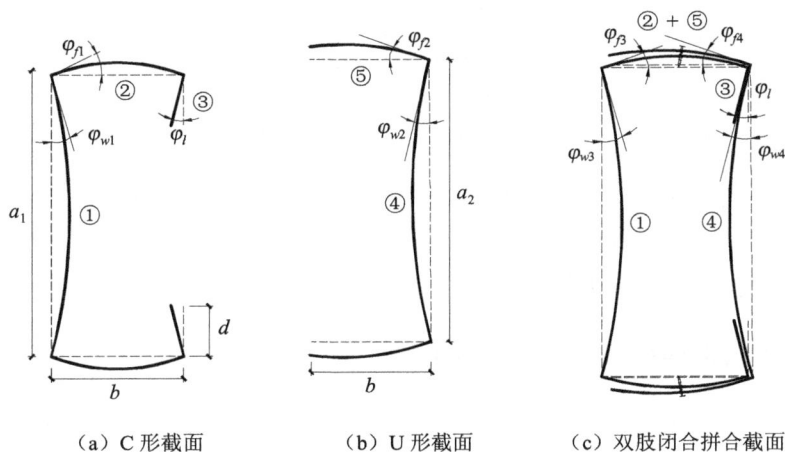

（a）C 形截面　　　　（b）U 形截面　　　　（c）双肢闭合拼合截面

图 4-1　局部屈曲横截面变形特征

2）纵向变形特征

局部屈曲半波长 λ 常作为表述其纵向变形的特征长度。但是，广泛的试验、理论和数值分析研究表明，当构件受压而发生局部屈曲时，沿其轴线方向并不只是出现一个屈曲半波。为证明这一研究的影响，本书采用 GBTUL 软件分别分析了 C 形和 U 形截面受压构件发生局部屈曲时影响其变形特征的 3 个参数之间的关系，如图 4-2 所示。

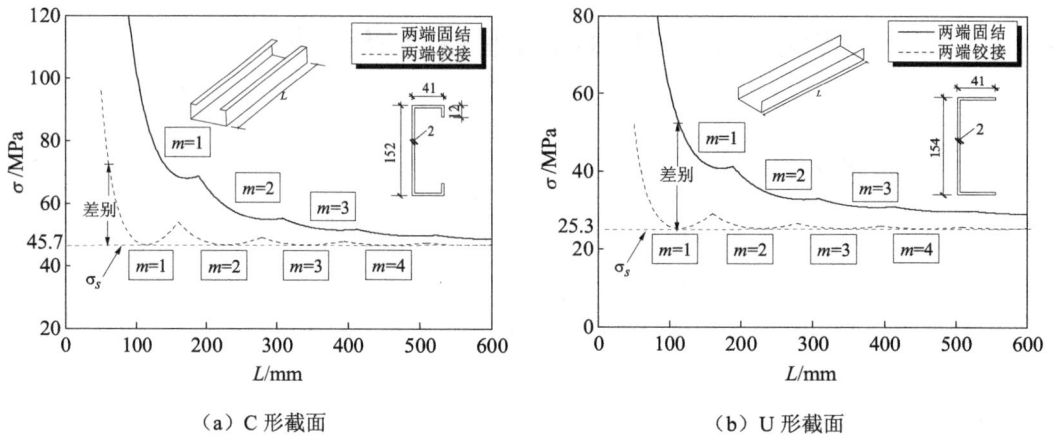

（a）C 形截面　　　　　　　　　　　（b）U 形截面

图 4-2　屈曲临界应力 σ、屈曲半波数 m 和柱子长度 L 的关系

由图 4-2 可知，随着柱子长度的增加，构件的屈曲临界应力逐渐接近于一个值，且精确度越来越高。另外，柱子两端的边界约束条件对临界屈曲荷载也有一定的影响，两端固结的构件计算结果明显大于两端铰接构件，且随着柱子长度和屈曲半波数的增加逐渐减弱。分析表明，受压短柱两端固接时参考半波长 λ 为纵向变形的特征参数，则会使构件的临界屈曲应力偏高。而对 CFS 双肢闭合拼合柱的分析原则是否可行，需进一步研究。因此，本章在研究影响 CFS 双肢闭合拼合柱局部屈曲临界荷载的参数时，主要研究构件的边界条件和试件长度两个参数，而由图 4-2 可观察到，构件长度和构件屈曲半波数是影响局部屈曲构件纵向变形的两个重要特征参数。

4.1.2　局部屈曲临界荷载的简化计算模型

图 4-3 给出了 CFS 双肢闭合拼合柱发生局部屈曲变形模式的临界荷载计算模型，以便于分析并推导其局部屈曲临界荷载。双肢闭合拼合柱是由 C 形截面和 U 形截面在二者的翼缘处通过自攻螺钉连接而成的闭合截面柱，而自攻螺钉的布置形式及间距的选取主要是根据实际工程，分别沿试件长度方向等距设置，如图 4-3（a）所示。为能够真实反映边界条件对局部屈曲临界荷载的影响，以及根据试验研究，因 CFS 双肢闭合拼合柱受力时，其 U 形腹板先发生局部屈曲，故该拼合柱的屈曲临界荷载计算模型，如图 4-3（c）所示，本书拼合柱模型端部约束条件设置为铰接和固接两种情况。取拼合柱的真实长度 L 为其计算长度。

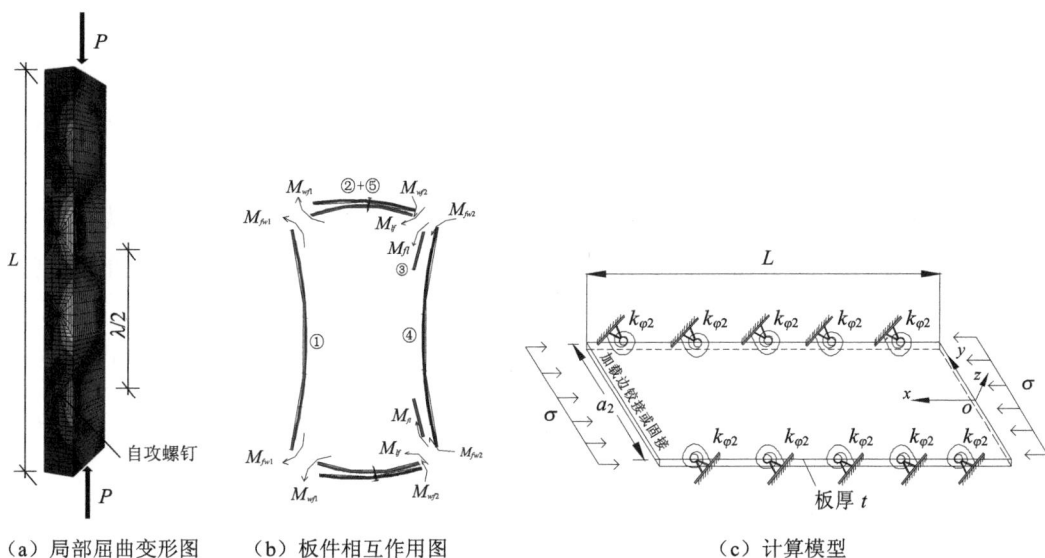

（a）局部屈曲变形图　（b）板件相互作用图　（c）计算模型

图 4-3　CFS 双肢闭合拼合柱局部屈曲临界荷载的简化计算模型

为便于分析并得到可用于指导设计实践的解析解，本书将拼合柱板件分解。由图 4-3（b）可观察到，该截面形式拼合柱发生局部屈曲变形时，C 形截面腹板①、U 形截面腹板④、C 形截面翼缘②、U 形截面翼缘⑤和 C 形截面卷边③通过各自的弯矩保持平衡，故本书的研究对象为取自双肢闭合拼合柱的拼合翼缘板，而以刚度 k_φ 为转动约束弹簧表征腹板对翼缘的相关作用，以研究分析拼合翼缘板局部屈曲的特征及临界屈曲荷载，如图 4-3（c）所示，图中两加载端为铰接或固接，两非加载边均为铰接。为简化计算拼合板模型，本章根据第 3 章的研究，将拼合板组合系数简化为拼合板的厚度 Ct 的单板 [图 4-3（c）]，在本章中称 C 为拼合板的厚度折减系数：

$$C = \sqrt{\frac{2\pi^2 E m^2 k_1 (3k_1 + 8k_2) t^2 + 2a\pi^2 E K_L t \sqrt{k_1}/me + 16a^2 K_L^2 (3k_1 + 8k_2)(1-v)(1+v)^2/m^2 e^2}{4\pi^2 E m^2 k_1 t^2 + 4a\pi^2 E K_L t \sqrt{k_1}/me + 4a^2 K_L^2 k_2 (1-v)(1+v)^2/m^2 e^2}}$$

$$(4\text{-}1)$$

式中，b 为翼缘板的宽度；K_L 为螺钉与翼缘连接界面的广义抗剪刚度；k_1 为考虑翼缘与腹板及卷边相互作用的翼缘稳定系数；k_2 为 U 形截面组成构件三边简支、一边自由翼缘板的稳定系数；L 为计算模型的长度；e 为沿板件长度方向的螺钉间距；m 为局部屈曲半波个数。

4.1.3　局部屈曲荷载控制方程

为建立力学关系，本章在理论推导中作以下几点设定：

（1）拼合截面发生局部屈曲时，相邻板件的棱线保持直线且相邻板件之间的夹角始终保持不变。

（2）拼合截面两翼缘之间连接界面处的滑移变形及螺钉的约束作用对拼合翼缘板屈曲临界应力的影响，设定厚度为 Ct 的板，其中 C 为拼合翼缘板的厚度折减系数，见式（4-1）。

（3）研究表明，构件截面弯角的外半径 $R < 6t$ 时，构件局部屈曲临界应力受弯角的影响很小，可忽略不计。而工程中常用的冷弯型钢均满足这一条件，故本书在建立数值算例时忽略弯角，以便后续理论的推导。

由图 4-3（c）可知，模型的总势能 Π 的表达式可由 V_1、V_2 和 W 三部分组成，即

$$\Pi = V_1 + V_2 - W \tag{4-2}$$

$$V_1 = \frac{D_C}{2} \int_{-\frac{b}{2}}^{\frac{b}{2}} \int_0^L \left\{ \left(\frac{\partial^2 \omega}{\partial x^2} + \frac{\partial^2 \omega}{\partial y^2} \right)^2 + 2(1-v) \left[\left(\frac{\partial^2 \omega}{\partial x \partial y} \right)^2 - \frac{\partial^2 \omega}{\partial x^2} \frac{\partial^2 \omega}{\partial y^2} \right] \right\} \mathrm{d}x\mathrm{d}y \tag{4-3a}$$

$$V_2 = \frac{k_{\varphi 1}}{2} \int_0^L \left[\left(\frac{\partial \omega}{\partial y} \right)_{y=-\frac{b}{2}} \right]^2 \mathrm{d}x + \frac{k_{\varphi 2}}{2} \int_0^L \left[\left(\frac{\partial \omega}{\partial y} \right)_{y=\frac{b}{2}} \right]^2 \mathrm{d}x \tag{4-3b}$$

$$W = \frac{1}{2} \int_{-\frac{b}{2}}^{\frac{b}{2}} \int_0^L \sigma \eta t \left(\frac{\partial \omega}{\partial x} \right)^2 \mathrm{d}x\mathrm{d}y \tag{4-3c}$$

式中，D_C 为厚度为 Ct 的拼合板的弯曲刚度；v 为材料的泊松比；σ 为均布压应力；V_1 为板的弯曲应变能；V_2 为非加载边的弹性转动势能。

由上式可知，参数挠曲函数 ω 是能否解出屈曲荷载 σ 的关键因素，可将图 4-3（c）中需要运用的挠曲函数方程书写如下：

$$\omega = BY(y)X(x) \tag{4-4}$$

式中，B 为常数，$Y(y)$ 和 $X(x)$ 分别为模型沿 y 轴、x 轴 [图 4-3（c）] 方向的挠曲函数，其中函数 $Y(y)$ 为

$$Y(y) = \frac{\pi \varepsilon}{2b^2} \left(y^2 - \frac{b^2}{4} \right) + \left(1 + \frac{\varepsilon}{2} \right) \cos \left(\frac{\pi y}{b} \right) \tag{4-5a}$$

式中，参数 $\varepsilon = ak_{\varphi}/D$。观察参数 ε 可知，当 $k_{\varphi} = 0$ 时，式（4-5a）是两边铰接的挠曲函数；当 $k_{\varphi} = \infty$ 时，式（4-5a）是两边固结的挠曲函数，故可以较好地逼近这两种极限状态。

在这两种情况下，式（4-5a）可以很好地体现构件加载端铰接和加载端固结两种已知的边界状态。而边界条件不同，$X(x)$ 函数表达式也不相同。故两种边界条件下 $X(x)$ 的表达式如下：

①两加载端铰接。

$$X(x) = \sin \left(\frac{m\pi x}{L} \right) \tag{4-5b}$$

②两加载端固接。

$$X(x) = \sin\left(\frac{\pi x}{L}\right)\sin\left(\frac{m\pi x}{L}\right) \tag{4-5c}$$

式中，m 为模型纵向变形的屈曲半波个数。

将式（4-4）代入式（4-3a）～式（4-3c）可得

$$V_1 = \frac{D_C B^2}{2}\left[\int_{\frac{b}{2}}^{\frac{b}{2}} Y^2 \int_0^L X''^2 \mathrm{d}x\mathrm{d}y + \int_{\frac{b}{2}}^{\frac{b}{2}} Y''^2 \int_0^L X^2 \mathrm{d}x\mathrm{d}y + 2(1-\nu)\int_{\frac{b}{2}}^{\frac{b}{2}} Y'^2 \int_0^L X''^2 \mathrm{d}x\mathrm{d}y + \right.$$
$$\left. 2\nu \int_{\frac{b}{2}}^{\frac{b}{2}} YY'' \int_0^L XX''^2 \mathrm{d}x\mathrm{d}y\right] \tag{4-6a}$$

$$V_2 = \frac{k_{\varphi 1} B^2}{2}\left[Y'\left(-\frac{b}{2}\right)\right]^2 \int_0^L X^2 \mathrm{d}x + \frac{k_{\varphi 2} B^2}{2}\left[Y'\left(\frac{b}{2}\right)\right]^2 \int_0^L X^2 \mathrm{d}x \tag{4-6b}$$

$$W = -\frac{\sigma C t B^2}{2}\int_{\frac{b}{2}}^{\frac{b}{2}} Y^2 \int_0^L X''^2 \mathrm{d}x\mathrm{d}y \tag{4-6c}$$

为便于后续推导，定义如下量纲一参数：

$$f_1 = \frac{1}{b}\int_{\frac{b}{2}}^{\frac{b}{2}} Y^2 \mathrm{d}y \tag{4-7a}$$

$$f_2 = b^3 \int_{\frac{b}{2}}^{\frac{b}{2}} Y''^2 \mathrm{d}y \tag{4-7b}$$

$$f_3 = 2b(1-\nu)\int_{\frac{b}{2}}^{\frac{b}{2}} Y'^2 \mathrm{d}y \tag{4-7c}$$

$$f_4 = 2b\nu \int_{\frac{b}{2}}^{\frac{b}{2}} YY'' \mathrm{d}y \tag{4-7d}$$

$$f_5 = b^2 \varepsilon_1 \int_{\frac{b}{2}}^{\frac{b}{2}} Y'\left(-\frac{b}{2}\right)\mathrm{d}y \tag{4-7e}$$

$$f_6 = b^2 \varepsilon_2 \int_{\frac{b}{2}}^{\frac{b}{2}} Y'\left(\frac{b}{2}\right)\mathrm{d}y \tag{4-7f}$$

$$g_1 = \frac{1}{L}\int_0^L X^2 \mathrm{d}x \tag{4-8a}$$

$$g_2 = L^3 \int_0^L X''^2 \mathrm{d}x \tag{4-8b}$$

$$g_3 = 2L(1-\nu)\int_0^L X'^2 \mathrm{d}x \tag{4-8c}$$

$$g_4 = 2L\nu \int_0^L XX'' \mathrm{d}x \tag{4-8d}$$

$$g_5 = L \int_0^L X'^2 \mathrm{d}x \qquad (4\text{-}8\mathrm{e})$$

式中，f_1、f_2、f_3 和 f_t 是参数 ε 的函数；g_1、g_2、g_3、g_4 和 g_5 是屈曲半波数 m 的函数；函数 f_1、f_2、f_3、f_t、g_1、g_2、g_3、g_4 和 g_5 的取值，详见 4.1.4 节。

将式（4-7）和式（4-8）代入式（4-6），由总势能的中性平衡可解得屈曲应力 σ 为

$$\sigma = k \frac{\pi^2 E}{12(1-v^2)} \left(\frac{Ct}{b} \right)^2 \qquad (4\text{-}9)$$

$$k = \frac{g_1 f_1 \alpha^4 + \alpha^2 g_3 f_3 + \alpha^2 g_4 f_4 + g_1 f_2 + + g_1 f_5 + g_1 f_6}{\pi^2 \alpha g_5 f_1} \qquad (4\text{-}10)$$

式（4-10）中，$\alpha = a/L$。

式（4-9）和式（4-10）中，f_1、f_2、f_3、f_4、f_5 和 f_6 是参数 ε 的函数（$\varepsilon = ak_\varphi/D$）；$g_1$、$g_2$、$g_3$ 和 g_4 是屈曲半波数 m 的函数，因此一旦知道模型的临界半波数 m_{cr} 和转动约束刚度 k_φ，便可直接由式（4-9）和式（4-10）计算模型的屈曲荷载 σ。

4.1.4 参数 f_1、f_2、f_3、f_4、f_5、f_6 和 g_1、g_2、g_3、g_4、g_5 的取值

将式（4-5a）代入式（4-7a）～式（4-7f），并积分可得到以下表达式：

$$f_1 = \frac{(\pi^4 + 75\pi^2 - 240)(\varepsilon_1^2 + \varepsilon_2^2) + 120\pi^2 - 480(\varepsilon_1 + \varepsilon_2)}{240\pi^2} \qquad (4\text{-}11\mathrm{a})$$

$$f_2 = \frac{1}{16}\pi^2 \{(\pi^2 - 8)[(\varepsilon_1^2 + \varepsilon_2^2) + 4(\varepsilon_1 + \varepsilon_2)] + 8\pi^2\} \qquad (4\text{-}11\mathrm{b})$$

$$f_3 = \frac{1}{24}(1-v)[(\varepsilon_1^2 + \varepsilon_2^2)(5\pi^2 - 48) + (\varepsilon_1 + \varepsilon_2)(12\pi^2 - 96) + 24\pi^2] \qquad (4\text{-}11\mathrm{c})$$

$$f_4 = -\frac{1}{24}v[(\varepsilon_1^2 + \varepsilon_2^2)(5\pi^2 - 48) + (\varepsilon_1 + \varepsilon_2)(12\pi^2 - 96) + 24\pi^2] \qquad (4\text{-}11\mathrm{d})$$

$$f_5 = \pi^2 \varepsilon_1 \qquad (4\text{-}11\mathrm{e})$$

$$f_6 = \pi^2 \varepsilon_2 \qquad (4\text{-}11\mathrm{f})$$

将式（4-5b）和式（4-5c）代入式（4-8a）～式（4-8e），并积分可得如下公式。

（1）两加载端铰接。

$$g_1 = -\frac{1}{2} \frac{\cos(m\pi)\sin(m\pi) - m\pi}{m\pi} \qquad (4\text{-}12\mathrm{a})$$

$$g_2 = -\frac{1}{2}m^3\pi^3[\cos(m\pi)\sin(m\pi) - m\pi] \qquad (4\text{-}12\mathrm{b})$$

$$g_3 = (1-\nu)m\pi[\cos(m\pi)\sin(m\pi) + m\pi] \qquad (4\text{-}12c)$$

$$g_4 = \nu m\pi[\cos(m\pi)\sin(m\pi) - m\pi] \qquad (4\text{-}12d)$$

$$g_5 = \frac{1}{2}m\pi[\cos(m\pi)\sin(m\pi) + m\pi] \qquad (4\text{-}12e)$$

（2）两加载端固接。

$$g_1 = \frac{1}{4}\frac{\pi m^3 + \sin(m\pi)\cos(m\pi) - m\pi}{m\pi(m^2 - 1)} \qquad (4\text{-}13a)$$

$$g_2 = \frac{1}{4}\frac{\pi^3[\pi m^5 + 6\pi m^3 + 5m^2\sin(m\pi)\cos(m\pi) - \sin(m\pi)\cos(m\pi) + m\pi]}{m} \qquad (4\text{-}13b)$$

$$g_3 = \frac{1}{2}\frac{(1-\nu)\pi[\pi m^3 - \sin(m\pi)\cos(m\pi) + m\pi]}{m} \qquad (4\text{-}13c)$$

$$g_4 = -\frac{1}{2}\frac{\nu\pi[\pi m^3 - \sin(m\pi)\cos(m\pi) + m\pi]}{m} \qquad (4\text{-}13d)$$

$$g_5 = \frac{1}{4}\frac{\pi[\pi m^3 - \sin(m\pi)\cos(m\pi) + m\pi]}{m} \qquad (4\text{-}13e)$$

在实际理论应用中，受压构件的纵向屈曲半波个数 m 通常取整数。因此，可取式（4-12）和式（4-13）中的 $\sin(m\pi)\cos(m\pi)$ 和 $\cos(m\pi)$ 为 0 ，化简以上表达式可得如下公式。

（1）两加载端铰接。

$$g_1 = \frac{1}{2} \qquad (4\text{-}14a)$$

$$g_2 = \frac{1}{2}m^4\pi^4 \qquad (4\text{-}14b)$$

$$g_3 = (1-\nu)m^2\pi^2 \qquad (4\text{-}14c)$$

$$g_4 = -\nu m^2\pi^2 \qquad (4\text{-}14d)$$

$$g_5 = \frac{1}{2}m^2\pi^2 \qquad (4\text{-}14e)$$

（2）两加载端固接。

$$g_1 = \begin{cases} \dfrac{3}{8} & m = 1 \\[2mm] \dfrac{1}{4} & m = 2,\ 3,\ 4,\ \cdots \end{cases} \qquad (4\text{-}15a)$$

$$g_2 = \frac{\pi^4}{4}(m^4 + 6m^2 + 1) \tag{4-15b}$$

$$g_3 = \frac{1}{2}\pi^2(1-v)(m^2+1) \tag{4-15c}$$

$$g_4 = -\frac{1}{2}v\pi^2(m^2+1) \tag{4-15d}$$

$$g_5 = \frac{1}{4}\pi^2(m^2+1) \tag{4-15e}$$

4.1.5 转动约束刚度 k_φ

本书建立了翼缘拼合板的等效计算模型，以便计算转动约束刚度 k_φ（图 4-4）。计算模型的边界条件为非加载一边铰接、一边半刚接，而加载边则与图 4-3 的模型保持一致，即两加载端为铰接和固接两种情况。依据图 4-3（b）中翼缘与腹板板件之间的相互作用关系，给出了图 4-4 中沿板长度方向分布的弯矩 M_{fw1}：

$$M_{fw1} = M_1 X(x) \tag{4-16}$$

式中，M_1 为常数；函数 $X(x)$ 与图 4-4 模型沿 x 轴方向的变形一致，当加载边铰接时，$X(x)=\sin(m\pi x/L)$，当加载边固结时，$X(x)=\sin(\pi x/L)\sin(m\pi x/L)$。

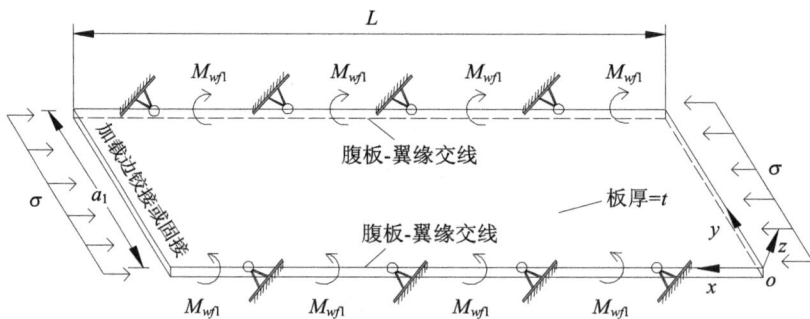

图 4-4 转动约束刚度 k_φ 计算模型

由已知研究结果可以得出，在卷边长度和腹板宽度的比值小于 0.33 时，可以不考虑卷边长度对 C 形截面局部屈曲荷载的影响。又因为以上尺寸的选取范围均满足我国冷弯薄壁型钢尺寸规格的相关规定，为使理论推导的过程及结果简化，本书忽略了卷边长度对螺钉拼合板的转动约束刚度 k_φ 的影响。

由图 4-4 可知，模型的挠曲变形同时受轴压力和侧向弯矩的影响。精确考虑这种耦合作用较为复杂，为便于分析，笔者根据参考文献的建议将该作用进行了解耦，即取

$k_\varphi = rk_\varphi$，其中，k_φ 只考虑侧向分布弯矩影响的翼缘转动约束刚度，而 r 只考虑轴向压力对约束刚度不利影响的折减系数。

1）只考虑侧向分布弯矩作用的转动约束刚度 k_φ

在不计轴心压力作用影响的条件下，图 4-4 模型中的挠曲函数 ω_f 可取为

$$\omega_f = \left[A\sinh\left(\frac{m\pi y}{L}\right) + B\cosh\left(\frac{m\pi y}{L}\right) + C\frac{m\pi y}{L}\sinh\left(\frac{m\pi y}{L}\right) + D\frac{m\pi y}{L}\cosh\left(\frac{m\pi y}{L}\right) \right] X(x)$$

$$(4\text{-}17)$$

式中，A、B、C 和 D 均为常数。

观察图 4-4 可以得到，该计算模型的边界条件可表示为

$$\omega_f\big|_{y=0,a_1} = 0 \tag{4-18a}$$

$$-D\left(\frac{\partial^2 \omega_f}{\partial y^2} + \nu\frac{\partial^2 \omega_f}{\partial x^2}\right)\bigg|_{y=0,a_1} = M_{fw_1} \tag{4-18b}$$

将式（4-18a）和式（4-18b）代入式（4-17），可解得挠曲函数 ω_f 为

$$\omega_f = \frac{L}{2}\frac{a_1(\gamma_1^2 - D\gamma_2^2 + \gamma_2)\sinh\left(\frac{\pi my}{L}\right) - \gamma_1^2 y\sinh\left(\frac{\pi my}{L}\right) + \gamma_1(D\gamma_2 - 1)y\cosh\left(\frac{\pi my}{L}\right)}{m\pi D\gamma_1^2} M_1 X(x)$$

$$(4\text{-}19)$$

式中，参数 γ_1 和 γ_2 的表达式分别为 $\gamma_1 = \sinh(m\pi a_1/L)$，$\gamma_2 = \cosh(m\pi a_1/L) = 0$。

根据式（4-19）可以解出 k_φ 为

$$k_\varphi = \frac{M_{fw1}}{\partial \omega_f/\partial y}\bigg|_{y=0} = \frac{2D\pi\gamma_1^2}{\pi a_1(\gamma_1^2 + \gamma_2 - D\gamma_2^2) + (D\gamma_2 - 1)\gamma_1(L/m)} \tag{4-20}$$

2）折减系数 r

折减系数 r 的大小可参考文献取为

$$r = \left(1 - \frac{b^2}{a_1^2}\right) \tag{4-21}$$

式中，a_1 和 b 分别为腹板和翼缘的宽度。

将式（4-20）和式（4-21）代入 $k_\varphi = rk_\varphi$，得到转动约束刚度 k_φ 为

$$k_\varphi = \frac{2D\pi\gamma_1^2}{\pi a_1(\gamma_1^2 + \gamma_2 - D\gamma_2^2) + (D\gamma_2 - 1)\gamma_1(L/m)}\left(1 - \frac{b^2}{a_1^2}\right) \tag{4-22}$$

由式（4-22）可知，式（4-22）中 k_φ 是由参数 m 来表示的超越方程，且二者是相互耦合的，一般方法难以求解，只可运用数值法对该超越方程进行求解。采取参考文献的求解方法，令 $L/m=b$，化简式（4-22）为

$$k_\varphi = \frac{2D\pi\gamma_3^2}{\pi a_1(\gamma_3^2 + \gamma_4 - D\gamma_4^2) + b(D\gamma_4 - 1)\gamma_3}\left(1 - \frac{b^2}{a_1^2}\right) \tag{4-23}$$

式中，参数 $\gamma_3 = \sinh(\pi a_1/b)$，参数 $\gamma_4 = \cosh(\pi a_1/b)$。

4.1.6 局部屈曲临界应力计算式

将式（4-14）和式（4-15）均代入式（4-9）中，可得局部屈曲临界应力 σ_{crL1} 的表达式为

$$\sigma_{\mathrm{crL1}} = k_{\mathrm{crL1}}\frac{\pi^2 E}{12(1-v^2)}\left(\frac{Ct}{b}\right)^2 \tag{4-24}$$

式中，拼合板厚折减系数 C 为

$$C = \sqrt{\frac{2\pi^2 E m^2 k_1(3k_1 + 8k_2)t^2 + 2a\pi^2 E K_L t\sqrt{k_1}\,/\,me + 16a^2 K_L^2(3k_1 + 8k_2)(1-v)(1+v)^2\,/\,m^2 e^2}{4\pi^2 E m^2 k_1 t^2 + 4a\pi^2 E K_L t\sqrt{k_1}\,/\,me + 4a^2 K_L^2 k_2(1-v)(1+v)^2\,/\,m^2 e^2}}$$

$$\tag{4-25}$$

式（4-24）中，稳定系数 k_{crL1} 为

（1）两加载端铰接。

$$k_{\mathrm{crL1}} = \frac{2\pi^2 m^2\alpha^2 f_3 - 2\pi^2 m^2\alpha^2 v(f_3 + f_4) + \alpha^4 f_1 + f_2 + f_5 + f_6}{\pi^4 m^2\alpha f_1} \tag{4-26a}$$

（2）两加载端固接。

$$k_{\mathrm{crL1}} = \begin{cases} \dfrac{8\pi^2\alpha^2 f_3 - 8\pi^2\alpha^2 v(f_3 + f_4) + 3(\alpha^4 f_1 + f_2 + f_5 + f_6)}{4\pi^4\alpha f_1} & m = 1 \\[4mm] \dfrac{2\alpha^2\pi^2(m^2+1)f_3 - 2\alpha^2\pi^2 v(m^2+1)(f_3 + f_4) + \alpha^4 f_1 + f_2 + f_5 + f_6}{\pi^4\alpha(m^2+1)f_1} & m = 2,\ 3,\ 4,\ \cdots \end{cases}$$

$$\tag{4-26b}$$

式中，m 为临界屈曲半波的个数；$f_1 \sim f_6$ 代表参数 ε 的函数：

$$\varepsilon_1 = \frac{bk_{\varphi 1}}{D} \tag{4-27a}$$

$$\varepsilon_2 = \frac{bk_{\varphi 2}}{D} \tag{4-27b}$$

$$k_{\varphi 1} = \frac{2D\pi\gamma_3^2}{\pi a_1(\gamma_3^2 + \gamma_4 - D\gamma_4^2) + b(D\gamma_4 - 1)\gamma_3}\left(1 - \frac{b^2}{a_1^2}\right) \tag{4-27c}$$

$$k_{\varphi 2} = \frac{2D\pi\gamma_5^2}{\pi a_2(\gamma_5^2 + \gamma_6 - D\gamma_6^2) + b(D\gamma_6 - 1)\gamma_5}\left(1 - \frac{b^2}{a_2^2}\right) \tag{4-27d}$$

$$K_{\mathrm{L}} = \frac{4.7EE_s t d_s^4}{28.3 E_s d_s^4 + 12 E d_s^2 t^2 (1+v) + 2E t^4} \qquad （4\text{-}27\mathrm{e}）$$

$$\gamma_3 = \sin h\left(\frac{\pi a_1}{b}\right) \qquad （4\text{-}27\mathrm{f}）$$

$$\gamma_4 = \cos h\left(\frac{\pi a_1}{b}\right) \qquad （4\text{-}27\mathrm{g}）$$

$$\gamma_5 = \sin h\left(\frac{\pi a_2}{b}\right) \qquad （4\text{-}27\mathrm{h}）$$

$$\gamma_6 = \cos h\left(\frac{\pi a_2}{b}\right) \qquad （4\text{-}27\mathrm{i}）$$

4.2　局部屈曲临界应力计算式和数值算例

本章运用有限元分析软件对 CFS 双肢闭合拼合柱特征值屈曲分析，以验证本章 CFS 双肢闭合拼合柱的局部屈曲临界应力表达式的精度及适用性。关于有限元模型的一些建模方式、建模过程、模型特征及模型加载端为固接边界约束的设置与第 2 章的 CFS 双肢闭合拼合柱的有限元模型相同（图 2-1）。而铰接约束条件的创建方式则依照学者的研究建议，有限元模型见图 4-5。图 4-6 中，$\sigma_{\mathrm{cr,P}}$ 为式（4-24）计算的临界应力，$\sigma_{\mathrm{cr,F}}$ 为有限元模拟的临界应力。在有限元模型的材料属性方面，拼合柱和自攻螺钉的弹性模量 E 均为 $2.1 \times 10^5\ \mathrm{N/mm^2}$，螺钉的直径为 4.8 mm。

图 4-5　端部铰接的有限元模型

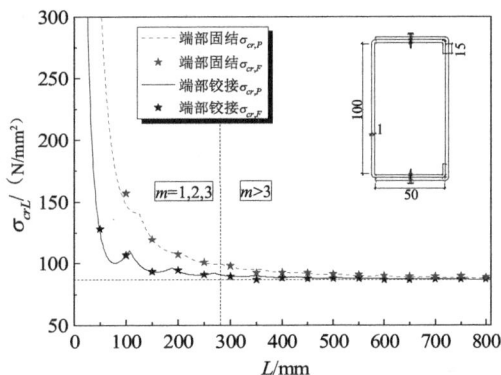

图 4-6　式 4-24 和有限元模型的比较

4.2.1　端部边界条件的影响

本节基于双肢闭合拼合柱局部屈曲临界应力计算公式的计算值和有限元结果，对拼合柱端部边界约束条件的影响规律展开了研究。图 4-6 和表 4-1 分别给出了端部边界条件与局部屈曲临界应力之间的关系，其中本书公式计算值和有限元计算结果分别用 $\sigma_{cr,P}$ 和 $\sigma_{cr,F}$ 表示。螺钉间距 e 为拼合柱长的 1/2。通过对比分析可得出以下 3 点：

（1）CFS 双肢闭合拼合柱在两种边界条件下的有限元分析结果均与对应的理论计算值吻合较好，这一结果表明本书推导出的双肢闭合拼合柱计算公式能够精确地反映边界条件对拼合柱局部屈曲临界应力的影响规律，同时，验证了本书公式比较适用于双肢闭合拼合柱的计算。

（2）由图 4-6 可以观察到，无论是本书公式计算值，还是有限元计算值，当拼合柱的局部屈曲半波数 $m=1$，2，3 时，边界条件为两端铰接的拼合柱局部屈曲临界应力明显低于两端固接的拼合柱，这说明拼合柱局部屈曲临界应力受边界约束条件的影响很大。而当 $m>3$ 时，随着柱子长度的增大，临界应力基本一致，两边界条件的计算结果也比较接近，这主要是因为柱子的临界应力与屈曲波相关。另外，柱子端部的约束设置仅对柱子最外侧及端部产生的屈曲波有一定的约束作用，随着柱子屈曲半波数量的增加，柱子端部的边界条件对拼合柱局部屈曲临界应力的影响程度就会迅速降低。

表 4-1　理论值与数值模拟值分析对比

长度	双肢闭合拼合柱					
	两加载端铰接			两加载端固接		
	$\sigma_{cr,P}$/MPa	$\sigma_{cr,FE}$/MPa	$\sigma_{cr,P}/\sigma_{cr,FE}$/MPa	$\sigma_{cr,P}$/MPa	$\sigma_{cr,FE}$/MPa	$\sigma_{cr,P}/\sigma_{cr,FE}$/MPa
50 mm	125.7	128.2	0.981	329.2	337.9	0.974
100 mm	104.5	106.7	0.979	147.9	156.9	0.943
150 mm	84.0	90.0	0.934	120.0	119.4	1.005
200 mm	90.7	94.4	0.961	108.2	107.2	1.009
250 mm	84.4	90.9	0.929	100.1	100.9	0.992
300 mm	85.4	86.2	0.991	96.9	97.9	0.990
350 mm	85.6	86.9	0.985	94.8	92.2	1.029
400 mm	87.8	88.2	0.996	92.4	92.6	0.999
450 mm	87.0	87.6	0.993	91.6	92.3	0.992
500 mm	86.1	87.8	0.981	90.7	91.3	0.993
550 mm	87.3	88.1	0.991	89.7	90.8	0.988
600 mm	86.0	87.0	0.989	89.5	90.1	0.994
650 mm	85.4	86.8	0.984	88.9	89.5	0.993
700 mm	86.0	87.3	0.985	88.5	89.5	0.989
750 mm	86.5	87.4	0.990	88.4	89.8	0.985
800 mm	87.2	87.3	0.999	87.9	88.8	0.990
最大值	—	—	0.999	—	—	1.029
最小值	—	—	0.929	—	—	0.943
平均值	—	—	0.979	—	—	0.992
标准差	—	—	0.021	—	—	0.018

（3）根据 4.2.3 节众多研究者对单肢截面沿其长度方向的变形特征参数作出的假定，本节将其展开并应用于局部屈曲 CFS 双肢闭合截面拼合构件，即取 $m=1$，$L=\lambda$，可由式（4-26a）、式（4-26b）解得稳定系数 k_{crL2} 为

$$k_{crL2} = \frac{2\pi^2 (a/\lambda)^2 f_3 - 2\pi^2 (a/\lambda)^2 v(f_3 + f_4) + (a/\lambda)^4 f_1 + f_2 + f_5 + f_6}{\pi^4 (a/\lambda) f_1} \tag{4-28}$$

式中，参数 f_1、f_2、f_3、f_4、f_5 和 f_6 见式（4-11）。

由 $\partial k_{crL2}/\partial\lambda = 0$，可得临界半波长度为

$$\lambda_{cr} = \frac{a\sqrt{(v f_3 + v f_4 - f_3)f_1}}{\pi(v f_3 + v f_4 - f_3)} \tag{4-29}$$

将式（4-28）和式（4-29）代入式（4-24），便可得到适用于柱子长度与腹板高度比值大于 3（$L/a>3$）的局部屈曲临界应力简化计算式：

$$\sigma_{crL2} = k_{crL2} \frac{\pi^2 E}{12(1-v^2)} \left(\frac{Ct}{a}\right)^2 \tag{4-30}$$

需要注意的是，式（4-30）仅适用于 $L/a>3$ 的拼合柱，相反，则应采用式（4-24）来计算 CFS 双肢闭合拼合构件的局部屈曲临界应力。

4.2.2　截面几何尺寸的影响

本节共设计了 72 个试件，试件的边界条件为两端固接，以研究截面几何尺寸对 CFS 拼合柱局部屈曲临界应力的影响规律。试件的螺钉间距均为 300 mm。设计试件的截面几何尺寸及试件尺寸的参数变化分别见表 4-2 和表 4-3。其 L 为试件长度，e 为螺钉间距，a 为试件腹板高度，b 为试件翼缘宽度，d 为试件卷边长度，t 为试件厚度。

表 4-2　C 形截面试件的几何尺寸　　　　　　　　　　　单位：mm

L	e	a	b	d	t
600	300	100 150	40 60 80 100	15 20 25	1.0 1.5 2.0

表 4-3　试件横截面的尺度参数

b/a		d/a		d/b		a/t		b/t		d/t		数量/个
最小值	最大值	最小值	最大值	最小值	最大值	最小值	最大值	最小值	最大值	最小值	最大值	
0.27	1.0	0.1	0.25	0.15	0.63	50	150	20	100	7.5	25	72

由图 4-7 可知，本书公式计算结果（$\sigma_{cr,P}$）与有限元计算结果（$\sigma_{cr,F}$）接近，且 $\sigma_{cr,P}/\sigma_{cr,F}$ 的平均值、标准差、最大值和最小值分别为 0.975、0.020、1.027 和 0.951，更进一步说明了本书模型良好的准确性以及本书 CFS 双肢闭合拼合柱局部屈曲临界应力计算公式高的精确度。

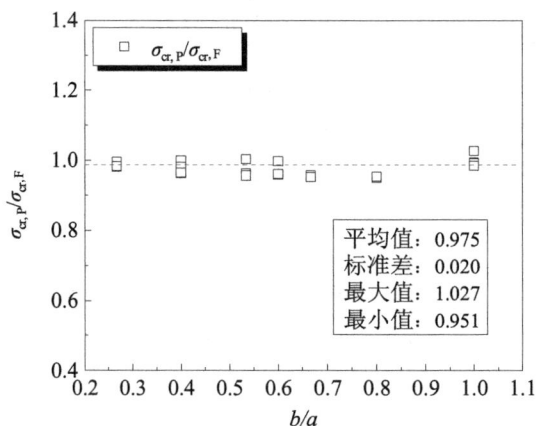

图 4-7　本书公式和有限元结果的比较

4.2.3　螺钉间距的影响

图 4-8 反映了随着螺钉间距 e 的变化，临界应力 σ_{crL} 的变化情况，以此来研究 e 对 σ_{crL} 的影响规律。其中，有限元模型试件长度均为 600 mm，e 在 20～300 mm 取值，$\sigma_{cr,P}$ 和 $\sigma_{cr,FE}$ 分别为本书公式计算值和有限元计算结果。

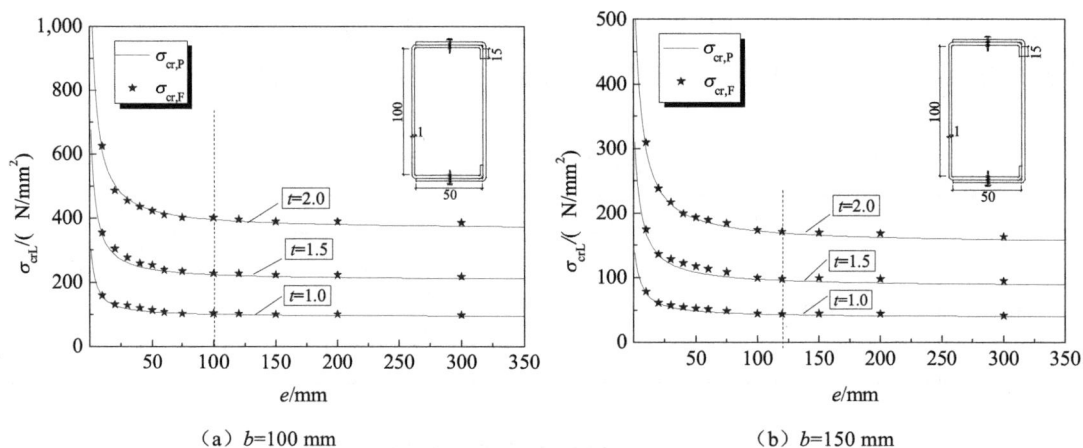

（a）$b=100$ mm　　　　　　　（b）$b=150$ mm

图 4-8　螺钉间距 e 和屈曲临界应力 σ_{crL} 的关系

从图 4-8 中可以看出，$\sigma_{cr,P}$ 和 $\sigma_{cr,FE}$ 结果比较接近，这一现象表明本书公式具有较高的精确度，能够很好地反映出 e 和 σ_{cr} 之间的关系。此外，随着 e 逐渐增大直至大于试件腹板高度，拼合柱局部屈曲临界应力受 e 的影响逐渐减小，直至可以忽略。

4.3　CFS 双肢闭合拼合柱的局部屈曲承载力

4.3.1　局部屈曲承载力计算方法

为破除难以计算 CFS 双肢闭合拼合柱局部屈曲临界应力的困境，本书依据能量法推导出了相关计算公式。但由于构件局部屈曲后仍有很高的屈曲后强度，屈曲临界应力将不能直接作为拼合柱的极限应力。截至目前，国内外学者基于对试件宽度和应力的折减两种方法来考虑试件屈曲后强度，以此得到了有效宽度法（EWM）和直接强度法（DSM）两种典型的承载力计算方法。EWM 是通过对试件宽度折减得到其有效宽度来计算试件的承载力，我国现行国家标准《冷弯薄壁型钢结构技术规范》（GB 50018—2002）中的有效宽度法则是以板件的稳定系数将相关参数隐含在其中。DSM 既不需要计算板件的有效宽度，也不需要对其应力进行折减，而是以屈曲临界应力 σ_{cr} 为计算试件承载力的特征参数，如式（4-31）所示。

$$P_{uL} = \begin{cases} P_y & \lambda_L \leqslant 0.776 \\ P_y \left(\dfrac{P_{crL}}{P_y} \right)^{0.4} \left[1 - 0.15 \left(\dfrac{P_{crL}}{P_y} \right)^{0.4} \right] & \lambda_L > 0.776 \end{cases} \tag{4-31}$$

式中，P_{uL} 为局部屈曲承载力；$\lambda_L = \sqrt{P_y / P_{crL}}$；$P_y = A_g \times f_y$；$P_{crL} = A_g \times \sigma_{crL}$；$f_y$ 为材料的屈服强度；σ_{crL} 为弹性局部屈曲临界应力。

由式（4-31）可知，在试件的材料属性和截面几何尺寸已知的情况下，只要试件的 σ_{crL} 给出就可以计算出试件的承载力，同时充分考虑了试件的屈曲后强度和材料强度。因此，将本章推导出的局部屈曲临界应力表达式（4-24）代入式（4-31）中，则可计算出 CFS 双肢闭合拼合柱的局部屈曲承载力。但直接强度法是在大量的单肢试件试验及数值模拟研究的基础上提出的，其能否应用于 CFS 拼合试件仍需试验及数值分析结果来进行验证。

4.3.2　计算算例

本节收集了本书试验局部屈曲双肢闭合截面拼合柱 18 根、李方涛短柱试件 6 根和阿尔扎古丽试件 3 根的试验结果，运用本书方法计算承载力（表 4-4 和表 4-5），以验证本书提出的局部屈曲临界应力计算公式的精确度和适用性。表中 P_t 表示试验结果，σ_{crL1} 和 σ_{crL2} 分别表示运用式（4-24）和式（4-30）计算得出的屈曲临界应力值，P_{uL1} 和 P_{uL2} 分别表示将 σ_{crL1} 和 σ_{crL2} 代入式（4-31）中计算得到的结果，Mode 表示试件的破坏模式，L 表示局部屈曲。

表 4-4　承载力试验值和理论值对比分析

试件编号	试验结果		屈曲临界应力/（N/mm²）		承载力计算值/kN		比值	
	P_t/kN	Mode	σ_{crL1}	σ_{crL2}	P_{uL1}	P_{uL2}	P_{uL1}/P_t	P_{uL2}/P_t
C4-L120-45-A1	97.61	L	134.36	131.97	97.22	96.24	0.996	0.986
C4-L120-45-A2	97.05	L	137.07	129.69	98.31	95.30	1.013	0.982
C4-L120-45-A3	91.77	L	135.04	132.66	92.14	91.22	1.004	0.994
C4-L120-90-A1	78.84	L	95.14	92.54	79.63	78.37	1.010	0.994
C4-L120-90-A2	78.15	L	90.50	88.13	77.06	75.88	0.986	0.971
C4-L120-90-A3	79.85	L	101.14	96.76	82.80	80.73	1.037	1.011
C4-L120-150-A1	62.05	L	63.38	62.39	60.87	60.31	0.981	0.972
C4-L120-150-A2	61.36	L	67.35	67.47	61.91	61.97	1.009	1.010
C4-L120-150-A3	63.93	L	69.13	68.09	65.53	64.95	1.025	1.016
C4-L140-50-A1	102.88	L	133.14	129.73	99.48	98.04	0.967	0.953
C4-L140-50-A2	103.82	L	151.26	139.76	105.90	101.33	1.020	0.976
C4-L140-50-A3	107.40	L	167.71	161.49	109.23	106.97	1.017	0.996
C4-L140-100-A1	95.63	L	122.90	112.53	96.11	91.42	1.005	0.956
C4-L140-100-A2	94.84	L	117.07	108.61	93.13	89.24	0.982	0.941
C4-L140-100-A3	96.61	L	119.87	112.04	95.06	91.49	0.984	0.947
C4-L140-150-A1	87.33	L	96.44	89.16	83.05	79.38	0.951	0.909
C4-L140-150-A2	88.09	L	97.43	92.69	84.13	81.75	0.955	0.928
C4-L140-150-A3	87.77	L	109.56	108.99	89.96	89.70	1.025	1.022
平均值	—	—	—	—	—	—	0.998	0.976
标准差	—	—	—	—	—	—	0.025	0.032

表 4-5　李方涛和阿尔扎古丽承载力试验值和理论值对比分析

数据来源	试件编号	试验结果		屈曲临界应力/（N/mm²）		承载力计算值/kN		比值	
		P_t/kN	Mode	σ_{crL1}	σ_{crL2}	P_{uL1}	P_{uL2}	P_{uL1}/P_t	P_{uL2}/P_t
李方涛	SC-90-A1	97.4	L	179.79	178.32	102.76	102.46	1.055	1.052
	SC-90-A2	88.0	L	181.08	153.48	99.18	93.63	1.127	1.064
	SC-90-A3	89.0	L	257.79	133.89	116.15	92.65	1.305	1.041
	SC-140-A1	99.5	L	49.02	48.75	99.00	98.80	0.995	0.993
	SC-140-A2	104.1	L	54.99	54.39	103.58	103.16	0.995	0.991
	SC-140-A3	101.6	L	55.10	54.66	103.53	103.23	1.019	1.016
阿尔扎古丽	SC-4a	120.0	L	58.18	61.91	114.48	117.12	0.954	0.976
	SC-4b	120.0	L	58.30	57.32	116.04	115.32	0.967	0.961
	SC-4c	140.0	L	77.61	83.25	130.48	133.84	0.932	0.956
平均值		—	—	—	—	—	—	1.039	1.006
标准差		—	—	—	—	—	—	0.116	0.037

由表 4-4 和表 4-5 可以看出，将本书提出的拼合柱局部屈曲临界应力计算式代入式（4-31）得到的承载力与李方涛和阿尔扎古丽试验结果均比较接近，对比结果表明，本书提出的计算表达式符合实际且可行。相对 P_{uL1} 而言，P_{uL2} 主要考虑了试件两端边界约束条件。从表 4-4 和表 4-5 中可知，本书试验结果中 P_{uL1}/P_t 和 P_{uL2}/P_t 的平均值分别为 0.998 和 0.976，标准差分别为 0.025 和 0.032；李方涛和阿尔扎古丽试验结果 P_{uL1}/P_t 和 P_{uL2}/P_t 的平均值分别为 1.039 和 1.066，标准差分别为 0.116 和 0.037，由此可知，利用式（4-24）和式（4-30）计算得到的承载力均没有出现过于保守或不安全的情况，更加说明本书方法有较高的精确度。

4.4　本章小结

本章基于能量法对 CFS 双肢闭合拼合柱进行理论解析，并建立了局部屈曲各板件之间的相互作用理论模型（图 4-4），最后推导出了局部屈曲临界应力计算公式 [式（4-24）]。本章设计了大量的有限元试件，通过将数值分析结果与本书公式计算结果进行对比，以研究边界条件、截面几何尺寸及纵向螺钉间距对临界屈曲应力的影响规律。此外，式（4-30）中考虑了不同几何尺寸及边界条件的影响因素，以便能够充分揭示拼合柱的失稳机理。最后，在本书提出的临界应力计算表达式的基础上，运用试件屈曲后强度的直接强度法中的局部屈曲承载力设计曲线 [式（4-31）] 计算出 CFS 双肢闭合拼合柱的承载力。本章一系列研究表明：

（1）在能量法的基础上，本章提出了 CFS 双肢闭合拼合柱局部屈曲临界应力表达式。这一理论推导不仅拓宽对我国经典理论的适用范围，还有利于解决截至目前国内外没有 CFS 双肢闭合拼合柱临界应力计算公式的问题。

（2）在试件的长度与试件腹板高度的比值大于 3 的条件下，计算 CFS 双肢闭合拼合柱的局部屈曲临界应力时，可以忽略边界条件（两端铰接和两端固接）的影响。

（3）随着 e 逐渐增大直至大于试件腹板高度，拼合柱局部屈曲临界应力受 e 的影响逐渐减小，甚至可以忽略不计。

（4）通过本书试验和其他相关试验数据与本书方法计算值对比，验证了本书 CFS 双肢闭合拼合柱承载力计算方法较高的精确度。而当试件同时满足长度大于 3 倍的腹板高度及纵向螺钉间距大于腹板高度时，将式（4-24）和式（4-30）用于式（4-31）均能得到较高精度的承载力值，总体而言，式（4-24）相对更为精确。

参考文献

[1]　陈绍蕃. 钢结构稳定设计指南（第二版）[M]. 北京：中国建筑工业出版社，2004.

[2] 庄茁. 基于 ABAQUS 的有限元分析和应用[M]. 北京：清华大学出版社，2009.

[3] 冷弯薄壁型钢结构技术规范：GB 50018—2002[S]. 北京：中国计划出版社，2002.

[4] 李方涛. 冷弯薄壁型钢双肢抱合箱形截面柱轴向受力性能研究[D]. 西安：长安大学，2015.

[5] 阿尔扎古丽. 多肢拼合冷弯薄壁型钢短柱轴压承载力研究[D]. 西安：长安大学，2011.

[6] AISI S100-2016. North American specification for the design of cold-formed steel structural members[S]. Washington：American Institute of Steel Construction，2016.

[7] Bebiano R，Pina P，SiIvestre N，et al. GBTUL—buckling and vibration analysis of thin-walled members[DB/CD]. 2.0 ed. Lisbon：Department of Civil Engineering，Technica University of Lisbon，2014.

[8] Huang Y，Young B. Design of cold-formed stainless steel circular hollow section columns using direct strength method[J]. Engineering Structures，2018，163：177-183.

[9] Li H T，Young B. Behaviour of cold-formed high strength steel RHS under localised bearing forces[J]. Engineering Structures，2019，183：1049-1058.

[10] Lu Y，Li W C，Zhou T H，et al. Novel local buckling formulae for cold-formed C-section columns considering end condition effect[J]. Thin-Walled Structures，2017，116（7）：265-276.

[11] Timoshenko S P，Woinowsky-Kreiger S. Theory of plates and shells[M]. 2nd ed.，New York，NY：McGraw-Hill，Inc.，1959.

[12] Landesmann A，Camotim D. On the direct strength method（DSM）design of cold-formed steel columns against distortional failure[J]. Thin-Walled Structures，2013，67（6）：168-187.

[13] Schafer B W，Peköz T. Direct strength prediction of cold-formed steel members using numerical elastic buckling solutions[C]. St. Louis，MO：Proceedings of the fourteenth international specialty conference on cold-formed steel structures，1998：69-76.

第5章

CFS 双肢闭合拼合柱畸变屈曲临界荷载和承载力研究

截至目前，CFS 受压构件的畸变屈曲受力特性已被大量地展开试验、数值模拟机理论研究，与此同时，针对这一屈曲现象国内外大多学者提出了对应的承载力计算方法。但是，这些研究仅针对单肢截面或拼合开口截面构件，针对 CFS 双肢闭合拼合柱的畸变屈曲现象及畸变屈曲变形特征仍没有详细、系统的介绍及研究。因此，本章对 CFS 双肢闭合拼合轴压柱的畸变屈曲现象和受力性能展开试验及理论研究。CFS 双肢闭合拼合柱是将 C 形截面柱与 U 形截面柱的翼缘通过自攻螺钉连接而成，其畸变屈曲变形特征是 C 形截面组成构件的翼缘和卷边发生内扣，翼缘与腹板的交线不再是挺直的直线，如图 5-1 所示。有关 CFS 双肢闭合拼合柱畸变屈曲的研究仍存在以下两个主要问题：

（1）相对单肢截面柱，拼合截面柱是由两个或多个单肢拼合而成的，其不同之处在于单肢连接界面的不连续性而使单肢之间产生剪切滑移。目前有关畸变屈曲临界应力的计算均适用于单肢柱，而是否适用于拼合截面柱，是否要考虑及如何考虑这一连接界面的不连续性和自攻螺钉有何影响等尚未研究。

（2）有关拼合柱承载力的计算，前人提出的承载力设计曲线是否也适用于 CFS 双肢闭合截面拼合柱，仍需要通过试验和数值分析进一步验证。

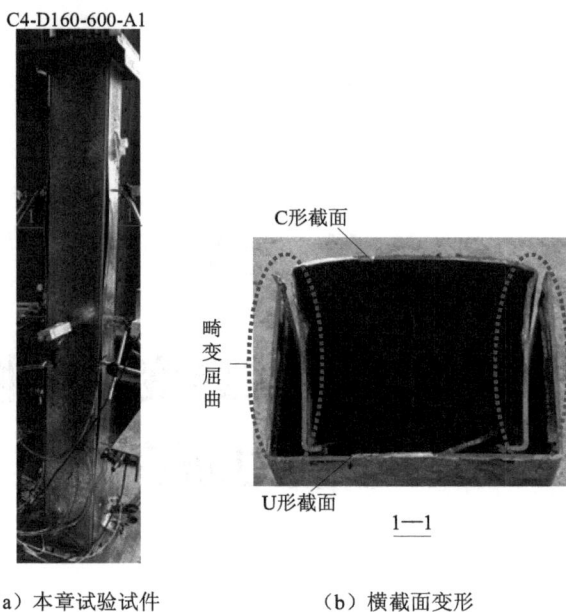

C4-D160-600-A1

（a）本章试验试件   （b）横截面变形

图 5-1　CFS 双肢闭合拼合柱的畸变屈曲现象

为能够充分考虑该拼合柱拼合翼缘连接界面处受力时发生滑移变形及螺钉对拼合柱的约束作用，本章建立了该截面形式拼合柱发生畸变屈曲变形的计算模型，并根据各板件之间相互作用的平衡条件及 Galerkin 法推导出 CFS 双肢闭合截面拼合柱畸变屈曲临界应力的表达式，随后，基于本书公式计算值与有限元结果的对比分析，揭示了边界条件、截面几何尺寸和螺钉间距对拼合柱受力性能的影响规律。最后，将本书推导出的临界应力公式代入直接强度法中的畸变屈曲承载力设计曲线，提出了 CFS 双肢闭合截面拼合柱畸变屈曲承载力的计算方法，并通过大量的试验数据和有限元模型分析结果对该承载力结果进行了验证。

5.1　CFS 双肢闭合拼合柱畸变屈曲临界荷载

5.1.1　畸变屈曲的变形特征

1）畸变屈曲的横截面变形特征

相对局部屈曲和整体屈曲这两种屈曲模式，畸变屈曲是一种新且特殊的屈曲模式，其横截面变形特征如下：

（1）满足"刚周边"特性，即组成柱的翼缘和卷边板件不发生屈曲，仅腹板部分板件发生屈曲，而卷边和翼缘同时外张或内扣，如图 5-2（a）所示。

（2）各个板件围绕相邻板件的交线发生转动，而板件交线不再是直线，截面形状及截面轮廓尺寸也同于变形之前。

（3）组成板件中翼缘分别与腹板和卷边的夹角均保持不变。

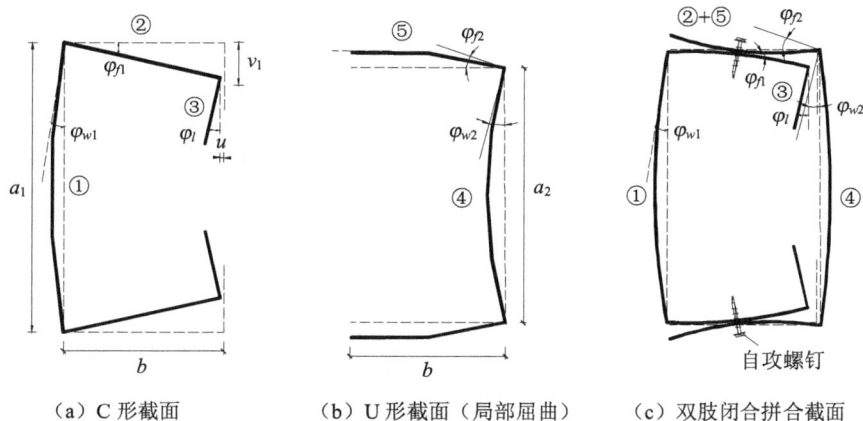

（a）C 形截面　　　（b）U 形截面（局部屈曲）　　　（c）双肢闭合拼合截面

图 5-2　试件横截面畸变屈曲的变形特征

在某些条件下，构件的承载力也可以受畸变屈曲的控制。因此，冷弯薄壁开口单肢截面构件的畸变屈曲问题相继被 Teng、Silvestre、Li 等展开大量的研究。畸变屈曲承载力也符合 Lau 和 Hancock 提出的畸变屈曲承载力设计曲线。然而，由本书试验研究可以看出，CFS 双肢闭合拼合柱的组成构件 C 形截面发生的畸变屈曲特征（图 5-2）与前人研究单肢截面构件的横截面变形特征相同。

2）畸变屈曲的纵向变形特征

大多研究学者在描述构件沿长度方向的畸变屈曲变形特征时，采用以一个局部屈曲半波长度 λ 为构件的特征长度的处理方式来处理畸变屈曲问题。但是这种局部屈曲假设在畸变屈曲上不能真实地揭示螺钉间距、屈曲半波数、边界约束条件和试件的真实长度对试件屈曲临界应力的影响规律。

鉴于此，本书运用 GBTUL 分析了 C 形截面柱的实际长度 L、畸变屈曲半波数 m 与屈曲临界应力 σ 之间的关系，如图 5-3 所示。由图 5-3 可知：①只有当两端固接轴压短柱的实际长度较大时，临界应力才有一定的精度；②当长度在 1 000～1 500 mm 的轴压中长柱，试件的临界应力会被明显地低估。值得注意的是，在实际工程中常用的 CFS 中长柱的试件长度基本为 1 000～1 500 mm。由此，边界条件对构件畸变屈曲临界应力的影响尤其重要。

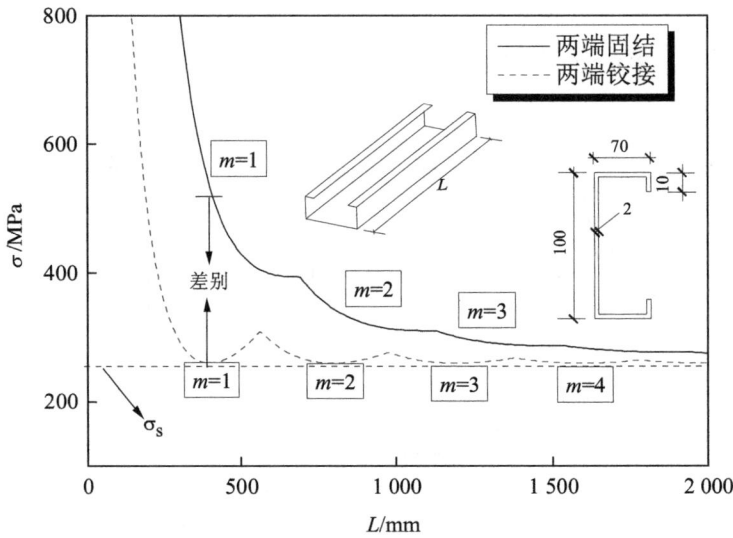

图 5-3　屈曲临界应力 σ、屈曲半波个数 m 和柱子长度 L 的关系

5.1.2　畸变屈曲临界荷载简化计算模型

　　本书研究的对象 CFS 双肢闭合拼合轴压柱是由单肢 C 形截面和单肢 U 形截面通过自攻螺钉拼合而成的，如图 5-4 所示。为推导该拼合柱畸变屈曲的临界应力，本书给出了拼合柱的板件分解图 ［图 5-4（b）］和临界应力计算模型 ［图 5-4（c）］。

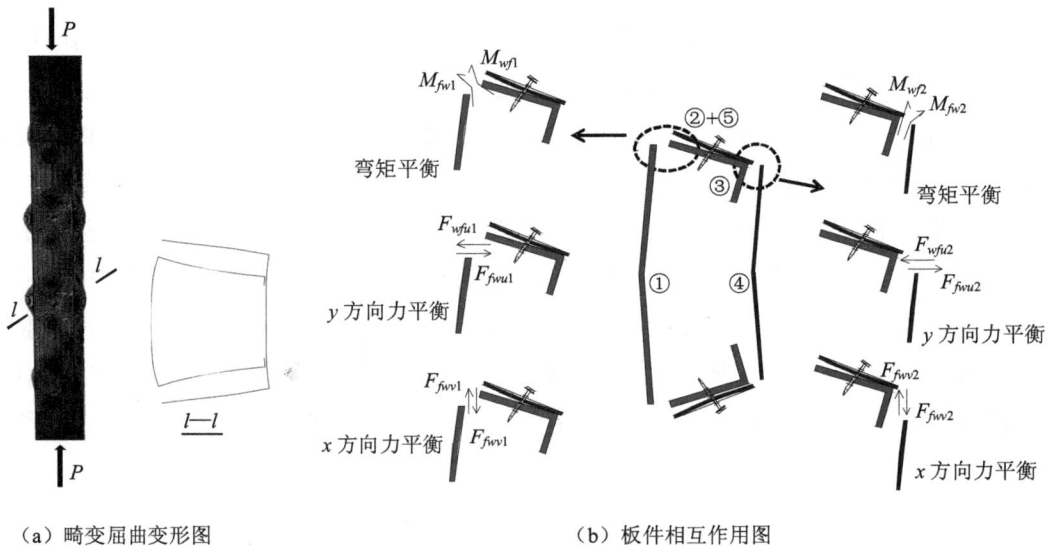

（a）畸变屈曲变形图　　　　　　　　　　　　（b）板件相互作用图

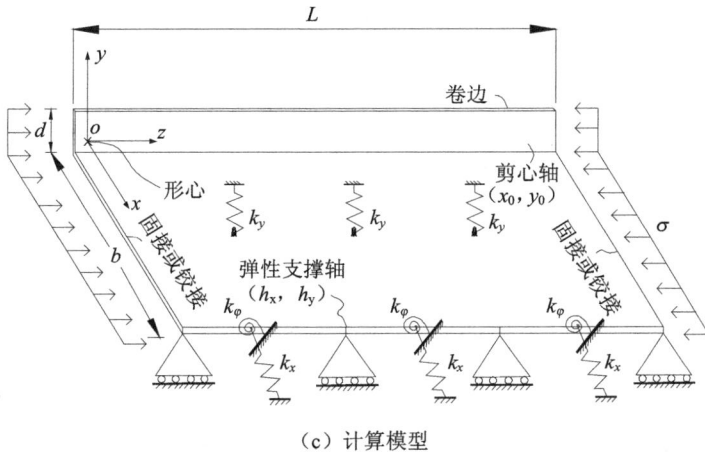

（c）计算模型

图 5-4　CFS 双肢闭合拼合柱的畸变屈曲临界荷载简化计算模型

畸变屈曲的影响因素较局部屈曲和整体屈曲多，例如，截面形状和尺寸、构件长度、端部约束和受力状态等因素，故其解析解也较为复杂。为便于分析各组成板件间的约束作用对畸变屈曲受力性能的影响规律，图 5-4（b）展现了拼合柱横截面各板件的分解图。依据 Lau 和 Hancock 的研究提议，图 5-4（b）取拼合柱的组成部分 C 形截面构件的卷边和翼缘板为研究分解对象，建立了拼合翼缘对卷边和腹板沿强轴方向的力、弱轴方向的力和相互平衡弯矩的力学平衡关系。图 5-4（c）中用刚度 $k_{\varphi 1}$ 的弹簧、刚度 k_x 的水平弹簧和布置在 y 轴方向的铰支座分别表示 C 形截面腹板与翼缘板件的相互作用和 U 形截面腹板与翼缘板件的相互作用。

依据右手螺旋法则，图 5-4（c）给出了在模型形心处的正交空间直角坐标系 oxyz，且给出了模型的剪心轴和弹性支撑轴的坐标。其中模型任意横截面处的剪心沿 x 轴方向和 y 轴方向的位移，φ、k_x、$k_{\varphi 1}$ 和 $k_{\varphi 2}$ 分别表示板件绕剪心轴的转角、水平方向的刚度、C 形截面板件的转动刚度和 U 形截面板件的转动刚度。

5.1.3　畸变屈曲临界荷载的控制方程

由于试件在弹性阶段发生畸变屈曲小挠度变形，依据图 5-4（c）模型，在 x 和 y 两坐标轴方向上，根据力的平衡原理列出相应的平衡方程和弯矩平衡方程，表达式分别为

$$EI_y u^{(4)} + EI_{xy} v^{(4)} + P(u'' + y_0 \varphi'') + k_x[u + (y_0 - h_y)\varphi_1] = 0 \qquad （5\text{-}1）$$

$$EI_x v^{(4)} + EI_{xy} u^{(4)} + P(v'' - x_0 \varphi'') + k_y[v - (x_0 - x_1)\varphi] + Q_y = 0 \qquad （5\text{-}2）$$

$$EI_w\varphi^{(4)} - (GI_t - i_0{}^2 P)\varphi'' - P(x_0 v'' - y_0 u'') + k_x[u + (y_0 - h_y)\varphi](y_0 - h_y) - $$
$$k_y[v - (x_0 - x_1)\varphi](x_0 - x_1) - Q_y(x_0 - h_x) + (k_{\varphi 1} + k_{\varphi 2})\varphi = 0 \tag{5-3}$$

根据第 3 章的基本假定（1），取分别满足式（5-1）～式（5-3）的位移函数表达式为

$$\varphi = A_1\varphi_0(z) \tag{5-4}$$

$$u = A_2\varphi_0(z) \tag{5-5}$$

$$v = -A_1(h_x - x_0)\varphi_0(z) \tag{5-6}$$

式（5-4）～式（5-6）中，$\varphi_0(z)$ 为沿 z 轴方向的位移函数；A_1 和 A_2 均为常数。在试件两加载端分别为铰接和固接的情况下，$\varphi_0(z)$ 的表达式分别如下。

（1）两加载端铰接。

$$\varphi_0(z) = \sin\left(\frac{m\pi z}{L}\right) \tag{5-7a}$$

（2）两加载端固接。

$$\varphi_0(z) = \sin\left(\frac{m\pi z}{L}\right)\sin\left(\frac{\pi z}{L}\right) \tag{5-7b}$$

式（5-7a）、式（5-7b）中，m 为屈曲半波个数；L 为试件的长度。

将式（5-4）～式（5-6）代入式（5-1）～式（5-3）中，同时合并式（5-1）和式（5-2），再运用 Galerkin 法可以得到以下方程：

$$A_1\int_0^L [EI_{xy}(x_0 - h_x)\varphi_0^{(4)}(z) + Py_0\varphi_0''(z) + k_x(y_0 - h_y)\varphi_0(z)]\varphi_0(z)\mathrm{d}z + $$
$$A_2\int_0^L [EI_y\varphi_0^{(4)}(z) + P\varphi_0''(z) + k_x\varphi_0(z)]\varphi_0(z)\mathrm{d}z = 0 \tag{5-8}$$

$$A_1\int_0^L [EI_w\varphi_0^{(4)}(z) + EI_x(x_0 - h_x)^2\varphi_0^{(4)} + P(i_0^2 - x_0^2 + h_x{}^2)\varphi_0''(z) - GI_t\varphi_0''(z) + (k_{\varphi 1} + k_{\varphi 2})\varphi_0(z) + $$
$$k_x(y_0 - h_y)^2\varphi_0(z) + k_y(x_1 - h_x)^2\varphi_0(z)]\varphi_0(z)\mathrm{d}z + A_2\int_0^L [EI_{xy}(x_0 - h_x)\varphi_0^{(4)}(z) + Py_0\varphi_0''(z) + $$
$$k_x(y_0 - h_y)\varphi_0(z)]\varphi_0(z)\mathrm{d}z = 0$$

$$\tag{5-9}$$

引入以下几个参数，以简化以上方程组：

$$g_1 = \int_0^L \varphi_0^{(4)}(z)\varphi_0(z)\mathrm{d}z \tag{5-10a}$$

$$g_2 = \int_0^L \varphi_0''(z)\varphi_0(z)\mathrm{d}z \tag{5-10b}$$

$$g_3 = \int_0^L \varphi_0^2(z)\mathrm{d}z \qquad (5\text{-}10\text{c})$$

将式（5-10a）～式（5-10c）代入式（5-8）和式（5-9）中，可以得到以下表达式：

$$A_1[EI_{xy}(x_0 - h_x)g_1 + Py_0 g_2 + k_x(y_0 - h_y)g_3] + A_2(EI_y g_1 + Pg_2 + k_x g_3) = 0 \qquad (5\text{-}11\text{a})$$

$$\begin{aligned} & A_1[EI_w g_1 + EI_x(x_0 - h_x)^2 g_1 + P(i_0^2 - x_0^2 + h_x^2)g_2 - GI_t g_2 + k_x(y_0 - h_y)^2 g_3 + \\ & k_y(x_1 - h_x)^2 g_3 + (k_{\varphi 1} + k_{\varphi 2})g_3] + A_2[EI_{xy}(x_0 - h_x)g_1 + Py_0 g_2 + k_x(y_0 - h_y)g_3] = 0 \end{aligned} \qquad (5\text{-}11\text{b})$$

令式（5-11a）和式（5-11b）的系数行列式等于零，可以求解 P_{crD} 的控制方程为

$$\begin{aligned} & [EI_{xy}(x_0 - h_x)g_1 + k_x(y_0 - h_y)g_3 + Py_0 g_2]^2 - \\ & (EI_y g_1 + Pg_2 + k_x g_3)\{g_1[EI_x(x_0 - h_x)^2 + EI_w] + \\ & g_2[P(i_0^2 - x_0^2 + h_x^2) - GI_t] + g_3[k_x(y_0 - h_y)^2 + k_y(x_1 - h_x)^2 + (k_{\varphi 1} + k_{\varphi 2})]\} = 0 \end{aligned} \qquad (5\text{-}12)$$

5.1.4　求解参数 g_1、g_2 和 g_3

将式（5-7a）和式（5-7b）代入式（5-10a）～式（5-10c）并积分，可以得到如下表达式。

（1）两加载端铰接。

$$g_1 = -\frac{1}{2}\frac{m^3\pi^3[\cos(m\pi)\sin(m\pi) - m\pi]}{L^3} \qquad (5\text{-}13\text{a})$$

$$g_2 = \frac{1}{2}\frac{m\pi[\cos(m\pi)\sin(m\pi) - m\pi]}{L} \qquad (5\text{-}13\text{b})$$

$$g_3 = -\frac{1}{2}\frac{L[\cos(m\pi)\sin(m\pi) - m\pi]}{m\pi} \qquad (5\text{-}13\text{c})$$

（2）两加载端固接。

$$g_1 = \frac{1}{4}\frac{\pi^3[m\pi(m^4 + 6m^2 + 1) - (3m^2 + 1)\sin(m\pi)\cos(m\pi)]}{mL^3} \qquad (5\text{-}14\text{a})$$

$$g_2 = \frac{1}{4}\frac{\sin(m\pi)\cos(m\pi) - \pi m^3 - \pi m}{mL} \qquad (5\text{-}14\text{b})$$

$$g_3 = \frac{1}{4}\frac{L[\sin(m\pi)\cos(m\pi) + \pi m^3 - \pi m]}{\pi m(m^2 - 1)} \qquad (5\text{-}14\text{c})$$

式中，m 为畸变屈曲半波个数；L 为试件的长度。

在实际应用中，受压构件的畸变屈曲半波个数常常取为整数。因此，将 $\sin(m\pi)\cos(m\pi) = 0$ 和 $\cos^2(m\pi) = 1$ 分别代入式（5-13）式（5-14）中，可得：

（1）两加载端铰接。

$$g_1 = \frac{1}{2}\frac{\pi^4 m^4}{L^3} \qquad (5\text{-}15a)$$

$$g_2 = -\frac{1}{2}\frac{\pi^2 m^2}{L} \qquad (5\text{-}15b)$$

$$g_3 = \frac{1}{2}L \qquad (5\text{-}15c)$$

（2）两加载端固接。

$$g_1 = \frac{1}{4}\frac{\pi^4 (m^4 + 6m^2 + 1)}{L^3} \qquad (5\text{-}16a)$$

$$g_2 = -\frac{1}{4}\frac{\pi^2 (m^2 + 1)}{L} \qquad (5\text{-}16b)$$

$$g_3 = \frac{1}{4}L \qquad (5\text{-}16c)$$

5.1.5 弹簧转动刚度

为便于求解构件畸变屈曲临界荷载，本书依据图 5-4（c）建立了计算弹簧转动刚度 $k_{\varphi1}$ 的简化计算模型，如图 5-5 所示。图 5-5 中模型取自 C 形截面腹板。

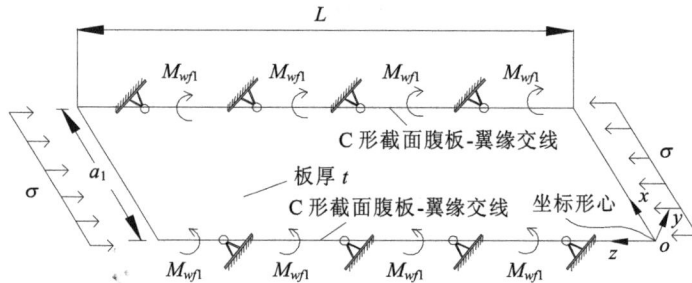

图 5-5 弹簧转动刚度 $k_{\varphi1}$ 的等效计算模型

图 5-5 中 C 形截面腹板-翼缘板组的相关作用可以用分布弯矩 M_{wf1} 来表示，其表达式为

$$M_{wf1} = M_1 Z(z) \qquad (5\text{-}17)$$

式中，M_1 为常数；$Z(z)$ 为基函数，当加载端的边界约束为两端铰接时，$Z(z) = \sin(m\pi z/L)$，当加载端的边界约束为两端固接时，$Z(z) = \sin(\pi z/L)\sin(m\pi z/L)$。

由本章图 5-4 给出的计算模型及参考文献的研究建议，对模型中的相关作用作解耦处理，令 $k_\varphi = r k_{\varphi 1}$，该表达式中 $k_{\varphi 1}$ 可表示为

$$k_{\varphi 1} = r_1 k_{\varphi 1}{}' \tag{5-18}$$

只考虑侧向分布弯矩作用的 $k_{\varphi 1}{}'$。

在不计轴心压力作用的条件下，模型中表示挠曲函数的表达式可取为

$$\omega_f = \left[A \sin h\left(\frac{m\pi x}{L}\right) + B \cos h\left(\frac{m\pi x}{L}\right) + C \frac{m\pi x}{L}\sin h\left(\frac{m\pi x}{L}\right) + D \frac{m\pi x}{L}\cos h\left(\frac{m\pi x}{L}\right) \right] Z(z)$$
$$\tag{5-19}$$

式中，A、B、C 和 D 均为常数。

依据图 5-4，可列出满足其边界条件的表达式分别为

$$\omega_f \big|_{x=0,a_1} = 0 \tag{5-20a}$$

$$-D\left(\frac{\partial^2 \omega_f}{\partial x^2} + v \frac{\partial^2 \omega_f}{\partial z^2}\right)_{|x=0,a_1} = M_{wf1} \tag{5-20b}$$

$$D = \frac{Et^3}{12(1-v^2)} \tag{5-21}$$

将式（5-20a）～式（5-20b）代入式（5-19）中，可解得模型的挠曲函数 ω_f 的表达式为

$$\omega_f = \frac{1}{2} \frac{L\left[(a_1\gamma_1^2 - a_1\gamma_2^2 - x\gamma_1^2 + a_1\gamma_2)\sin h\left(\frac{\pi m x}{L}\right) + x(\gamma_1 - \gamma_1\gamma_2)\cos h\left(\frac{\pi m x}{L}\right)\right]}{m\pi D\gamma_1^2} M_1 Z(z) \tag{5-22}$$

式中，$\gamma_1 = \sinh(m\pi a_1/L)$，$\gamma_2 = \cosh(m\pi a_1/L)$。

由式（5-18）可解得 $k_{\varphi 1}$ 为

$$k_{\varphi 1} = \frac{M_{wf1}}{\varphi_{f1}} = \frac{M_{wf1}}{\partial \omega_f / \partial x}\bigg|_{x=0} = \frac{2\pi D\gamma_1^2}{\pi a_1(\gamma_1^2 - \gamma_2^2 + \gamma_2) + (\gamma_1\gamma_2 - \gamma_1)(L/m)} \tag{5-23}$$

式中，φ_{f1} 为 C 形截面构件翼缘沿腹板-翼缘交线处的转角。

5.1.6 转动弹簧刚度

图 5-6 中腹板-翼缘板组之间的相关作用可以用分布弯矩 M_{wf2} 来表示，表达式为

$$M_{wf2} = M_2 Z(z) \tag{5-24}$$

式中，M_2 为常数；$Z(z)$ 为基函数，当加载端的边界约束为两端铰接时，$Z(z) = \sin(m\pi z/L)$，当加载端的边界约束为两端固接时，$Z(z) = \sin(\pi z/L)\sin(m\pi z/L)$。

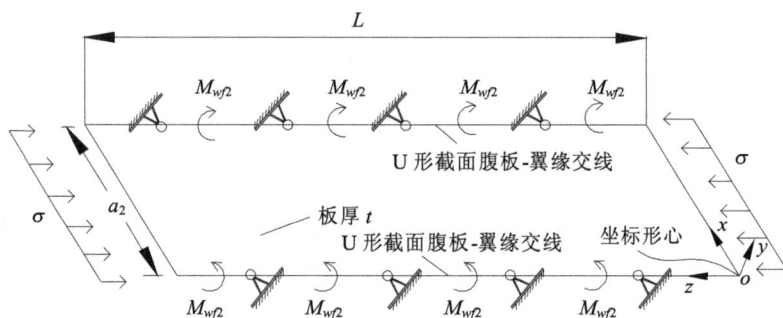

图 5-6 弹簧转动刚度（$k_{\varphi 2}$）的等效计算模型

由本章图 5-4 给出的计算模型及参考文献的研究建议，对模型中的相关作用作解耦处理，令 $k_{\varphi} = rk_{\varphi 2}$，该表达式中 $k_{\varphi 2}$ 可表示为

$$k_{\varphi 2} = r_2 k_{\varphi 2}{}'$$ (5-25)

1）只考虑侧向分布弯矩作用的 $k_{\varphi 2}{}'$

在不计轴心压力作用的条件下，模型中表示挠曲函数的表达式如下

$$\omega_f = \left[A \sin h\left(\frac{m\pi x}{L}\right) + B \cos h\left(\frac{m\pi x}{L}\right) + C\frac{m\pi x}{L}\sin h\left(\frac{m\pi x}{L}\right) + D\frac{m\pi x}{L}\cos h\left(\frac{m\pi x}{L}\right) \right] Z(z)$$ (5-26)

式中，A、B、C 和 D 均为常数。

依据图 5-4，可列出满足其边界条件的表达式分别为

$$\omega_f \big|_{x=0,a_2} = 0$$ (5-27a)

$$-D\left(\frac{\partial^2 \omega_f}{\partial x^2} + v\frac{\partial^2 \omega_f}{\partial z^2}\right)_{|x=0,a_2} = M_{wf2}$$ (5-27b)

$$D = \frac{Et^3}{12(1-v^2)}$$ (5-28)

将式（5-27a）～式（5-27b）代入式（5-26）中，可得到挠曲函数 ω_f 的表达式为

$$\omega_f = \frac{1}{2}\frac{L\left[(a_2\gamma_3^2 - a_2\gamma_4^2 - x\gamma_3^2 + a_2\gamma_4)\sin h\left(\frac{\pi mx}{L}\right) + x(\gamma_3 - \gamma_3\gamma_4)\cos h\left(\frac{\pi mx}{L}\right)\right]}{m\pi D\gamma_3^2} M_2 Z(z)$$ (5-29)

式中，$\gamma_3 = \sinh(m\pi a_2/L)$，$\gamma_4 = \cosh(m\pi a_2/L)$。

由式（5-25）可解得 $k_{\varphi 2}$ 为

$$k_{\varphi 2} = \frac{M_{wf2}}{\varphi_{f2}} = \frac{M_{wf2}}{\partial \omega_f / \partial x}\bigg|_{x=0} = \frac{2\pi D \gamma_3^2}{\pi a_2 (\gamma_3^2 - \gamma_4^2 + \gamma_4) + (\gamma_3 \gamma_4 - \gamma_3)(L/m)} \tag{5-30}$$

式中，φ_{f2} 为 U 形截面组成构件的腹板与自身翼缘板交线处的转角。

2）折减系数 r_1

$$r_1 = 1 - \frac{P_w}{A_1 \sigma_w} \tag{5-31}$$

式中，P_w 是 $k_{\varphi 1} = 0$ 时式（5-11）的临界荷载，而腹板的屈曲临界荷载 σ_w 表达式为

$$\sigma_w = k_w \frac{\pi^2 D}{a_1^2 t} \tag{5-32}$$

其中，稳定系数 k_w 根据加载边的约束条件为

（1）两加载端铰接。

$$k_w = \left(\frac{mb}{a_1} + \frac{a_1}{mb}\right)^2 \tag{5-33a}$$

（2）两加载端固接。

$$k_w = \frac{b^2(m^4 + 6m^2 + 1)}{a_1^2(m^2 + 1)} + \frac{a_1^2}{b^2(m^2 + 1)} + 2 \tag{5-33b}$$

将式（5-23）和式（5-31）代入式（5-18）中，可得

$$k_{\varphi 1} = \frac{2C_\gamma D}{a_1}\left(1 - \frac{P_w}{A_1 \sigma_w}\right) \tag{5-34}$$

式中，

$$C_\gamma = \frac{\pi \gamma_1^2}{\pi(\gamma_1^2 - \gamma_2^2 + \gamma_2) + (\gamma_1 \gamma_2 - \gamma_1)(L/ma_1)} \tag{5-35}$$

其中，$\gamma_1 = \sinh(m\pi a_1/L)$ 和 $\gamma_2 = \cosh(m\pi a_1/L)$。

如参考文献中提及的构件发生畸变屈曲时假定相邻板件间的交线仍保持直线，本书模型也是如此。然而，前人经过研究船舶结构发生屈曲的相关变形特征，发现当构件的翼缘宽度与自身的卷边长度的比值很小的情况下，其精度不高。鉴于此，k_φ 的修正系数 C_w 被提出。

（1）两加载端铰接。

$$C_w = \min\left(\frac{1}{1 + 0.5b/d}, \frac{1}{0.25 + 0.5b/d}\right) \tag{5-36a}$$

（2）两加载端固接。

$$C_w = \min\left(\frac{1}{1 + 0.6b/a_1}, \frac{1}{0.36 + 0.6a_1/b}\right) \tag{5-36b}$$

考虑临界应力受翼缘与卷边抗弯刚度的影响，本书对式（5-34）进行修正：

$$k_{\varphi 1} = \frac{2C_\gamma C_w D}{a_1}\left(1 - \frac{P_w}{A_1 \sigma_w}\right) \tag{5-37}$$

3）折减系数 r_2

转动约束 $k_{\varphi 2}$ 的折减系数 r_2 同 4.2.5 节中折减系数 r_2。

$$r_2 = 1 - \frac{b^2}{a_2^2} \tag{5-38}$$

则 U 形截面构件翼缘沿腹板-翼缘交线处的转动刚度 $k_{\varphi 2}$ 为

$$k_{\varphi 2} = \frac{2\pi D \gamma_3^2}{\pi a_2(\gamma_3^2 - \gamma_4^2 + \gamma_4) + (\gamma_3 \gamma_4 - \gamma_3)(L/m)}\left(1 - \frac{b^2}{a_2^2}\right) \tag{5-39}$$

5.1.7　水平约束刚度 k_x

若构件组成板件的面外刚度较小，前人研究建议板件水平约束刚度 $k_x=0$，故本书的水平约束刚度 k_x 取零。

5.1.8　畸变屈曲临界应力的广义计算表达式

1）广义计算表达式

将式（5-37）、式（5-39）和 $k_x=0$ 代入式（5-12）中，可以得到畸变屈曲临界荷载 P_{crD} 的一元二次方程表达式：

$$
\begin{aligned}
&P^2(i_0^2 - x_0^2 - y_0^2 + h_x^2) + PE\frac{g_1}{g_2}\Bigg[I_y(i_0^2 - x_0^2 + h_x^2) - 2y_0 I_{xy}(x_0 - h_x) + \\
&I_w + I_x(x_0 - h_x)^2 - \frac{G}{E}I_t\frac{g_2}{g_1} + \frac{(k_{\varphi 1} + k_{\varphi 2})}{E}\frac{g_3}{g_1}\Bigg] + E^2\left(\frac{g_1}{g_2}\right)^2\Bigg[I_y I_w + \\
&I_y I_x(x_0 - h_x)^2 - \frac{G}{E}I_y I_t\frac{g_2}{g_1} - I_{xy}{}^2(x_0 - h_x)^2 + I_y\frac{(k_{\varphi 1} + k_{\varphi 2})}{E}\frac{g_3}{g_1}\Bigg] = 0
\end{aligned} \tag{5-40}
$$

为简化表达式，令

$$\beta_1 = i_0^2 - x_0^2 - y_0^2 + h_x^2 \tag{5-41a}$$

$$\beta_2 = I_w + I_x(h_x - x_0)^2 \tag{5-41b}$$

$$\beta_3 = -I_{xy}(h_x - x_0) \tag{5-41c}$$

$$\xi = -g_1/g_2 \tag{5-42}$$

式（5-40）可简化为

$$P^2 + PE \frac{\xi}{\beta_1} \left[\beta_2 + \frac{G}{\xi E} I_t + \frac{(k_{\varphi 1} + k_{\varphi 2})}{E} \frac{g_3}{g_1} + I_y (\beta_1 + y_0{}^2) - 2\beta_3 y_0 \right] +$$

$$E^2 \frac{\xi}{\beta_1} \left\{ \left[\beta_2 + \frac{G}{\xi E} I_t + \frac{(k_{\varphi 1} + k_{\varphi 2})}{E} \frac{g_3}{g_1} \right] I_t - \beta_3{}^2 \right\} = 0 \qquad （5-43）$$

解式（5-12）可得畸变屈曲临界应力 σ_{crD}：

$$\sigma_{crD} = \frac{P}{A} = \frac{E}{2} \left[(\alpha_1 + \alpha_2) - \sqrt{(\alpha_1 + \alpha_2)^2 - 4\alpha_3} \right] / A \qquad （5-44）$$

式中，

$$\alpha_1 = \frac{\xi}{\beta_1} \left(\beta_2 + \frac{G}{\xi E} I_t \right) + \frac{(k_{\varphi 1} + k_{\varphi 2})}{\beta_1 \xi E} \frac{g_3}{g_1} \xi^2 \qquad （5-45a）$$

$$\alpha_2 = \frac{\xi}{\beta_1} [I_y (\beta_1 + y_0^2) - 2\beta_3 y_0] \qquad （5-45b）$$

$$\alpha_3 = \xi \left(\alpha_1 I_y - \frac{\xi}{\beta_1} \beta_3^2 \right) \qquad （5-45c）$$

其中：

$$k_{\varphi 1} = \frac{2 C_\gamma C_w D}{a_1} \left(1 - \frac{P_w}{A_1 k_w} \frac{t a_1^2}{D \pi^2} \right) \qquad （5-46）$$

$$k_{\varphi 2} = \frac{2 \pi D \gamma_3^2}{\pi a_2 (\gamma_3^2 - \gamma_4^2 + \gamma_4) + (\gamma_3 \gamma_4 - \gamma_3)(L / m)} \left(1 - \frac{b^2}{a_2^2} \right) \qquad （5-47）$$

$$C_\gamma = \frac{\pi \gamma_1^2}{\pi (\gamma_1^2 - \gamma_2^2 + \gamma_2) + (\gamma_1 \gamma_2 - \gamma_1)(L / m a_1)} \qquad （5-48）$$

$$\gamma_1 = \sin h \left(\frac{m \pi a_1}{L} \right), \quad \gamma_2 = \cos h \left(\frac{m \pi a_1}{L} \right) \qquad （5-49）$$

$$\gamma_3 = \sin h \left(\frac{m \pi a_2}{L} \right), \quad \gamma_4 = \cos h \left(\frac{m \pi a_2}{L} \right) \qquad （5-50）$$

$$K_L = \frac{4.7 E E_s t d_s^4}{28.3 E_s d_s^4 + 12 E d_s^2 t^2 (1 + v) + 2 E t^4} \qquad （5-51）$$

式（5-46）中，P_w 可将 $k_\varphi = 0$ 代入式（5-45a）求解得到，D 的表达式见式（5-28）。

（1）两加载端铰接。

$$g_1 = \frac{1}{2} \frac{\pi^4 m^4}{L^3} \qquad （5-52a）$$

$$g_2 = -\frac{1}{2} \frac{\pi^2 m^2}{L} \qquad （5-52b）$$

$$g_3 = \frac{1}{2}L \tag{5-52c}$$

$$C_w = \min\left(\frac{1}{1+0.5b/a_1}, \frac{1}{0.25+0.5b/a_1}\right) \tag{5-53}$$

$$k_w = \left(\frac{m}{\alpha} + \frac{\alpha}{m}\right)^2 \tag{5-54}$$

$$m_{cr} = \beta^{0.25} \tag{5-55}$$

（2）两加载端固接。

$$g_1 = \frac{1}{4}\frac{\pi^4(m^4+6m^2+1)}{L^3} \tag{5-56a}$$

$$g_2 = -\frac{1}{4}\frac{\pi^2(m^2+1)}{L} \tag{5-56b}$$

$$g_3 = \frac{1}{4}L \tag{5-56c}$$

$$C_w = \min\left(\frac{1}{1+0.6b/a_2}, \frac{1}{0.36+0.6a_2/b}\right) \tag{5-57}$$

$$k_w = \frac{(m^4+6m^2+1)}{\alpha^2(m^2+1)} + 2 + \frac{\alpha^2}{(m^2+1)} \tag{5-58}$$

$$m_{cr} = \begin{cases} 1 & \beta \leqslant 5 \\ \sqrt{\sqrt{\beta-4}-1} & \beta > 5 \end{cases} \tag{5-59}$$

式中，

$$\alpha = \frac{a_1}{b} \tag{5-60a}$$

$$\beta = \frac{L}{4.8}\left(\frac{t^3}{I_x a_1 b^2}\right)^{0.25} \tag{5-60b}$$

2）取出的隔离体几何参数

式（5-61）给出了图 5-4（c）模型中的几何尺寸参数，其表达式分别如下：

$$A = (b+d)t \tag{5-61a}$$

$$\bar{x} = \frac{b^2+2bd}{2(b+d)} \tag{5-61b}$$

$$\bar{y} = \frac{d^2}{2(b+d)} \tag{5-61c}$$

$$I_t = \frac{t^3(b+d)}{3} \tag{5-61d}$$

$$I_x = \frac{bt^3 + td^3}{12} + bt\bar{y}^2 + dt\left(\frac{d}{2} - \bar{y}\right)^2 \tag{5-61e}$$

$$I_y = \frac{tb^3 + dt^3}{12} + dt(b - \bar{x})^2 + bt\left(\bar{x} - \frac{b}{2}\right)^2 \tag{5-61f}$$

$$I_{xy} = bt\left(\frac{b}{2} - \bar{x}\right)(-\bar{y}) + dt\left(\frac{d}{2} - \bar{y}\right)(b - \bar{x}) \tag{5-61g}$$

$$I_\omega = 0 \tag{5-61h}$$

5.2　畸变屈曲临界应力计算式和数值算例

由于试验数据有限，为了能够充分验证本书推导出的畸变屈曲临界应力表达式［式（5-44）］的适用性及精确度，采用有限元模拟分析软件对 CFS 双肢闭合截面拼合柱进行广泛的弹性屈曲阶段分析。数值模拟的建模过程及模型的相关设置均和第 2 章有限元模型一样。拼合柱和自攻螺钉的弹性模量 E 均为 $2.1 \times 10^5\,\text{N/mm}^2$，螺钉的建模方式及尺寸也与第 2 章有限元模型保持一致。

5.2.1　端部边界约束条件的影响

本节分别用本书提出的计算表达式（5-44）和数值模拟来得到 CFS 双肢闭合拼合柱的畸变屈曲临界应力 σ_{crD}，计算及分析结果见图 5-7 和表 5-1。在图 5-7 中，给出了试件的截面尺寸示意图。数值模拟试件的长度取值列在表 5-1 中。螺钉间距均为试件长度的一半（$e = L/2$）。主要得出以下结论：

（1）由图 5-7 可知，理论计算值与有限元计算结果均吻合较好，表明本书 σ_{crD} 表达式能够很好地反映边界条件和试件真实长度对 σ_{crD} 的影响规律。另外，也说明了畸变屈曲纵向变形特征用试件实际长度和屈曲临界半波数两参数来表征是合理的。同时，由表 5-1 中的对比结果可知，本书公式计算值与有限元结果的比值 $\sigma_{cr,P}/\sigma_{cr,F}$ 均接近 1，且方差较小，离散性小，更加说明了本书提出的 σ_{crD} 表达式较高的精度。

（2）柱子长度越长，固接和铰接两种边界条件下的 σ_{crD} 曲线越来越接近，直至重合，且当试件长度 $L > 2\,500\,\text{mm}$ 时，两种边界条件下 σ_{crD} 曲线变化趋势一致，如图 5-7 所示。此外，当 $m_{cr} > 3$ 时，本书计算值与有限元计算结果逐渐收敛于一个恒值，该恒值则是畸变屈曲临界应力的表征参数半波长 λ。同时随着半波数的增加，σ_{crD} 受端部边界条件的影响程度降低，出现这一现象主要是因为沿试件长度方向出现多个畸变屈曲波，而只有出现在柱子端部的屈曲波的变形受边界条件约束的影响。

（3）一般情况下，畸变屈曲半波长比局部屈曲半波长大得多，而在实际工程中也普遍存在 $m_{cr} < 3$ 的情况，如果 σ_{crD} 取为二者收敛的一个恒值，则显著低估了试件畸变屈曲的稳定性能，对于加载端固接的试件来说尤其如此。同时，为了避免对经济造成不必要的损失，本书建议对于受加载端约束条件限制的 CFS 双肢闭合拼合柱，运用本书公式（5-44）计算其畸变屈曲临界应力 σ_{crD}。

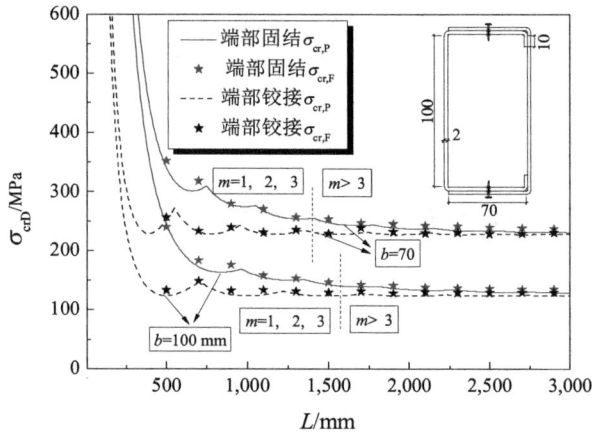

图 5-7　边界条件对双肢闭合拼合柱畸变屈曲临界应力 σ_{crD} 的影响

表 5-1　理论值和数值模拟值对比分析

| 编号 | l | 双肢闭合拼合柱 | | | | | |
| | | 加载端铰接 | | | 加载端固接 | | |
		$\sigma_{cr,P}$/MPa	$\sigma_{cr,F}$/MPa	$\sigma_{cr,P}/\sigma_{cr,F}$/MPa	$\sigma_{cr,P}$/MPa	$\sigma_{cr,F}$/MPa	$\sigma_{cr,P}/\sigma_{cr,F}$/MPa
100-70-10-2	500 mm	291.6	277.5	1.051	406.4	407.6	0.997
	700 mm	205.9	212.4	0.969	361.8	367.7	0.984
	900 mm	196.7	203.7	0.965	332.3	323.3	1.028
	1 100 mm	184.8	182.4	1.013	320.3	312.9	1.024
	1 300 mm	179.7	177.2	1.014	303.3	297.0	1.021
	1 500 mm	170.3	169.4	1.005	296.0	293.0	1.010
	1 700 mm	166.2	165.0	1.007	290.2	285.8	1.015
	1 900 mm	163.1	163.3	0.999	285.3	284.0	1.004
	2 100 mm	159.3	159.9	0.996	283.2	280.3	1.010
	2 300 mm	159.5	158.9	1.003	279.6	279.1	1.002
	2 500 mm	155.7	157.3	0.990	279.1	277.1	1.007
	2 700 mm	155.4	156.2	0.995	276.3	276.1	1.001
	2 900 mm	153.9	155.7	0.989	276.5	275.0	1.006
100-100-10-2	500 mm	147.9	154.2	0.959	300.1	297.5	1.009
	700 mm	176.1	172.2	1.022	276.8	269.5	1.027
	900 mm	150.1	153.5	0.978	281.3	277.2	1.015

编号	l	双肢闭合拼合柱					
		加载端铰接			加载端固接		
		$\sigma_{cr, p}$/MPa	$\sigma_{cr, F}$/MPa	$\sigma_{cr, p}/\sigma_{cr, F}$/MPa	$\sigma_{cr, p}$/MPa	$\sigma_{cr, F}$/MPa	$\sigma_{cr, p}/\sigma_{cr, F}$/MPa
100-100-10-2	1 100 mm	150.1	154.5	0.972	273.3	266.5	1.025
	1 300 mm	152.2	151.8	1.002	277.0	271.8	1.019
	1 500 mm	147.8	149.7	0.987	272.2	264.8	1.028
	1 700 mm	151.7	151.9	0.999	275.2	275.6	0.998
	1 900 mm	148.2	148.7	0.997	271.8	268.1	1.014
	2 100 mm	148.4	150.2	0.988	274.3	265.2	1.034
	2 300 mm	149.1	149.0	1.001	271.6	266.4	1.020
	2 500 mm	147.7	148.9	0.992	273.7	264.1	1.036
	2 700 mm	149.3	149.4	0.999	271.5	264.9	1.025
	2 900 mm	147.9	149.6	0.989	273.3	266.3	1.027
最大值	—	—	—	1.051	—	—	1.036
最小值	—	—	—	0.959	—	—	0.984
平均值	—	—	—	0.995	—	—	1.015
标准差	—	—	—	0.019	—	—	0.013

5.2.2　截面几何尺寸的影响

为研究截面几何尺寸对本书公式计算畸变屈曲临界荷载的精度及适用性，本书共设计了 36 个截面尺寸不同的 C 形截面（表 5-2），而 U 形截面的尺寸与 C 形截面匹配。

表 5-2　C 形截面的几何尺寸　　　　　单位：mm

编号	a	b	d	t	编号	a	b	d	t
1	60	30	8	2.0	19	110	80	10	2.5
2	60	60	10	2.0	20	110	100	8	2.0
3	70	45	15	3.0	21	120	45	10	3.0
4	70	50	10	1.5	22	120	75	10	2.5
5	75	40	10	2.0	23	120	120	6	1.0
6	75	75	10	2.0	24	130	100	12.5	2.0
7	80	60	10	1.5	25	140	40	8	2.5
8	80	80	10	1.0	26	140	60	8	2.5
9	80	100	20	3.0	27	140	120	10	1.5
10	90	35	10	3.0	28	160	70	8	2.5
11	90	40	10	2.5	29	160	90	10	2.5
12	90	70	10	2.0	30	160	110	10	2.5
13	90	100	10	1.5	31	180	50	8	2.5
14	90	100	15	2.0	32	180	100	8	2.0
15	100	50	10	3.0	33	180	120	10	2.5
16	100	80	10	3.0	34	200	60	10	2.5
17	100	100	8	1.0	35	200	140	15	3.0
18	110	60	10	3.0	36	200	160	10	2.0

表 5-3 给出了分别采用本书计算公式计算和有限元计算结果的比较。设计试件的螺钉间距取为 $e=L/2$，拼合柱和螺钉的弹性模量均为 2.1×10^5 MPa。为了更准确地表明 a，$/b$，b，$/d$ 和 $\sigma_{cr, p}/\sigma_{cr, F}$ 三者的关系，图 5-8 和图 5-9 分别展现了拼合柱加载端铰接和加载端固接试件的关系图。分析表 5-3、图 5-8 和图 5-9 可知：

（1）对于两端铰接的 CFS 双肢闭合截面拼合柱，本书公式计算结果 $\sigma_{cr, p}$ 与有限元模型分析结果 $\sigma_{cr, F}$ 吻合良好，且二者的比值 $\sigma_{cr, p}/\sigma_{cr, F}$ 的最大值、最小值、平均值和标准差分别为 1.057、0.877、0.977 和 0.040，边界条件为两端固接试件的 $\sigma_{cr, p}/\sigma_{cr, F}$ 的最大值、最小值、平均值和标准差分别为 1.055、0.907、0.998 和 0.043。对比分析结果可知，本书公式可以较为精确地计算本书设计试件的截面尺寸参数内的屈曲临界荷载。

（2）图 5-8 和图 5-9 反映了拼合截面 $\sigma_{cr, p}/\sigma_{cr, F}$ 随着腹板高与翼缘宽比值的变化而变化的规律。可以观察到，随着 a_1/b 和 a_2/b 的增大，$\sigma_{cr, p}/\sigma_{cr, F}$ 的大小基本在 1 上下变化，说明本书公式能够很好地反映截面比例参数对双肢闭合拼合柱畸变屈曲临界应力的影响规律。

表 5-3　本书理论值与数值模拟值对比分析

编号	加载端铰接			加载端固接		
	$\sigma_{cr, p}$/MPa	$\sigma_{cr, F}$/MPa	$\sigma_{cr, p}/\sigma_{cr, F}$/MPa	$\sigma_{cr, p}$/MPa	$\sigma_{cr, F}$/MPa	$\sigma_{cr, p}/\sigma_{cr, F}$/MPa
1	827.5	834.5	0.992	857.5	854.1	1.004
2	361.5	376.2	0.961	415.8	422.9	0.983
3	1 086.3	1 108.7	0.980	1 203.2	1 190.4	1.011
4	322.9	329.1	0.981	375.5	379.3	0.990
5	565.1	584.2	0.967	633.5	631.4	1.003
6	228.8	248.0	0.923	283.7	286.4	0.991
7	226.7	245.0	0.925	283.6	293.5	0.966
8	91.9	96.9	0.948	121.5	117.2	1.036
9	415.7	447.3	0.929	520.2	573.6	0.907
10	963.0	917.0	1.050	1 008.7	1 002.7	1.006
11	660.3	664.7	0.993	709.3	696.4	1.019
12	240.6	257.9	0.933	300.5	298.2	1.008
13	94.8	99.5	0.952	125.3	136.4	0.919
14	204.0	217.1	0.940	267.6	291.5	0.918
15	618.5	627.8	0.985	693.0	675.0	1.027
16	312.7	331.0	0.945	391.3	377.6	1.036
17	43.1	46.2	0.933	60.6	65.2	0.929
18	113.5	115.6	0.982	533.0	518.8	1.028
19	500.1	488.5	1.024	298.7	292.4	1.022
20	245.7	256.0	0.960	131.6	129.5	1.016
21	587.6	555.7	1.057	644.1	633.7	1.016
22	262.4	268.1	0.979	319.9	304.4	1.051
23	24.5	23.4	1.046	30.9	30.8	1.003
24	136.0	155.1	0.877	190.3	206.3	0.922
25	286.5	289.1	0.991	324.9	319.0	1.018

编号	加载端铰接			加载端固接		
	$\sigma_{cr,P}$/MPa	$\sigma_{cr,F}$/MPa	$\sigma_{cr,P}/\sigma_{cr,F}$/MPa	$\sigma_{cr,P}$/MPa	$\sigma_{cr,F}$/MPa	$\sigma_{cr,P}/\sigma_{cr,F}$/MPa
26	273.4	266.1	1.027	295.1	281.2	1.049
27	62.8	67.4	0.931	80.3	86.6	0.927
28	204.7	200.8	1.020	233.2	230.8	1.010
29	176.6	176.2	1.002	210.5	202.3	1.041
30	128.9	127.8	1.009	169.4	160.7	1.054
31	175.2	176.2	0.994	187.7	182.1	1.031
32	88.2	87.8	1.004	108.6	102.9	1.055
33	108.0	105.7	1.022	138.2	137.9	1.002
34	145.5	149.5	0.973	159.3	155.5	1.024
35	153.5	157.3	0.976	190.8	201.6	0.947
36	51.1	53.1	0.963	64.8	67.8	0.956
最大值	—	—	1.057	—	—	1.055
最小值	—	—	0.877	—	—	0.907
平均值	—	—	0.977	—	—	0.998
标准差	—	—	0.040	—	—	0.043

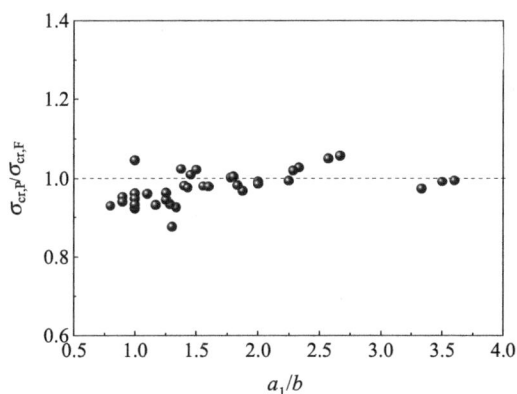

（a）$\sigma_{cr,P}/\sigma_{cr,F}$ 和 a_1/b 的比较　　（b）$\sigma_{cr,P}/\sigma_{cr,F}$ 和 a_2/b 的比较

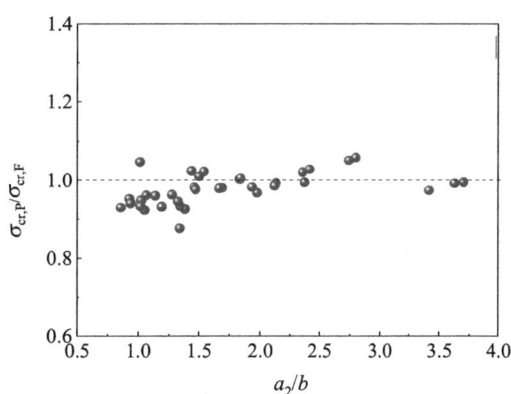

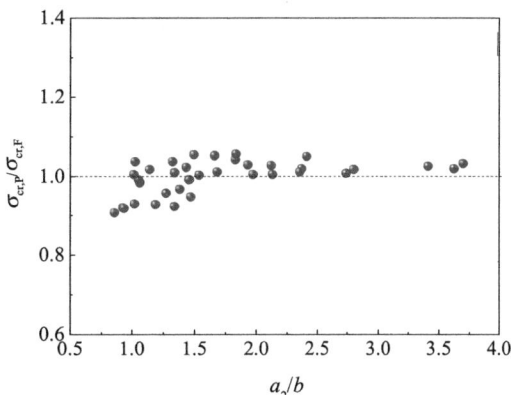

图 5-8　拼合柱两加载端铰接理论值与数值模拟值的对比分析

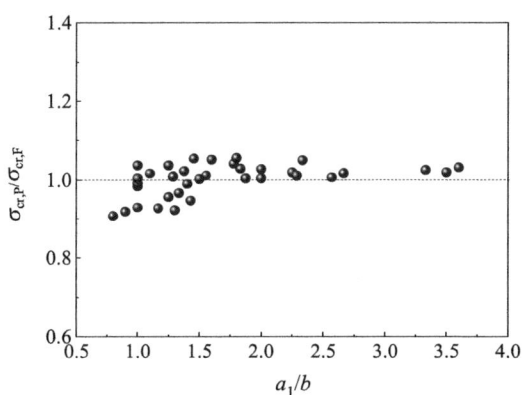

（a）$\sigma_{cr,P}/\sigma_{cr,F}$ 和 a_1/b 的比较　　（b）$\sigma_{cr,P}/\sigma_{cr,F}$ 和 a_2/b 的比较

图 5-9　拼合柱两加载端固结理论值和数值模拟值的对比分析

5.2.3 螺钉间距的影响

图 5-10 给出了用本书公式计算和有限元模拟的 3 种截面尺寸拼合柱的畸变屈曲临界荷载受螺钉间距变化的影响规律。图 5-10 中 3 种截面尺寸拼合柱的边界条件为两端铰接，试件长度为 1 000 mm。由图 5-10 可知，对于三种截面尺寸的拼合柱，本书公式计算值和有限元计算结果基本一致。随着螺钉间距的增大，畸变屈曲临界荷载逐渐减小，当螺钉间距很大时，畸变屈曲临界荷载基本保持在一个值不变化。

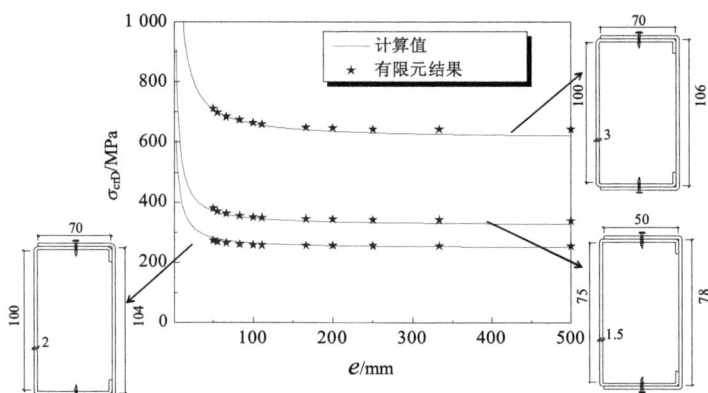

图 5-10　螺钉间距 e 的影响

能够表征自攻螺钉对试件屈曲变形的影响参数是屈曲半波长 λ（$\lambda=L/m_{cr}$），而螺钉间距 e 与屈曲半波长的关系满足一定条件时，则会对屈曲临界应力有一定的影响。当螺钉间距大于屈曲半波长时，试件沿其长度方向的每个半波不能受到螺钉的约束，在这种情况下，螺钉间距对屈曲临界应力的影响较小。故本书设计 3 种不同截面尺寸 e/λ 和 $\sigma_{crD1}/\sigma_{crD}$ 的关系曲线图，如图 5-11 所示，图 5-11 中 σ_{crD1}、σ_{crD} 分别表示拼合板厚度折减系数按 $C=1$ 和本书公式计算的 σ_{crD}。

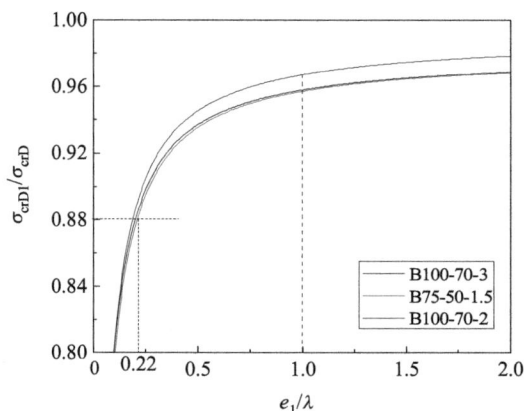

图 5-11　按式（5-44）计算的 $\sigma_{crD1}/\sigma_{crD}$-$e/\lambda$ 曲线

由图 5-11 可知，随着 $e<\lambda$ 的减小，螺钉间距对 σ_{crD} 的影响越来越大。观察该拼合柱的畸变屈曲变形特征可以得到，布置在拼合翼缘板上的自攻螺钉对发生畸变屈曲时构件的变形具有很好的抑制作用，故直至 $e/\lambda=0.22$ 时，$\sigma_{crD1}/\sigma_{crD}$ 小于 0.88。然而在实际工程应用中，螺钉纵向间距一般会比该截面的腹板高度大得多，故在实际应用中，可取双肢闭合拼合柱的翼缘拼合板厚度折减系数 $C=1$，以能够简便计算 CFS 双肢闭合拼合柱的 σ_{crD}。由以上研究可知，这一假设不仅能够满足本书公式的计算精度要求，还能够简化其计算过程。

5.3　CFS 双肢闭合拼合柱的畸变屈曲承载力

5.3.1　畸变屈曲承载力计算方法

如第 4 章局部屈曲承载力计算方法，本章提出的式（5-44）也不可以直接用来计算畸变屈曲临界荷载。为解决这一问题，Kwon 和 Hancock 经过一系列的试验及数值理论研究给出了两个计算畸变屈曲承载力的公式。后来，Schafer 在其研究基础上修正了其中一个计算公式，提出了直接强度法畸变屈曲承载力设计曲线：

$$P_{uD} = \begin{cases} P_y & \lambda_D \leqslant 0.561 \\ P_y\left(\dfrac{P_{crD}}{P_y}\right)^{0.6}\left[1-0.25\left(\dfrac{P_{crD}}{P_y}\right)^{0.6}\right] & \lambda_D > 0.561 \end{cases} \qquad (5\text{-}62)$$

式中，P_{uD} 表示畸变屈曲承载力，$\lambda_D = \sqrt{P_y/P_{crD}}$；$P_y = A_g \times f_y$；$P_{crD} = A_g \times \sigma_{crD}$；$f_y$ 表示屈服强度；A_g 表示试件的横截面面积；σ_{crD} 表示畸变屈曲临界应力。

由式（5-62）可以得出，P_y 是已知条件，只要计算出 P_{crD} 就可以求出试件的畸变屈曲承载力。因此，试件的畸变屈曲临界应力可由式（5-44）计算得到，将计算的 σ_{crD} 乘以试件的截面面积得到 P_{crD}，再将 P_{crD} 代入式（5-62）就可计算出试件的 P_{uD}。

5.3.2　计算算例

目前，CFS 畸变屈曲承载力的相关研究均是针对单肢截面提出的，而罕有针对 CFS 双肢闭合截面拼合构件的畸变屈曲承载力的研究。因此，本书设计了 56 根畸变屈曲试件以验证本书提出的计算公式的准确性和适用性，如表 5-4 和表 5-5 所示。其中 P_{FE} 为有限元分析结果，P_{uD1} 和 P_{uD2} 分别为考虑螺钉约束和不考虑螺钉约束（$C=1$）计算的畸变屈曲承载力，a、b、d 分别为 C 形截面腹板高、翼缘宽和卷边长（U 形截面尺寸与 C 形截面尺寸相匹配），t 为板厚，f_y 为试件截面屈服强度，E 为材料弹性模量。

表 5-4 畸变屈曲承载力对比（e=100 mm）

编号	截面尺寸/mm					材料属性/MPa		数值模拟值/kN	理论值			
	a	b	d	t	L	E	f_y	P_{FE}	P_{uD1}/kN	P_{uD2}/kN	P_{uD1}/P_{FE}	P_{uD2}/P_{FE}
1-100	60	60	10	2	450	210 000	250	152.53	150.39	147.95	0.99	0.97
2-100	60	60	10	2	450	210 000	550	280.71	244.22	235.23	0.87	0.84
3-100	60	60	10	2	450	210 000	700	342.60	304.23	292.24	0.89	0.85
4-100	60	60	10	2	450	210 000	1 200	507.10	478.70	456.90	0.94	0.90
5-100	75	75	10	2	450	210 000	250	171.63	160.99	158.07	0.94	0.92
6-100	75	75	10	2	450	210 000	550	318.04	302.14	293.55	0.95	0.92
7-100	75	75	10	2	450	210 000	700	375.81	371.30	359.65	0.99	0.96
8-100	75	75	10	2	450	210 000	1 200	534.40	507.68	496.99	0.95	0.93
9-100	90	70	10	2	900	210 000	250	203.00	189.81	179.05	0.94	0.88
10-100	90	70	10	2	900	210 000	550	349.57	322.65	297.83	0.92	0.85
11-100	90	70	10	2	900	210 000	700	405.46	389.24	360.86	0.96	0.89
12-100	90	70	10	2	900	210 000	1 200	550.17	522.66	484.15	0.95	0.88
13-100	100	50	10	3	850	210 000	250	296.34	278.56	269.67	0.94	0.91
14-100	100	50	10	3	850	210 000	550	620.98	567.58	571.30	0.91	0.92
15-100	100	50	10	3	850	210 000	700	755.06	693.90	672.00	0.92	0.89
16-100	100	50	10	3	850	210 000	1 200	1 076.43	1 001.08	990.32	0.93	0.92
17-100	110	60	10	3	1 000	210 000	250	336.59	323.13	327.50	0.96	0.97
18-100	110	60	10	3	1 000	210 000	550	682.30	633.17	592.24	0.93	0.87
19-100	110	60	10	3	1 000	210 000	700	797.76	757.87	688.47	0.95	0.86
20-100	110	60	10	3	1 000	210 000	1 200	1 089.90	1 024.51	959.11	0.94	0.88
21-100	120	75	10	2.5	880	210 000	250	307.70	289.85	274.78	0.94	0.89
22-100	120	75	10	2.5	880	210 000	550	530.51	498.68	498.68	0.94	0.94
23-100	120	75	10	2.5	880	210 000	700	607.90	577.51	577.51	0.95	0.95
24-100	120	75	10	2.5	880	210 000	1 200	828.44	795.30	778.73	0.96	0.94
25-100	130	100	12.5	2	1 320	210 000	250	238.77	231.61	224.44	0.97	0.94
26-100	130	100	12.5	2	1 320	210 000	550	386.57	371.11	367.24	0.96	0.95
27-100	130	100	12.5	2	1 320	210 000	700	446.12	432.74	423.81	0.97	0.95
28-100	130	100	12.5	2	1 320	210 000	1 200	612.53	600.28	569.65	0.98	0.93
平均值	—	—	—	—	—	—	—	—	—	—	0.94	0.91
标准差	—	—	—	—	—	—	—	—	—	—	0.026	0.038

表 5-5 畸变屈曲承载力对比（e=L/2）

编号	截面尺寸/mm					材料属性/MPa		数值模拟值/kN	理论值			
	a	b	d	t	L	E	f_y	P_{FE}	P_{uD1}/kN	P_{uD2}/kN	P_{uD1}/P_{FE}	P_{uD2}/P_{FE}
1-100	60	60	10	2	450	210 000	250	134.03	130.95	130.01	0.98	0.97
2-100	60	60	10	2	450	210 000	550	267.48	229.23	225.22	0.86	0.84
3-100	60	60	10	2	450	210 000	700	324.74	287.39	281.87	0.89	0.87
4-100	60	60	10	2	450	210 000	1 200	472.53	438.51	429.53	0.93	0.91
5-100	75	75	10	2	450	210 000	250	163.39	154.08	152.77	0.94	0.94

编号	截面尺寸/mm					材料属性/MPa		数值模拟值/kN	理论值			
	a	b	d	t	L	E	f_y	P_{FE}	P_{uD1}/kN	P_{uD2}/kN	P_{uD1}/P_{FE}	P_{uD2}/P_{FE}
6-100	75	75	10	2	450	210 000	550	307.21	286.01	282.02	0.93	0.92
7-100	75	75	10	2	450	210 000	700	362.47	354.13	349.06	0.98	0.96
8-100	75	75	10	2	450	210 000	1 200	473.34	426.01	419.85	0.90	0.89
9-100	90	70	10	2	900	210 000	250	193.72	173.19	169.70	0.89	0.88
10-100	90	70	10	2	900	210 000	550	333.67	336.67	327.00	1.01	0.98
11-100	90	70	10	2	900	210 000	700	370.36	328.14	324.07	0.89	0.88
12-100	90	70	10	2	900	210 000	1 200	470.04	421.16	415.05	0.90	0.88
13-100	100	50	3		850	210 000	250	299.62	293.03	291.23	0.98	0.97
14-100	100	50	3		850	210 000	550	610.35	550.54	542.60	0.90	0.89
15-100	100	50	3		850	210 000	700	725.66	656.00	645.11	0.90	0.89
16-100	100	50	3		850	210 000	1 200	1 013.67	922.44	907.23	0.91	0.90
17-100	110	60	3		1 000	210 000	250	337.17	309.18	304.13	0.92	0.90
18-100	110	60	3		1 000	210 000	550	646.78	601.51	595.04	0.93	0.92
19-100	110	60	3		1 000	210 000	700	767.81	706.39	698.71	0.92	0.91
20-100	110	60	3		1 000	210 000	1 200	1 045.84	983.09	1 024.92	0.94	0.98
21-100	120	75	10	2.5	880	210 000	250	300.03	264.03	261.03	0.88	0.87
22-100	120	75	10	2.5	880	210 000	550	535.81	476.87	498.30	0.89	0.93
23-100	120	75	10	2.5	880	210 000	700	614.82	559.49	596.38	0.91	0.97
24-100	120	75	10	2.5	880	210 000	1 200	814.96	749.76 kN	798.66 kN	0.92	0.98
25-100	130	100	12.5	2	1 320	210 000	250	237.05	227.57	225.20	0.96	0.95
26-100	130	100	12.5	2	1 320	210 000	550	362.02	365.64	343.92	1.01	0.95
27-100	130	100	12.5	2	1 320	210 000	700	396.35	376.53	372.57	0.95	0.94
28-100	130	100	12.5	2	1 320	210 000	1 200	534.68	523.99	513.29	0.98	0.96
平均值	—	—	—	—	—	—	—	—	—	—	0.93	0.92
标准差	—	—	—	—	—	—	—	—	—	—	0.040	0.041

注：P_{uD1} 和 P_{uD2} 为对应的承载力。

由表 5-4 和表 5-5 可得出以下两点：

（1）表 5-4 和表 5-5 分别给出了螺钉间距为 100 mm 和 $L/2$ 的本书公式计算结果 P_{uD1} 和有限元分析结果 P_{FE}。从表 5-4 和表 5-5 中可知，螺钉间距 e=100 mm 时，二者的比值 P_{uD1}/P_{FE} 的平均值和标准差分别为 0.94 和 0.026；螺钉间距取试件长度的 1/2 时，P_{uD1}/P_{FE} 的平均值和标准差分别为 0.93 和 0.040。分析结果表明，两种螺钉间距下，本书公式计算值与有限元分析结果接近，且误差不大，说明本书提出的计算方法可以用来预测 CFS 双肢闭合截面拼合柱的畸变屈曲承载力。

（2）为了研究螺钉的布置对畸变屈曲承载力的影响，表 5-4 和表 5-5 分别给出了考虑螺钉影响计算结果 P_{uD1} 和不考虑螺钉影响计算结果 P_{uD2}。由表 5-4 和表 5-5 中数据分析可知，螺钉间距 e=100 mm 时，二者的比值 P_{uD2}/P_{FE} 的平均值和标准差分别为 0.91 和 0.038；螺钉间距取试件长度的 1/2 时，P_{uD2}/P_{FE} 的平均值和标准差分别为 0.92 和 0.041。与 P_{uD1}/P_{FE}

相比，P_{uD2}/P_{FE} 的结果略显保守，但是在误差范围内，且满足实际工程应用的设计要求，并在很大程度上节省了畸变屈曲临界荷载计算的工作量。由表 5-4 和表 5-5 中数据可知，对 P_{uD2}/P_{FE} 而言，P_{uD1}/P_{FE} 更接近于 1，且离散型小，表明本书提出的畸变屈曲公式能够很好地反映螺钉对 CFS 双肢闭合截面拼合柱畸变屈曲性能的相关影响规律。

5.4　本章小结

本章基于能量法对 CFS 双肢闭合拼合柱进行了理论解析，并建立了拼合柱畸变屈曲各板件之间的相互作用理论模型（图 5-4），最后推导出了 CFS 双肢闭合截面拼合柱畸变屈曲临界应力计算公式 [式（5-44）]。本书设计了大量的有限元试件，通过将数值分析结果与本书公式计算结果进行对比，以研究边界条件、截面几何尺寸及纵向螺钉间距对临界屈曲应力的影响规律。最后，本书在提出的临界应力计算表达式的基础上，运用试件屈曲后强度的直接强度法中的畸变屈曲承载力设计曲线 [式（5-62）] 计算出 CFS 双肢闭合截面拼合柱的畸变承载力。本章一系列研究表明：

（1）在能量法的基础上，本章推导出了 CFS 双肢闭合拼合柱畸变屈曲临界应力表达式。这一理论推导不仅拓宽了我国经典理论的适用范围，还有利于解决截至目前国内外没有 CFS 双肢闭合截面拼合柱畸变屈曲临界应力计算公式的问题。

（2）CFS 双肢闭合截面拼合柱是一种闭合形式的截面形式，又因畸变屈曲现象仅发生在 C 形截面构件上，故双肢闭合截面拼合柱的畸变屈曲现象不容易被观察到，但由试验研究和有限元模型试件的剖面图，可观察到 CFS 双肢闭合截面拼合构件可以发生畸变屈曲。CFS 拼合双肢闭合截面畸变屈曲的特点是 C 形截面卷边-翼缘内扣，其原因是外包 U 形截面对 C 形截面的外张具有一定的约束作用；U 形截面翼缘出现凸-平的波，其原因是 U 形截面仅发生局部屈曲，出现平直段是由于螺钉的约束作用。

（3）试件端部边界条件对轴压构件畸变屈曲临界应力的影响在试件长度较小且屈曲半波个数 $m_{cr}<3$ 的情况下不可忽略；在试件较长且 $m_{cr}>3$ 的情况下其影响比较小，当试件很长且半波数较多时，可忽略试件端部边界条件的影响。而在实际应用中，屈曲半波个数 $m_{cr}<3$ 的情况普遍存在并应用，故无论是在科学研究还是实际工程设计应用中均不能忽略试件端部边界条件对轴压构件畸变屈曲性能的影响。

参考文献

[1]　路延，周天华，李文超，等. 冷弯薄壁受压 C 形截面局部屈曲荷载和承载力[J]. 哈尔滨工业大学学报，2017，49（6）：72-76.

[2]　刘占科. 薄壁受压构件的畸变屈曲理论与试验研究[D]. 兰州：兰州大学，2015.

[3]　Teng J G，Yao J，Zhao Y. Distortional buckling of channel beam-columns[J]. Thin-Walled Structures，2003，41（7）：595-617.

[4]　Silvestre N，Camotim D. Distortional buckling formulae for cold-formed steel C and Z-section members：Part Ⅰ—derivation[J]. Thin-Walled Structures，2004，42（11）：1567-1597.

[5]　Silvestre N，Camotim D. Distortional buckling formulae for cold-formed steel C- and Z-section members：Part Ⅱ—Validation and application[J]. Thin-Walled Structures，2004，42（11）：1599-1629.

[6]　Li L Y，Chen J K. An analytical model for analysing distortional buckling of cold-formed steel sections[J]. Thin-Walled Structures，2008，46（12）：1430-1436.

[7]　Bebiano R，Pina P，SiIvestre N，et al. GBTUL—buckling and vibration analysis of thin-walled members[DB/CD].z.o.ed. Lisbon：Department of Civil Engineering，Technica University of Lisbon，2014.

[8]　Lau S C W，Hancock G J. Distortional buckling formulas for channel columns[J]. Journal of Structural Engineering，1987，113（5）：1063-1078.

[9]　Zhou T H，Lu Y，Li W C，et al. End condition effect on distortional buckling of cold-formed steel columns with arbitrary length[J]. Thin-Walled Structures，2017，117（8）：282-293.

[10]　Timoshenko S P，Woinowsky-Kreiger S. Theory of plates and shells[M]. 2nd ed.，New York，NY：McGraw-Hill，Inc.，1959.

[11]　Hughes O F. Ship structural design：a rationally-based，computer-aided，optimization approach[M]. New York，NY：John Wiley & Sons，1983.

第6章

CFS 双肢闭合拼合柱弯曲屈曲临界荷载和承载力研究

　　相较于实腹式构件，由螺钉连接而成的 CFS 双肢闭合拼合柱受力发生整体弯曲时，由剪力作用触发构件发生的附加变形是不可忽视的。美国规范（AISI S100—2016）中提出了有关拼合柱承载力的计算方法——修正长细比法，该方法考虑了剪力对构件变形的影响，因此被广大学者运用。但是，美国规范 AISI S100—2016 中的修正长细比法是根据热轧型钢组合构件提出的，而热轧型钢组合构件与 CFS 拼合构件不同，经学者试验研究发现美国规范 AISI S100—2016 中的修正长细比法用于预测 CFS 拼合柱的承载力过于保守。

　　因此，本章基于力学关系建立 CFS 双肢闭合拼合柱整体弯曲的屈曲临界荷载计算模型。在能量法计算原理的基础上，推导出该截面拼合柱弯曲屈曲的临界荷载表达式，表达式中纳入螺钉约束作用和组成拼合柱分肢之间的滑移变形参数。为研究构件截面的几何尺寸、螺钉纵距等参数对拼合截面柱发生弯曲屈曲时，其屈曲临界荷载的影响规律，本章设计了大量的有限元试件进行数值模拟。最后，将本章推导出的临界应力公式运用于 AISI S100—2016 直接强度法中的整体失稳承载力公式，得到了该拼合柱弯曲屈曲承载力的计算方法，并基于试验和数值模拟结果验证了该方法的适用性及精度。

6.1　CFS 双肢闭合拼合柱弯曲屈曲解析分析

6.1.1　弯曲失稳的变形特征

1）横截面变形特征

对于单肢截面构件的整体弯曲变形特征的相关研究已相对成熟，其主要是横截面左右侧移而整个构件的截面形状未改变，如图 6-1（a）和图 6-1（b）所示。根据第 2 章试验研究和有限元模型分析发现，CFS 双肢闭合拼合柱的整体弯曲横截面变形特征与单肢一致，故本章设定 CFS 双肢闭合拼合柱发生整体弯曲时，其横截面仅发生侧移，如图 6-1（c）所示。

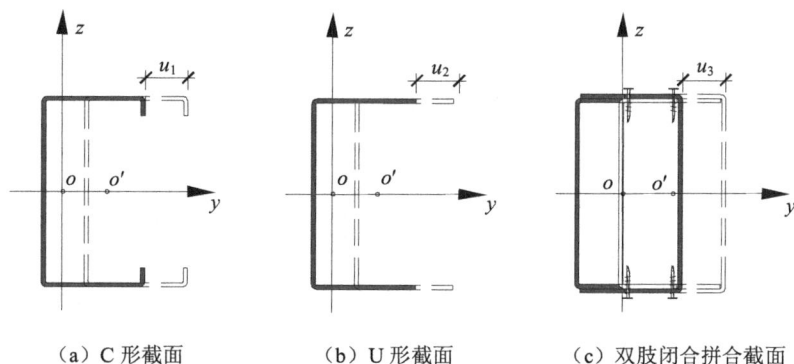

（a）C 形截面　　　　（b）U 形截面　　　　（c）双肢闭合拼合截面

图 6-1　弯曲失稳的横截面变形模式

2）纵向变形特征

较局部屈曲和畸变屈曲不同，弯曲屈曲的纵向变形特征是沿构件纵向仅发生一个凸曲波。故对于弯曲屈曲的受压构件其真实长度便可看作构件纵向变形的特征参数。

6.1.2　弯曲屈曲临界荷载

1）计算模型和基本假定

为便于分析 CFS 双肢闭合拼合柱整体弯曲屈曲特征，本章给出了该拼合柱弯曲屈曲的理论模型，如图 6-2 所示，图中蓝色代表上体元 U 形截面翼缘上的微元体，红色代表下体元 C 形截面翼缘上的微元体。图 6-3 分别给出了位于两单肢连接界面处的随动坐标系 $x_1 o_1 z_1$ 和 $y_1 o_1 z_1$。由大多研究可知，由螺钉拼合而成的构件发生整体弯曲屈曲时受剪切滑移变形的影响很大，而在已有的理论研究中实际上并未考虑由螺钉引起的剪切滑移变形。鉴于此，本书在给出的微元体变形图（沿 xoz 平面）中引入拼合构件上下体元沿整体坐标 x 轴方向的剪切变形 Δx，如图 6-3（a）和图 6-3（b）所示，图中 u_{s0} 和 u_{x0} 分别为上、下两个体元中面沿整体坐标系 x 轴方向的位移，ω_1 为上下两个体元沿 z 轴方向的挠度。同理，图 6-3（c）和图 6-3（d）分别给出了 yoz 平面的微元体变形图，图中 v_{s0} 和 v_{x0} 分别为上、下两个体元中面在整体坐标系 y 轴方向上发生的位移，ω_2 表示上、下两个体元在 z 轴方向上发生的挠度。

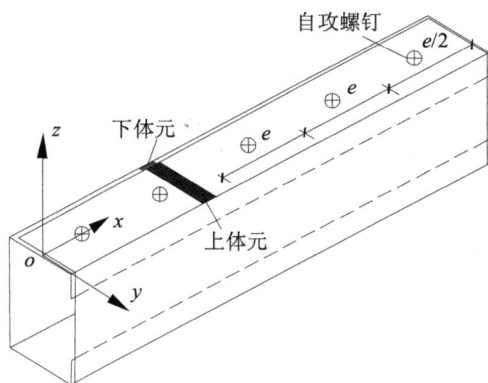

图 6-2 CFS 双肢闭合拼合柱弯曲屈曲的受力模型

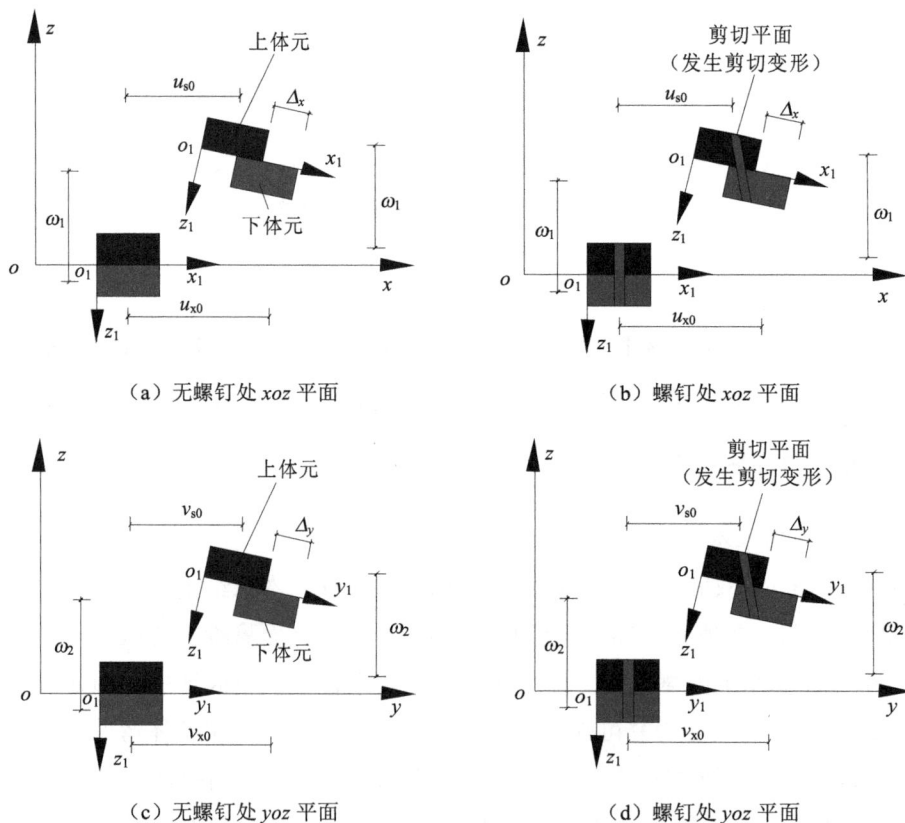

（a）无螺钉处 xoz 平面

（b）螺钉处 xoz 平面

（c）无螺钉处 yoz 平面

（d）螺钉处 yoz 平面

图 6-3 CFS 双肢闭合拼合柱微元体的变形示意

为了能够简便建立上、下两个体元之间的变形关系，本章作出下面两点基本假定：

①拼合柱中两组成构件自身发生的剪切变形不加以考虑，且两分肢的弯曲屈曲符合平截面假定理论，即两分肢的弯曲屈曲满足稳定理论规定。

②螺钉拼合柱两分肢连接界面肢发生剪切变形，图 6-3（b）和图 6-3（d）分别给出了螺钉作用的假想剪切平面。即可根据势能原理，推导出两分肢之间剪切平面处的势能变化量，进而将螺钉的约束作用参数的影响纳入该截面拼合柱总势能的表达式中。

2）微元体上、下体元间的变形量、应变计应力

由图 6-3（a）、图 6-3（b）和基本假定①可知，上、下微元体中任意点的轴向位移分别为

$$u_s = u_{s0} - (z + t/2)\frac{\partial \omega_1}{\partial x} \tag{6-1a}$$

$$u_x = u_{x0} - (z - t/2)\frac{\partial \omega_1}{\partial x} \tag{6-1b}$$

式中，∂ 表示拼合构件中两个分肢的形心距离的一半；z 表示微元体中面内的任意点在随动坐标系 z_1 轴方向上的坐标值。

微元体上、下体元中任意点的轴向应变表达式分别为

$$\varepsilon_s = \frac{\partial u_{s0}}{\partial x} - (z + t/2)\frac{\partial^2 \omega_1}{\partial x^2} \tag{6-2a}$$

$$\varepsilon_x = \frac{\partial u_{x0}}{\partial x} - (z - t/2)\frac{\partial^2 \omega_1}{\partial x^2} \tag{6-2b}$$

由胡克定律得到，上、下微元体任一点的应力表达式为

$$\sigma_s = E\varepsilon_s \tag{6-3a}$$

$$\sigma_x = E\varepsilon_x \tag{6-3b}$$

根据图 6-3（c）、图 6-3（d）和基本假定①，上、下微元体中沿剪切方向的位移分别为

$$v_s = v_{s0} - (z + t/2)\frac{\partial \omega_2}{\partial x} \tag{6-4a}$$

$$v_x = v_{x0} - (z - t/2)\frac{\partial \omega_2}{\partial x} \tag{6-4b}$$

3）上、下体元连接界面处剪切滑移变形

根据图 6-3（c）和图 6-3（d）的几何关系，得到上、下微元体间的剪切变形 Δ_y 为

$$\Delta_y = v_x|_{z=0} - v_s|_{z=0} = v_{x0} - v_{s0} + t\frac{\partial \omega_2}{\partial y} \tag{6-5}$$

4）势能表达式

根据能量守恒原理可以建立平衡方程：

$$\Pi = U_1 + U_2 - W \tag{6-6}$$

式中，

$$U_1 = \frac{1}{2}\left[\int_{V_1}(\sigma_s \varepsilon_s)\mathrm{d}V_1 + \int_{V_2}(\sigma_x \varepsilon_x)\mathrm{d}V_2 \right] \tag{6-7a}$$

$$U_2 = \frac{K_G}{2}\sum_{i=1}^{n}\Delta_i^2 \tag{6-7b}$$

$$W = \frac{\sigma_1}{2}\int_{V_1}\left[\frac{\partial u_{s0}}{\partial x} + \left(\frac{\partial \omega_1}{\partial x}\right)^2 \right]\mathrm{d}V_1 + \frac{\sigma_2}{2}\int_{V_2}\left[\frac{\partial u_{x0}}{\partial x} + \left(\frac{\partial \omega_1}{\partial x}\right)^2 \right]\mathrm{d}V_2 \tag{6-7c}$$

式中，U_1 为拼合柱的两个分肢的弯曲应变能之和；U_2 为各剪切平面的势能之和；W 为外力势能之和；V_1、V_2 分别为上、下分肢的体积；K_G 为表征拼合柱抵抗剪切变形的广义刚度；n 为自攻螺钉的数量；σ_1、σ_2 分别为 U 形截面和 C 形截面的压应力。

（1）势能 U_1 的表达式。

将式（6-2a）和式（6-3a）代入式（6-7a）中，化简可得

$$
\begin{aligned}
U_1 &= \frac{E}{2}\int_0^L \int_{A_1}\varepsilon_s^2\mathrm{d}A_1\mathrm{d}x + \frac{E}{2}\int_0^L \int_{A_2}\varepsilon_x^2\mathrm{d}A_2\mathrm{d}x \\
&= \frac{E}{2}\int_0^L\left[A_1\left(\frac{\partial u_{s0}}{\partial x}\right)^2 + A_2\left(\frac{\partial u_{x0}}{\partial x}\right)^2 + e^2(A_1 + A_2)\left(\frac{\partial^2 \omega}{\partial x^2}\right)^2 - \right. \\
&\quad \left. 2e\frac{\partial^2 \omega}{\partial x^2}\left(A_1\frac{\partial u_{s0}}{\partial x} - A_2\frac{\partial u_{x0}}{\partial x} \right) \right]\mathrm{d}x
\end{aligned}
\tag{6-8}
$$

式中，A_1 和 A_2 分别为单肢 C 形和 U 形横截面面积。

（2）势能 U_2 的表达式。

将式（6-5）代入式（6-7b），化简可得

$$U_2 = \frac{K_G}{2}\sum_{i=1}^{n}\left[(v_{x0} - v_{s0}) + t\frac{\partial \omega_2}{\partial x} \right]^2 \tag{6-9}$$

（3）外力势能 W 的表达式。

对式（6-7c）化简可得

$$W = \frac{P}{2}\int_0^L\left[\frac{\partial u_{s0}}{\partial x} + \frac{\partial u_{x0}}{\partial x} + 2\left(\frac{\partial \omega}{\partial x}\right)^2 \right]\mathrm{d}x \tag{6-10}$$

式中，P 表示试件的轴心压力。

（4）总势能表达式。

将式（6-8）～式（6-10）代入式（6-6）中，可得模型的总势能表达式为

$$\Pi = U_1 + U_2 - W$$

$$= \frac{E}{2}\int_0^L \left[\begin{array}{l} A_1\left(\dfrac{\partial u_{s0}}{\partial x}\right)^2 + A_2\left(\dfrac{\partial u_{x0}}{\partial x}\right)^2 + e^2(A_1 + A_2)\left(\dfrac{\partial^2 \omega_1}{\partial x^2}\right)^2 - \\ 2e\dfrac{\partial^2 \omega_1}{\partial x^2}\left(A_1\dfrac{\partial u_{s0}}{\partial x} - A_2\dfrac{\partial u_{x0}}{\partial x}\right) \end{array}\right]\mathrm{d}x + \quad (6\text{-}11)$$

$$K_G \sum_{i=1}^n\left[\left(\frac{v_{x0}-v_{s0}}{2}\right) + \frac{t}{2}\frac{\partial \omega_2}{\partial y}\right]^2_{\Big|y=\frac{[1+2(i-1)]}{2}e} - P\left[\frac{(u_{s0}+u_{x0})}{2} + \int_0^L\left(\frac{\partial \omega_1}{\partial x}\right)^2\mathrm{d}x\right]$$

为使式（6-11）的表述更加简洁，定义如下参数：

$$u_\alpha = \frac{u_{s0}+u_{x0}}{2} \qquad (6\text{-}12a)$$

$$u_\beta = \frac{u_{s0}-u_{x0}}{2} \qquad (6\text{-}12b)$$

$$v = \frac{v_{x0}-v_{s0}}{2} \qquad (6\text{-}12c)$$

将式（6-12a）～式（6-12c）代入式（6-11）中，化简可得

$$\Pi = \frac{E}{2}\int_0^L \left\{ \begin{array}{l} A_1\left(\dfrac{\partial u_\alpha}{\partial x}+\dfrac{\partial u_\beta}{\partial x}\right)^2 + A_2\left(\dfrac{\partial u_\alpha}{\partial x}-\dfrac{\partial u_\beta}{\partial x}\right)^2 + e^2(A_1+A_2)\left(\dfrac{\partial^2 \omega_1}{\partial x^2}\right)^2 - \\ 2e\dfrac{\partial^2 \omega_1}{\partial x^2}\left[A_1\left(\dfrac{\partial u_\alpha}{\partial x}+\dfrac{\partial u_\beta}{\partial x}\right)-A_2\left(\dfrac{\partial u_\alpha}{\partial x}-\dfrac{\partial u_\beta}{\partial x}\right)\right] \end{array}\right\}\mathrm{d}x + \quad (6\text{-}13)$$

$$K_G\sum_{i=1}^n\left(v+\frac{t}{2}\frac{\partial \omega_2}{\partial y}\right)^2 - P\left[u_\alpha + \int_0^L\left(\frac{\partial \omega_1}{\partial x}\right)^2\mathrm{d}x\right]$$

分析式（6-13）中的参数可得出，u_α 和 u_β 与 ω_1 和 ω_2 均是相互独立参数，$\partial \Pi^2/\partial u_\alpha^2 \equiv 0$，这说明式（6-13）的最小值计算结果不受参数 u_α 值大小的影响。故在这里忽略 u_α 对式（6-13）的影响，化简式（6-13）可得

$$\Pi = \frac{E}{2}(A_1+A_2)\left[\int_0^L\left(\frac{\partial u_\beta}{\partial x}-\frac{t}{2}\frac{\partial^2 \omega_1}{\partial x^2}\right)^2\mathrm{d}x\right] + 2K_G\sum_{i=1}^n\left(v+\frac{t}{2}\frac{\partial \omega_2}{\partial y}\right)^2 - P\int_0^L\left(\frac{\partial \omega_1}{\partial x}\right)^2\mathrm{d}x \quad (6\text{-}14)$$

5）临界屈曲荷载 P_{crG}

对于两端铰接拼合柱，u_β、v、ω_1 和 ω_2 的表达式分别为

$$u_\beta = B_1\cos\left(\frac{\pi x}{L}\right) \qquad (6\text{-}15a)$$

$$v = B_2\cos\left(\frac{\pi y}{b}\right) \qquad (6\text{-}15b)$$

$$\omega_1 = C_1 \sin\left(\frac{\pi x}{L}\right) \tag{6-15c}$$

$$\omega_2 = C_2 \sin\left(\frac{\pi y}{b}\right) \tag{6-15d}$$

将式（6-15a）～式（6-15d）代入式（6-14）中，化简可得

$$\Pi = \frac{1}{4}\frac{\pi^2 E(A_1+A_2)(2LB-C\pi t)^2}{L^3} + \frac{K_G}{2}\left(B+\frac{t\pi}{b}C\right)^2\gamma - \frac{1}{2}\frac{\pi^2 PC^2}{L} \tag{6-16}$$

式中，γ 为螺钉布置形式的影响系数，表达式为

$$\gamma = \sum_{i=1}^{n} \cos\left(\frac{\pi y}{b}\right)^2 \tag{6-17}$$

当式（6-16）满足下列关系时，总势能 Π 具有最小值：

$$\frac{\partial \Pi}{\partial B} = \frac{1}{4}\frac{\pi^2 E(A_1+A_2)(2L^2 B-\pi t L C)}{L^3} + K_G\left(B+\frac{\pi t}{b}C\right)\gamma = 0 \tag{6-18a}$$

$$\frac{\partial \Pi}{\partial C} = \frac{1}{8}\frac{\pi^2 E(A_1+A_2)(\pi^2 t^2 C-2\pi t L B)}{L^3} + K_G\left(\frac{\pi t B}{b}+\frac{\pi^2 t^2 C}{b^2}\right)\gamma - P\frac{\pi^2}{L}C = 0 \tag{6-18b}$$

令式（6-18）的系数行列式为 0，求解方程得到临界荷载 P_{crG} 为

$$P_{crG} = \frac{1}{16}\frac{E\pi^2 t^2 K_G \gamma(A_1+A_2)(2L+b)^2}{Lb^2[E\pi^2(A_1+A_2)+2K_G L\gamma]} \tag{6-19}$$

分析式（6-19）中参数 γ 可知，γ 会随着螺钉数量的改变而改变。螺钉数量越多，γ 就会越大，从而临界屈曲荷载 P_{crG} 相应增加，这样会使计算成本大幅增加，实际应用中也有所不便。鉴于此，本节参照第 3 章中自攻螺钉连续化的假定（图 3-6）对式（6-17）作进一步的化简，令

$$\gamma = \frac{n}{Lb}\int_0^L \int_0^b \cos\left(\frac{\pi b}{y}\right)^2 \mathrm{d}x\mathrm{d}y = \frac{n}{2} \tag{6-20}$$

将式（6-20）代入式（6-19），并令 $n=(l+e)/e$，可得：

$$P_{crG} = \frac{E\pi^2 t^2 K_G(A_1+A_2)(2L/b+1)^2/e}{16[E\pi^2(A_1+A_2)+2K_G L^2/e]} \tag{6-21}$$

图 6-4 给出了随着螺钉间距变化，不同广义刚度 K_G 的构件分别按式（6-19）和式（6-21）计算结果的对比，以验证式（6-21）的精度及适用性。由图 6-4 可知，若广义刚度和螺钉间距均发生变化，两式计算的屈曲临界荷载 P_{crG} 比较接近。研究结果表明，CFS 双肢闭合拼合柱的螺钉沿翼缘纵向排列布置时，利用式（6-19）和式（6-21）计算的 P_{crG} 精度相差不大，即两式均可用来预测双肢闭合拼合柱的屈曲临界荷载。

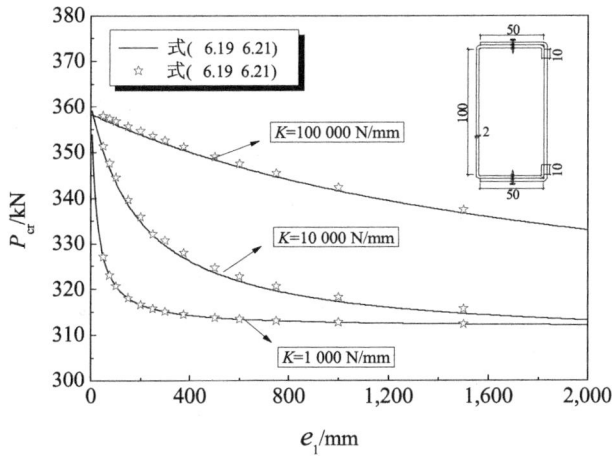

图 6-4　式（6-19）和式（6-21）的比较

6）抗剪刚度 K_G

CFS 双肢闭合拼合柱的抗剪刚度 K_G 主要表现为抵抗拼合连接界面剪切变形的能力。当双肢闭合截面拼合柱受轴压发生弯曲屈曲时，作用在其组成构件上的力主要集中在其截面中性面，即可看作两大小相等、方向相反的力分别作用在两分肢组成构件的中性面上，如图 6-5（a）所示。

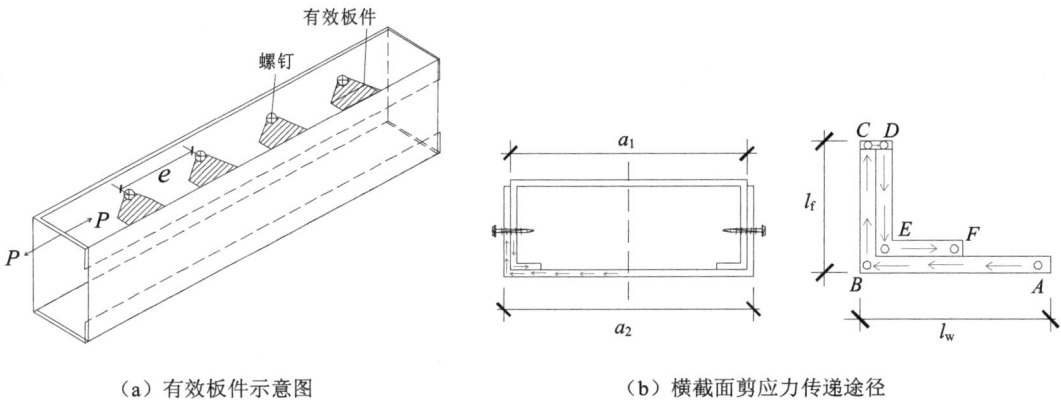

（a）有效板件示意图　　　　（b）横截面剪应力传递途径

图 6-5　CFS 双肢闭合拼合柱的抗剪示意图

由静力平衡条件可知，图 6-5（b）给出了拼合构件轴压过程中力在其截面中性面上的传递过程。双肢闭合拼合柱横截面上的剪应力先从 U 形组成构件腹板 A 点出发，通过 U 形腹板传递至 B 点，经过 U 形翼缘到达 C 点，随后由螺杆传递到 C 形截面组成构件翼缘中面 D 点，再经过 C 形截面翼缘到达 E 点，最后经过 C 形卷边传递力到达 F 点完成不平衡力的传递。但是，在不平衡力传递的过程中，剪应力的作用致使拼合构件受轴向压力的同时会沿横截面方向发生一定的剪切变形，因此本书参考剪应力的传递过程建立了力传递的杆系模型（图 6-6），包含 U 形腹板、U 形翼缘、C 形翼缘、C 形卷边和螺杆等受力体。然而由于拼合柱上自攻螺钉并不是连续的，当拼合柱弯曲屈曲时，仅有一部分板件提供抗剪刚度，这部分参与工作的板件也可被称为有效板件，它是离散分布的，如图 6-5（a）所示。为简化计算，图 6-6 给出了抗剪刚度 K_G 的计算模型，模型中将腹板和翼缘等效为宽均为 b_e 的矩形板。由图 6-6 可知，两分肢的剪切变形 $\varDelta$ 由 U 形截面腹板段变形 $\varDelta_w$ [图 6-5（b）中 AB 段]、U 形截面翼缘段 $\varDelta_f$ [图 6-5（b）中 BC 段]、螺钉杆的变形 $\varDelta_s$ [图 6-5（b）中 CD 段] 三部分组成。由于 C 形截面卷边对两分肢剪切变形的影响很小，故可忽略不计。则：

$$\varDelta = \varDelta_f + \varDelta_w + \varDelta_s \tag{6-22}$$

式中，$\varDelta_s$ 包括螺杆的弯曲变形和剪切变形，表达式为

$$\varDelta_s = \frac{Fl_s^3}{3E_s I_s} + \frac{Fl_s}{A_s G_s} \tag{6-23}$$

式中，E_s 和 G_s 分别表示自攻螺钉的弹性模量和剪切模量 [$G_s = E_s/2(1+v)$，材料的泊松比 $v = 0.3$]；A_s 表示自攻螺钉横截面积；$I_s = \pi d_s^4/64$ 为自攻螺钉的横截面惯性矩。

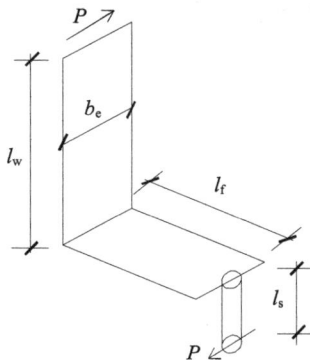

图 6-6 抗剪刚度 K_G 的计算模型

U 形截面腹板段变形 $\varDelta_w$ 和 U 形截面翼缘段变形 $\varDelta_f$ 分别为

$$\varDelta_w = \frac{Fl_w^3}{3EI_w} + \frac{Fl_w}{tb_e G} \tag{6-24a}$$

$$\varDelta_f = \frac{Fl_f^3}{3EI_f} + \frac{Fl_f}{tb_e G} \tag{6-24b}$$

式中，E 和 G 分别为板件的弹性模量和剪切模量 [$G = E/2(1+v)$，材料的泊松比 $v = 0.3$]；b_e 为有效板件的宽度。

将式（6-23）和式（6-24）代入式（6-22）中，可知上下分肢间的相互滑移变形 $\varDelta$ 为

$$\Delta = \frac{F(\beta_1 E + \beta_2 E_\mathrm{s})}{3EE_\mathrm{s}} \tag{6-25}$$

式中，

$$\beta_1 = \frac{(8t^3 + 15.6d_\mathrm{s}^2 t)}{\pi d_\mathrm{s}^4} \tag{6-26a}$$

$$\beta_2 = \frac{12(l_\mathrm{w}^3 + l_\mathrm{f}^3) + 7.8b_\mathrm{e}^2(l_\mathrm{w} + l_\mathrm{f})}{b_\mathrm{e}^3 t} \tag{6-26b}$$

由式（6-25）可知，抗剪刚度 K_G 为

$$K_\mathrm{G} = \frac{F}{\Delta} = \frac{3EE_\mathrm{s}}{(\beta_1 E + \beta_2 E_\mathrm{s})} \tag{6-27}$$

由上式可知，参与作用板件的有效宽度 b_e 仍然有待求解。为得到有效宽度 b_e 的表达式，本书利用有限元分析软件来研究 b_e 的影响及变化规律。有限元模型的单元选择类型、网格划分大小、接触等设置与本书第 2 章有限元模型保持一致，如图 6-7 所示。拼合柱的两个组成部件端部形心 RP1 和 RP2 分别与各分肢端部节点的所有自由度进行耦合，并约束参考点 RP1 和 RP2 除 U_z 外的 5 个自由度。另外，在 RP1 和 RP2 处分别施加大小相等、方向相反的单位轴心力 P，以确保拼合柱两分肢发生错动变形。

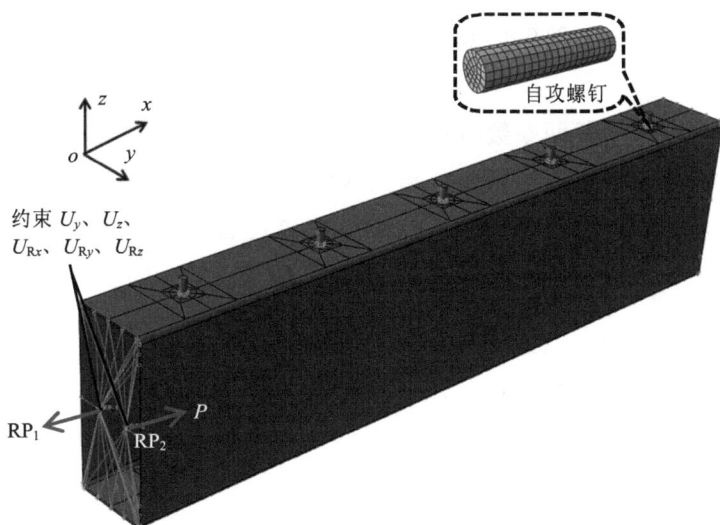

图 6-7　求解广义刚度 K 的有限元模型

本节共设计 216 个有限元模型试件，以研究有效宽度 b_e，并对有限元模型的抗剪刚度进行分析研究，C 形截面尺寸见表 6-1，拼合截面外包 U 形截面尺寸与 C 形截面几何尺寸相匹配。图 6-8（a）和图 6-8（b）分别给出了有效宽度 b_e 与试件（$l_\mathrm{w} + l_\mathrm{f}$）、$t$ 和试件（$l_\mathrm{w} + l_\mathrm{f}$）、$d_\mathrm{s}$ 的关系，图中 b_e 可以根据式（6-27）反算而得出。

表 6-1 试件的几何参数   单位：mm

a	b	d	t	e	d_s
100 140	40 60 80	15 15 15 15	1.2 1.6 2.0	30 50 70 90	3.6 4.8 6

注：a、b 分别为腹板和翼缘的宽度；d 为卷边长度；t 为板的厚度；e 为螺钉间距；d_s 为螺钉直径。

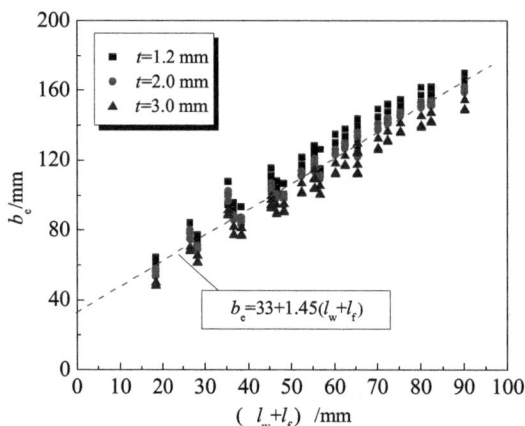

（a）(l_w+l_f)、t 和 b_e 的关系   （b）(l_w+l_f)、d_s 和 b_e 的关系

图 6-8 (l_w+l_f)、t、d_s 和 b_e 的关系

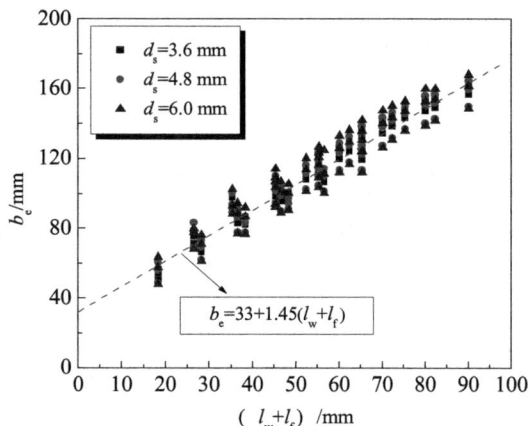

较板件厚度和螺钉直径两参数而言，力的传递途径 (l_w+l_f) 对有效宽度 b_e 的分布规律及大小有重要的影响，如图 6-8（a）和图 6-8（b）所示。由图 6-9 中数据的分析利用最小方差回归分析出包含特征参数 (l_w+l_f) 的有效宽度 b_e 的表达式：

$$b_e = 33 + 1.45(l_w + l_f) \tag{6-28}$$

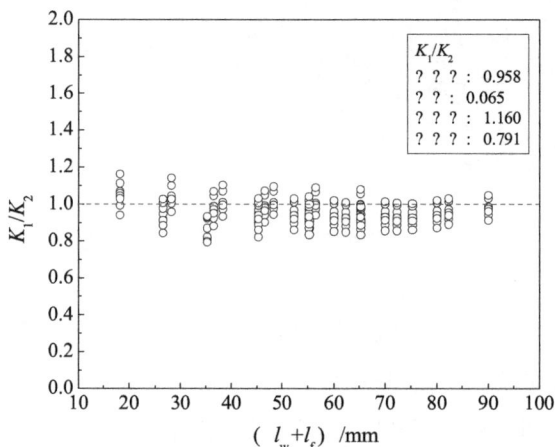

图 6-9 本书方法和有限元分析的抗剪刚度 K_G 对比结果

由图 6-9 可知，横坐标以特征参数（l_w+l_f）为变量，纵坐标给出了式（6-27）计算结果 K_1 和有限元分析结果 K_2 的比值，以验证式（6-28）的精度和适用性。图 6-9 中 K_1/K_2 的平均值和方差分别为 0.958 和 0.065，最大值和最小值分别为 1.160 和 0.791，表明本书提出的计算方法可以用来预测该拼合柱的抗剪刚度，理论上也说明本书方法可以很好地预测 CFS 双肢闭合拼合柱弯曲屈曲的临界荷载。

6.2　临界屈曲荷载计算理论和数值算例

由于试验数据的局限性，本书选择运用有限元模型计算结果与本书公式计算结果比较，以验证本书提出的计算方法的准确度及适用性。本章有限元模型的边界条件为两端简支，边界条件自由度的约束以及其他有关有限元模型的建立与设置与第 2 章中整体失稳的有限元模型保持一致。有限元模型对螺钉间距进行变参数分析时，共设计了如图 6-10 所示 6 种不同截面尺寸的试件。

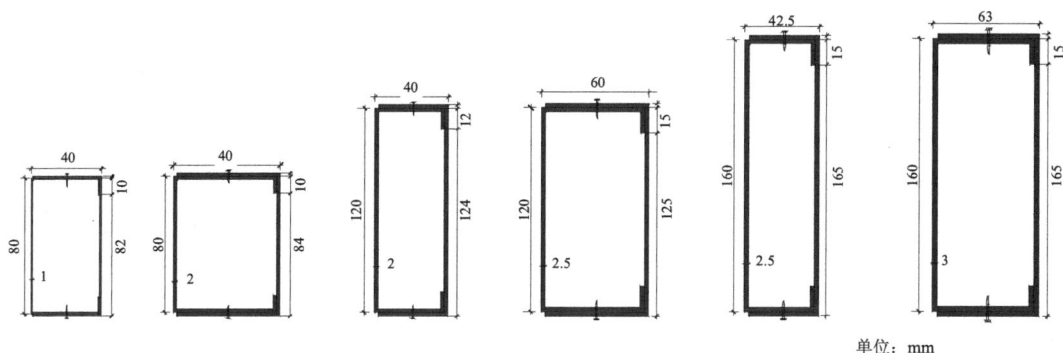

单位：mm

图 6-10　参数分析时的双肢闭合拼合柱截面尺寸

图 6-11 给出了随着螺钉间距的变化，设计试件整体弯曲临界荷载的变化规律。图中临界屈曲荷载结果的对比包括式（6-21）P_{crG}、数值模拟结果 P_{crF} 和美国规范修正长细比方法式（6-29）P_{crM}。

$$P_{crM} = \frac{\pi^2 E A_g}{\lambda_m^2} \tag{6-29}$$

式中，E 为弹性模量；A_g 为构件横截面积；λ_m 为修正后的长细比，则 λ_m 表达式为

$$\lambda_m = \sqrt{\left(\frac{kL}{r}\right)_0^2 + \left(\frac{e_1}{r_i}\right)^2} \tag{6-30}$$

式中，r 为拼合截面绕弱轴的回转半径；r_i 为两分肢截面绕弱轴的回转半径中的最大值；两端铰接构件的计算长度系数 $k=1.0$。

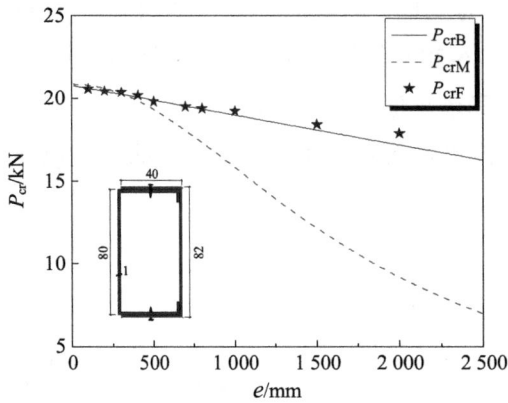

（a）B80-40

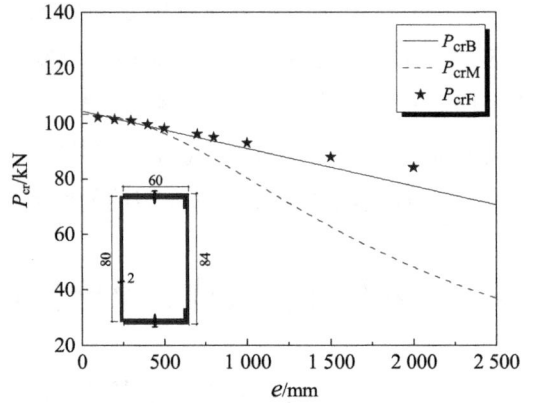

（b）B80-60

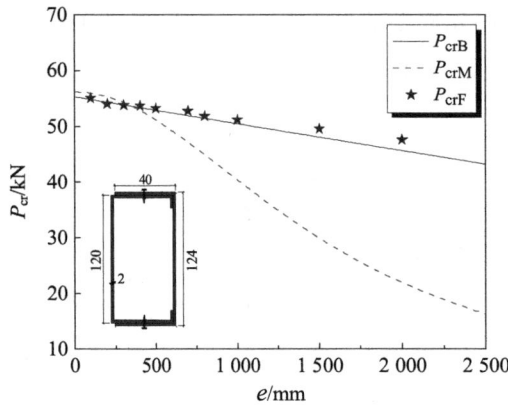

（c）B120-40

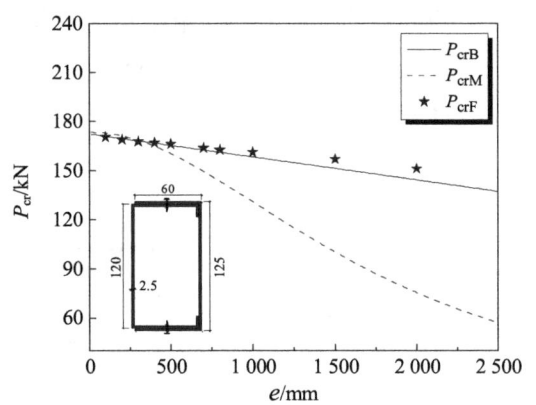

（d）B120-60

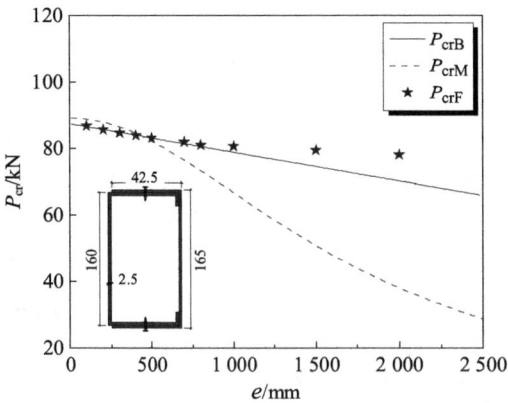

（e）B160-40

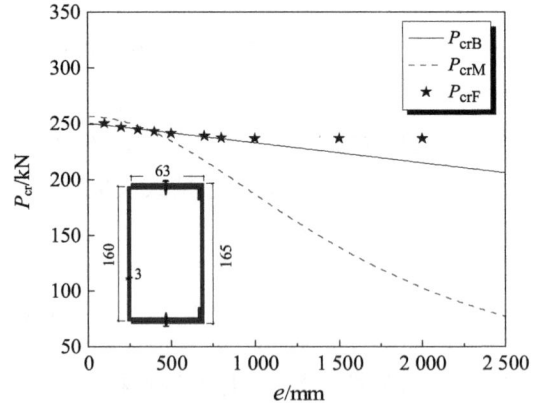

（f）B160-60

图 6-11　本书公式 P_{crG}、修正长细比法 P_{crM} 和数值算例 P_{crF} 的比较

　　由图 6-11 可知，相对美国规范中修正长细比方法的计算结果 P_{crM}，式（6-21）计算结果 P_{crG} 与本书有限元模型分析结果 P_{crF} 比较接近。而随着螺钉间距 e 的增大，美国规

范中修正长细比法与 P_{crF} 误差越来越大，以致当螺钉间距很大时，P_{crM} 出现过于保守的现象，主要原因是该修正长细比法是基于热轧型钢组合柱被提出。分析结果表明，美国规范中修正长细比法不能用来预测 CFS 双肢闭合拼合柱整体弯曲屈曲的临界荷载。相反，本书提出的式（6-21）能够真实地反映出拼合构件截面尺寸、螺钉间距等参数对 CFS 双肢闭合拼合柱整体屈曲临界荷载的影响规律，且计算方法精确。

6.3　CFS 双肢闭合拼合柱的弯曲屈曲承载力

6.3.1　弯曲屈曲承载力计算方法

CFS 双肢闭合拼合柱承载力设计时受多个因素的影响，如试件的加工误差、运输过程中产生的缺陷以及拼合组装时产生的误差等因素，此外，实际受压的拼合构件并不一定均在弹性范围内发生弯曲屈曲。故本书推导出的式（6-21）需考虑这些影响因素。

折减模量法和切线模量法用于检验受压构件的弯曲屈曲是否发生在非弹性范围内，通过前人的试验研究分析出初始直线柱能够维持直线阶段至最大荷载可用切线模量法来测验，但是实际上直线段的最大荷载超过了切线模量法所测的荷载，而又小于由折减模量法所测的荷载。在 Shanley 研究的基础上，很多学者也进行了相关研究，均证明由切线模量法测出的结果更吻合实际受压构件的承载力。随后，折减切线模量的概念被引入北美结构稳定研究协会（SSRC），且规定在该方法的基础上，若试件计算的欧拉应力比其比例极限大时，则试件的屈曲临界应力应由折减切线模量法来计算。关于热轧型钢设计，SSRC 规定受压构件的非弹性屈曲应力可表示为式（6-31）：

$$\sigma_{cr} = f_y\left(1 - \frac{f_y}{4\sigma_e}\right) \tag{6-31}$$

式中，f_y 为屈服强度；σ_e 为弹性屈曲临界应力。

随后，学者对式（6-31）进行修正，并给出了同时考虑弹性和非弹性试件的弯曲屈曲承载力的设计曲线：

$$P_{uG} = \begin{cases} (0.658^{\lambda_G^2})P_y & \lambda_G \leqslant 1.5 \\ \left(\dfrac{0.877}{\lambda_G^2}\right)P_y & \lambda_G > 1.5 \end{cases} \tag{6-32}$$

式中，$P_y = A_g \times f$；$\lambda_G = \sqrt{P_y/P_{crG}}$；$P_{crG}$ 为弹性弯曲屈曲临界荷载。

此后，美国规范和澳大利亚/新西兰标准中的直接强度法也引入式（6-32），作为整体失稳屈曲模式下构件承载力的计算方法。由式（6-32）可知，要想计算构件的整体失稳屈曲模式下的弯曲屈曲承载力,需先知道试件的材料属性及截面尺寸,以及试件的屈曲临界荷载,将以上结果代入式(6-30)就可以计算出构件的承载力。若按照式(6-32)试件承载力的设计理念,用本书推导的弯曲屈曲临界应力公式[式(6-21)]计算出 λ_G,然后将 λ_G 代入式(6-32)计算出承载力。

6.3.2　计算算例

表 6-2 给出了本书试验的 18 根整体弯曲破坏的 CFS 双肢闭合拼合柱的试验数据、李方涛用 6 根 CFS 双肢闭合拼合柱的试验数据及本书设计的 42 根轴压长柱的有限元分析结果,以验证本书提出的 CFS 双肢闭合拼合柱整体弯曲承载力的计算方法的精确度和适用性。本节有限元模型与第 2 章两端铰接的有限元模型保持一致。在非线性分析时,模型的初始缺陷为试件长度的 1/1 000,试件的材料属性按照本书试验中 120 截面试件的材性试验结果,即弹性模量 E 和屈服强度 f_y 分别取为 1.939×10^5 MPa 和 292.95 MPa。

表 6-2 还对本书计算方法计算结果 P_{uG} 和美国规范修正长细比法计算结果 P_{uM} 进行比较,计算结果见表 6-2。另外,图 6-11 给出了 P_{uG} 和 P_{uM} 分别是指试验试件承载力 P_t 的对比关系图,以进一步明确螺钉间距对试件承载力的影响规律。故由以上对比分析可知:

(1)由表 6-2 可知,本书方法计算结果 P_{uG} 与试验 P_t 和有限元数据比值的最大值、最小值、平均值和标准差分别为 1.071、0.846、0.975 和 0.039,美国规范修正长细比法计算结果 P_{uM} 与试验和有限元数据 P_t 比值的最大值、最小值、平均值和标准差分别为 1.349、0.433、0.912 和 0.237。由以上数据分析可知,本书方法计算结果与试验及有限元数据比较吻合,而美国规范修正长细比法计算结果过于保守,故本书计算方法具有很高的精度且较为合理。

(2)由图 6-12 可知,随着螺钉间距与试件长度比值的增大,本书计算方法结果无论是与试验结果的比值还是与有限元结果的比值基本维持在 1,且变化幅度很小,而美国规范修正长细比法计算结果与试验及有限元的比值误差越来越大,且非常保守。主要原因在于美国规范修正长细比法是根据热轧型钢组合柱提出的,故不能准确预测 CFS 双肢闭合拼合柱弯曲屈曲的承载力。

(3)值得注意的是,当 $e/L < 0.23$ 时,本书计算方法与美国规范修正长细比法计算结果精确度基本相当;当 $e/L > 0.23$ 时,本书计算方法基本保持不变,而美国规范修正长细比法出现过于保守的现象。因此,对于在 $e/L < 0.23$ 条件下的拼合双肢闭合柱,其弯曲屈曲承载力由两种计算方法均可以。

表 6-2　CFS 双肢闭合拼合柱承载力的对比　　　　　单位：kN

试验/有限元	试件编号	螺钉间距	P_t	P_{uG}	P_{uM}	P_{uG}/P_t	P_{uM}/P_t
本书试验	C4-G120-300-A1	300 mm	31.5	29.0	33.4	0.921	1.060
	C4-G120-300-A2	300 mm	32.0	30.7	29.2	0.960	0.913
	C4-G120-300-A3	300 mm	30.7	28.5	32.5	0.930	1.060
	C4-G120-500-A1	500 mm	29.4	28.7	32.1	0.977	1.091
	C4-G120-500-A2	500 mm	29.6	28.4	33.7	0.957	1.137
	C4-G120-500-A3	500 mm	30.4	29.9	33.2	0.984	1.092
	C4-G120-1000-A1	1 000 mm	28.5	27.2	29.2	0.956	1.025
	C4-G120-1000-A2	1 000 mm	28.2	25.4	25.1	0.901	0.890
	C4-G120-1000-A3	1 000 mm	28.0	26.8	28.0	0.959	1.001
	C4-G140-300-A1	300 mm	34.8	30.4	38.0	0.875	1.094
	C4-G140-300-A2	300 mm	36.1	33.1	40.7	0.916	1.126
	C4-G140-300-A3	300 mm	37.5	31.7	39.0	0.846	1.041
	C4-G140-500-A1	500 mm	32.2	31.8	38.4	0.988	1.193
	C4-G140-500-A2	500 mm	33.0	32.4	36.5	0.983	1.107
	C4-G140-500-A3	500 mm	33.7	32.9	36.9	0.976	1.095
	C4-G140-1000-A1	1 000 mm	28.9	31.0	34.0	1.071	1.175
	C4-G140-1000-A2	1 000 mm	30.0	30.1	30.0	1.004	1.001
	C4-G140-1000-A3	1 000 mm	29.3	29.3	30.6	1.000	1.045
李方涛试验	LC-90-A1	150 mm	23.8	22.5	31.0	0.947	1.305
	LC-90-A2	150 mm	23.4	22.1	31.4	0.944	1.345
	LC-90-A3	150 mm	26.9	26.1	31.4	0.970	1.167
	LC-140-A1	300 mm	42.8	42.1	51.9	0.984	1.212
	LC-140-A2	300 mm	38.1	37.9	51.4	0.994	1.349
	LC-140-A3	300 mm	42.1	41.8	53.7	0.994	1.275
有限元	B80-40-1	2 000 mm	20.6	20.6	20.8	1.002	1.012
	B80-40-2	1 500 mm	20.2	20.1	19.8	0.994	0.983
	B80-40-3	1 000 mm	19.5	19.5	18.0	1.001	0.925
	B80-40-4	800 mm	19.4	19.3	17.3	0.997	0.893
	B80-40-5	700 mm	19.2	19.0	15.8	0.987	0.823
	B80-40-6	400 mm	18.4	18.1	12.1	0.982	0.660
	B80-40-7	100 mm	17.9	17.2	9.2	0.961	0.513
	B80-60-8	2 000 mm	102.1	103.0	103.0	1.009	1.009
	B80-60-9	1 500 mm	99.5	98.9	98.7	0.994	0.992
	B80-60-10	1 000 mm	96.1	94.9	90.5	0.987	0.941
	B80-60-11	800 mm	94.8	93.5	87.2	0.986	0.920
	B80-60-12	700 mm	92.9	90.8	80.2	0.978	0.864
	B80-60-13	400 mm	87.7	84.1	62.7	0.958	0.714
	B80-60-14	100 mm	84.1	77.3	48.0	0.920	0.571
	B120-40-15	2 000 mm	55.0	54.8	55.9	0.996	1.017
	B120-40-16	1 500 mm	53.6	53.3	52.8	0.995	0.986
	B120-40-17	1 000 mm	52.7	51.9	47.1	0.985	0.894
	B120-40-18	800 mm	51.8	51.4	44.9	0.992	0.866

试验/有限元	试件编号	螺钉间距	P_t	P_{uG}	P_{uM}	P_{uG}/P_t	P_{uM}/P_t
有限元	B120-40-19	700 mm	51.2	50.4	40.4	0.986	0.788
	B120-40-20	400 mm	49.5	48.0	29.9	0.971	0.604
	B120-40-21	100 mm	47.5	45.6	21.9	0.960	0.461
	B120-60-22	2 000 mm	170.4	170.9	172.9	1.003	1.014
	B120-60-23	1 500 mm	167.0	166.7	164.8	0.998	0.987
	B120-60-24	1 000 mm	163.8	162.5	149.5	0.992	0.913
	B120-60-25	800 mm	162.8	161.1	143.5	0.990	0.882
	B120-60-26	700 mm	161.2	158.3	130.8	0.982	0.811
	B120-60-27	400 mm	157.0	151.3	100.0	0.964	0.637
	B120-60-28	100 mm	151.1	144.3	75.3	0.955	0.498
	B160-40-29	2 000 mm	86.8	86.5	88.8	0.997	1.023
	B160-40-30	1 500 mm	83.8	84.0	84.5	1.002	1.008
	B160-40-31	1 000 mm	82.0	81.4	76.5	0.993	0.933
	B160-40-32	800 mm	81.0	80.6	73.3	0.994	0.905
	B160-40-33	700 mm	80.7	78.8	66.7	0.977	0.826
	B160-40-34	400 mm	79.5	74.6	50.8	0.938	0.638
	B160-40-35	100 mm	78.1	70.3	38.0	0.900	0.487
	B160-60-36	2 000 mm	250.2	248.8	255.6	0.995	1.022
	B160-60-37	1 500 mm	242.8	243.5	242.0	1.003	0.997
	B160-60-38	1 000 mm	238.9	238.1	216.6	0.997	0.907
	B160-60-39	800 mm	237.2	236.3	206.8	0.996	0.872
	B160-60-40	700 mm	236.9	232.7	186.4	0.982	0.787
	B160-60-41	400 mm	236.6	223.7	139.0	0.946	0.587
	B160-60-42	100 mm	236.5	214.7	102.4	0.908	0.433
最大值	—	—	—	—	—	1.071	1.349
最小值	—	—	—	—	—	0.846	0.433
平均值	—	—	—	—	—	0.975	0.912
标准差	—	—	—	—	—	0.039	0.237

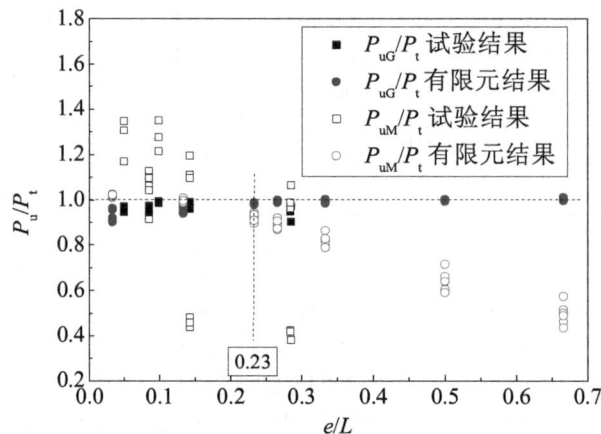

图 6-12 P_u/P_t 与 e/L 的关系

6.4　本章小结

在能量法的基础上，本章对 CFS 双肢闭合拼合截面柱弯曲屈曲临界荷载计算公式进行了推导，然后将推导的公式代入美国规范直接强度法中的整体失稳承载力设计曲线，得到了计算 CFS 双肢闭合拼合截面柱弯曲屈曲承载力的方法。最后，本书依据试验和大量的有限元分析结果，对本章推导出的临界荷载计算公式和提出的弯曲屈曲承载力计算方法的精度和适用性进行了验证。经过以上研究，可得到以下几点主要结论：

（1）相较美国规范修正长细比法，本书推导出的弯曲屈曲临界荷载公式和提出的弯曲屈曲承载力计算方法更为精确，尤其对于螺钉间距较大的拼合截面柱，避免了用美国规范修正长细比法计算结果过于保守的现象。

（2）随着螺钉间距与试件长度比值的增大，本书计算方法结果无论与试验结果的比值还是与有限元结果的比值基本保持不变，且二者接近，而美国规范修正长细比法计算结果与试验及有限元的比值误差越来越大。

（3）对于 CFS 双肢闭合拼合柱，当 $e/L < 0.23$ 时，本书计算方法与美国规范修正长细比法计算结果精确度基本相当；当 $e/L > 0.23$ 时，本书计算方法基本保持不变，而美国规范修正长细比法出现过于保守的现象。

参考文献

[1]　铁摩辛柯. 材料力学：高等理论及问题[M]. 北京：科学出版社，1964.

[2]　陈骥. 钢结构稳定理论与设计[M]. 北京：科学出版社，2001.

[3]　李方涛. 冷弯薄壁型钢双肢抱合箱形截面柱轴向受力性能研究[D]. 西安：长安大学，2015.

[4]　AISI S100-2016. North American specification for the design of cold-formed steel structural members[S]. Washington：American Institute of Steel Construction，2016.

[5]　Whittle J，Ramseyer C. Buckling capacities of axially loaded，cold-formed，built-up C-channels[J]. Thin-Walled Structures，2009，47（2）：190-201.

/ 第 7 章 /

CFS 双肢拼合轴压柱承载力设计方法研究

前述章节分别针对 CFS 双肢拼合柱局部屈曲、畸变屈曲和弯曲屈曲 3 种基本屈曲模式，建立了相应的弹性屈曲荷载计算式和承载力计算方法。然而，实际受压构件到底发生何种屈曲模式破坏在计算前是未知的，并且这 3 种基本屈曲模式在一定的条件下还存在耦合相关的可能，故需根据结构设计"穷举"和"取小"的特点，首先对构件承载力极限状态可能包含的各类屈曲模式进行"穷举"，然后对各类屈曲模式对应的极限荷载进行"取小"来预估构件的实际承载力，才能得到更加全面的承载力设计方法。

本章首先介绍了各国规范关于 CFS 拼合柱承载力计算的主要规定，评价了有效宽度法和直接强度法在 CFS 双肢开口拼合柱承载力计算上的优劣，然后对现有直接强度法设计曲线的研究背景和适用范围进行了介绍，分析了直接强度法在 CFS 双肢开口拼合柱应用方面存在的问题，并结合本书第 4 章至第 6 章的研究内容，提出了两种包含不同屈曲模式的 CFS 双肢开口拼合柱承载力设计的直接强度法。最后收集了包括本书试验在内的 253 根轴压试验数据（或数值解），采用本书方法计算了这些试件的承载力并与试验值（或数值解）进行了对比。

鉴于两种方法对应的承载力计算精度不同，本章在揭示"局部-畸变相关屈曲"失稳机理的基础上，提出了局部-畸变相关屈曲的判据。最后基于局部-畸变相关屈曲判据提出了能够有效考虑局部-畸变相关屈曲影响的 CFS 双肢开口拼合柱承载力设计方法。

7.1 各国规范关于 CFS 拼合柱承载力计算的主要规定

目前，有效宽度法和直接强度法是冷弯薄壁型钢承载力设计的两种主要方法。各国现行的冷弯薄壁型钢技术规范（如美国规范 AISI S100—2016、澳大利亚/新西兰标准

AS/NZS 4600：2005、国家现行标准 GB 50018—2002 等）在这两种方法的基础上，对 CFS 单肢基本构件（如 C 形和 U 形等）的计算方法已作出明确规定，但对拼合构件的设计，需在有效宽度法的基础上作出简单的修正。例如，美国规范和澳大利亚/新西兰标准提到对由 2 根基本构件组成的拼合截面构件采用修正长细比法［式（1-11）］进行稳定承载力设计，以便考虑连接界面剪切滑移变形的不利影响。我国现行国家标准《冷弯薄壁型钢结构技术规范》（GB 50018—2002）并未针对拼合截面给出相关的承载力设计规定。现行行业标准《低层冷弯薄壁型钢房屋建筑技术规程》（JGJ 227—2011）也仅针对抱合箱形拼合截面立柱，给出当长细比大于 50 时，承载力放大 1.2 倍的简单规定。

总体来说，各国现行的冷弯薄壁型钢技术规范对 CFS 拼合构件设计计算方法，仅在有效宽度法的基础上进行简单的修正，未对不同失稳模式的受力差异作出明确界定，也未给出承载力设计的直接强度法建议。显然，CFS 拼合构件局部屈曲、畸变屈曲和整体屈曲的失稳机理并不相同（见第 4 章至第 6 章）。在这些问题上，直接强度法相较于有效宽度法，具有显著优势：

（1）对局部屈曲、畸变屈曲和整体屈曲进行了明确区分，便于反映研究不同失稳模式对承载力影响的规律。

（2）考虑了组成构件截面不同板件的相关性影响，接近构件的真实受力特性。

（3）计算形式简单，避免了传统有效宽度法在有效宽度上的复杂迭代运算。

（4）首次明确给出了畸变屈曲承载力计算的相关规定，避免了传统有效宽度法在畸变问题上的弊端。

（5）通过局部屈曲、畸变屈曲和整体屈曲 3 条设计曲线之间的相关性组合，计算局部-畸变、畸变-整体和局部-畸变-整体等复杂相关屈曲模式承载力。

综上所述，直接强度法相较于有效宽度法优势明显，解决了诸多传统有效宽度法存在的弊端，但目前各国学者并未对直接强度法在 CFS 双肢开口拼合柱承载力计算上展开系统研究。鉴于此，本书将在直接强度法的基础上对 CFS 双肢开口拼合柱承载力设计方法进行研究。

7.2　CFS 轴压构件直接强度法的研究背景

7.2.1　研究背景

直接强度法根源于 Hancock 等对 CFS 开口截面畸变屈曲的研究。1992 年，Kwon 和 Hancock 对高强钢材卷边槽形截面构件进行轴压试验，发现试件在发生畸变屈曲后仍具有较高的屈曲后强度储备。为了考虑这种特性，Kwon 和 Hancock 通过对试验结果的整理分析，提出了两条承载力计算曲线。其中一条曲线将 Winter 有效宽度公式划分为两个阶

段，即将

$$\frac{b_{\mathrm{e}}}{b} = \sqrt{\frac{f_{\mathrm{cr}}}{f_{\mathrm{y}}}} \left(1 - 0.22\sqrt{\frac{f_{\mathrm{cr}}}{f_{\mathrm{y}}}}\right) \tag{7-1}$$

划分为

$$\frac{b_{\mathrm{e}}}{b} = \begin{cases} 1 & \lambda_{\mathrm{D}} \leqslant 0.673 \\ \sqrt{\dfrac{f_{\mathrm{crD}}}{f_{\mathrm{y}}}} \left(1 - 0.22\sqrt{\dfrac{f_{\mathrm{crD}}}{f_{\mathrm{y}}}}\right) & \lambda_{\mathrm{D}} > 0.673 \end{cases} \tag{7-2}$$

式中，$\lambda_{\mathrm{D}} = \sqrt{f_{\mathrm{y}}/f_{\mathrm{crD}}}$；$f_{\mathrm{y}}$ 为材料的屈服强度；f_{crD} 为试件的弹性畸变屈曲应力。

式（7-2）与试验结果相比偏于不安全。于是 Kwon 和 Hancock 将参数（$f_{\mathrm{crD}}/f_{\mathrm{y}}$）的指数从 0.5 变为 0.6，与此同时将系数项由 0.22 变为 0.25，并修正了 λ_{d} 的适用范围，得到了

$$\frac{b_{\mathrm{e}}}{b} = \begin{cases} 1 & \lambda_{\mathrm{D}} \leqslant 0.561 \\ \left(\dfrac{f_{\mathrm{crD}}}{f_{\mathrm{y}}}\right)^{0.6} \left[1 - 0.25\left(\dfrac{f_{\mathrm{crD}}}{f_{\mathrm{y}}}\right)^{0.6}\right] & \lambda_{\mathrm{D}} > 0.561 \end{cases} \tag{7-3}$$

由式（7-3）可知，畸变屈曲临界应力 f_{crD} 是表征畸变屈曲的唯一参数。于是，能否有效计算 f_{crD} 成为预测畸变屈曲承载力的关键。在畸变屈曲临界应力 f_{crD} 方面，Lau 和 Hancock 以受压构件的横截面为研究对象，提出了考虑腹板约束作用的畸变屈曲荷载计算式。显然，相较于传统有效宽度法以单板作为分析对象，Lou 和 Hancock 以全截面作为分析对象更加接近真实情况。受到 Lou 和 Hancock 研究的启发，Schafer 在考虑薄壁构件屈曲后应力非线性分布上，摒弃了传统有效宽度法折减宽度的做法，提出了在全截面有效的基础上折减应力的方式，如图 7-1 所示。

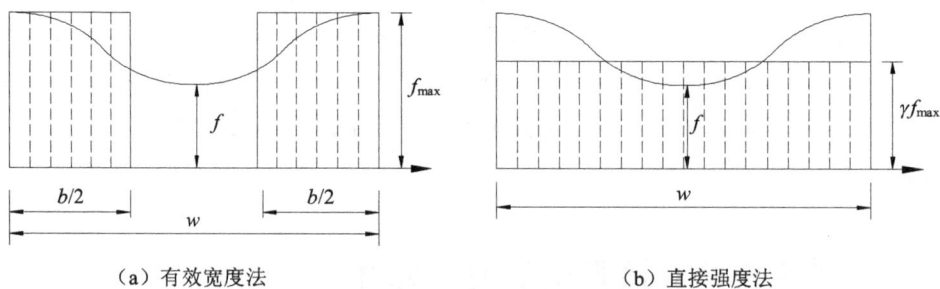

（a）有效宽度法　　　　　　　　　　（b）直接强度法

图 7-1　有效宽度法和直接强度法的比较

在这种设计思路的基础上，Schafer 对式（7-3）略作变换，提出了承载力设计的畸变屈曲曲线，即

$$P_{\mathrm{uD}} = \begin{cases} P_{\mathrm{y}} & \lambda_{\mathrm{D}} \leqslant 0.561 \\ P_{\mathrm{y}}\left(\dfrac{P_{\mathrm{crD}}}{P_{\mathrm{y}}}\right)^{0.6} \left[1 - 0.25\left(\dfrac{P_{\mathrm{crD}}}{P_{\mathrm{y}}}\right)^{0.6}\right] & \lambda_{\mathrm{D}} > 0.561 \end{cases} \tag{7-4}$$

式中，$P_y = A_g \times f_y$；$P_{crD} = A_g \times f_{crD}$；$\lambda_D = \sqrt{P_y / P_{crD}}$。

随后，Schafer 进行了 249 根卷边槽形、腹板加劲卷边槽形、Z 形、R 形和帽形试件的轴压试验，通过对比分析提出了局部屈曲的承载力设计曲线：

$$P_{uL} = \begin{cases} P_y & \lambda_L \leqslant 0.776 \\ P_y \left(\dfrac{P_{crL}}{P_y} \right)^{0.4} \left[1 - 0.15 \left(\dfrac{P_{crL}}{P_y} \right)^{0.4} \right] & \lambda_L > 0.776 \end{cases} \qquad (7\text{-}5)$$

式中，P_{uL} 为局部屈曲承载力；$\lambda_L = \sqrt{P_y / P_{crL}}$；$P_y = A_g \times f_y$；$P_{crL} = A_g \times f_{crL}$；$f_y$ 为材料的屈服强度；f_{crL} 为试件的弹性局部屈曲应力。

式（7-4）和式（7-5）的提出，有效地解决了冷弯薄壁型钢的局部屈曲和畸变屈曲问题。于是，Schafer 等在 1998 年正式提出了 CFS 受压构件承载力设计的直接强度法：

$$P_u = \min(P_{uL}, P_{uD}, P_{uG}) \qquad (7\text{-}6)$$

式中，P_u 为受压构件的承载力；P_{uL}、P_{uD} 和 P_{uG} 分别为构件的局部屈曲 [式（7-5）]、畸变屈曲 [式（7-4）] 和整体失稳承载力 [式（7-7）]。

$$P_{uG} = \begin{cases} 0.658^{\lambda_G^2} P_y & \lambda_G \leqslant 1.5 \\ \dfrac{0.877}{\lambda_G^2} P_y & \lambda_G > 1.5 \end{cases} \qquad (7\text{-}7)$$

式中，P_{uG} 为整体失稳承载力；$\lambda_G = \sqrt{P_y / P_{crG}}$；$P_y = A_g \times f_y$；$P_{crL} = A_g \times f_{crG}$；$f_y$ 为材料的屈服强度；f_{crG} 为构件的弹性弯曲失稳、扭转失稳和弯扭失稳临界应力的最小值。

7.2.2　适用范围

表 7-1 给出了现行美国规范直接强度法的适用范围。由表 7-1 可知，现行美国规范直接强度法只适用卷边 C 形、腹板加劲 C 形、Z 形、R 形和帽形这些形式较为简单的单肢截面，这与 Schafer 提出直接强度法所选的试验试件几何参数、物理参数密切相关，故在 CFS 双肢开口拼合截面方面，该方法的适用性仍有待研究。

表 7-1　现行美国规范直接强度法的适用范围

截面形式		相关规定	
C 形截面		对于普通卷边	对于复杂卷边
（1）普通卷边	（2）复杂卷边	$a/t < 472$	$d_2/t < 34$
		$b/t < 159$	$d_2/d < 2$
		$4 < d/t < 33$	$d_3/t < 34$
		$0.7 < a/b < 5.0$	$d_3/d < 1$
		$0.05 < d/b < 0.41$	—
		$\theta = 90°$	—
		$E/F_y > 340$	—

截面形式	相关规定
腹板加劲 C 形截面	对于腹板有 1~2 个加劲肋
	$a/t<489$ $\quad\quad$ $E/F_y>340$
	$b/t<160$
	$6<d/t<33$
	$1.3<a/b<2.7$
	$0.05<d/b<0.41$
Z 形截面	对于 Z 形截面
	$a/t<137$ $\quad\quad$ $E/F_y>590$
	$b/t<56$
	$0<d/t<36$
	$1.5<a/b<2.7$
	$0.00<d/b<0.73$
	$\theta=50°$
R 形截面	对于 R 形截面
	相关规定同 C 形截面对于复杂卷边的规定
帽形截面	对于帽形截面
	$a/t<50$ $\quad\quad$ $E/F_y>590$
	$b/t<20$
	$4<d/t<6$
	$1.0<a/b<1.2$
	$d/b=0.13$

7.3　CFS 双肢开口拼合柱承载力设计的直接强度法

本书第 4 章至第 6 章研究表明，通过将本书屈曲临界荷载计算式引入已有的直接强度法的局部屈曲、畸变屈曲和整体屈曲设计曲线 ［式（7-5）、式（7-4）和式（7-7）］，可以较好地计算 CFS 双肢开口拼合柱的局部屈曲、畸变屈曲和弯曲屈曲承载力。对 CFS 受压构件破坏模式的完备性进行了研究，随后提出了两种考虑不同屈曲模式影响的直接强度法，即传统的直接强度法（方法一）、考虑局部-畸变相关屈曲的直接强度法（方法二）。

7.3.1　破坏模式的完备性

破坏模式的完备性，是指在结构或构件的承载力计算中，能够包含其可能发生的所有破坏模式。因为，实际结构或构件到底发生何种破坏模式是未知的，只有"穷举"出构件可能出现的所有破坏模式，才能通过"取小"的原则准确计算出实际的承载力。

对于 CFS 受压构件，可能出现全截面屈服，也可能发生局部屈曲、畸变屈曲或整体失稳中的任一单一屈曲模式，在一定情况下还有可能发生局部屈曲、畸变屈曲和整体失稳的两两耦合或三者耦合，如图 7-2 所示。

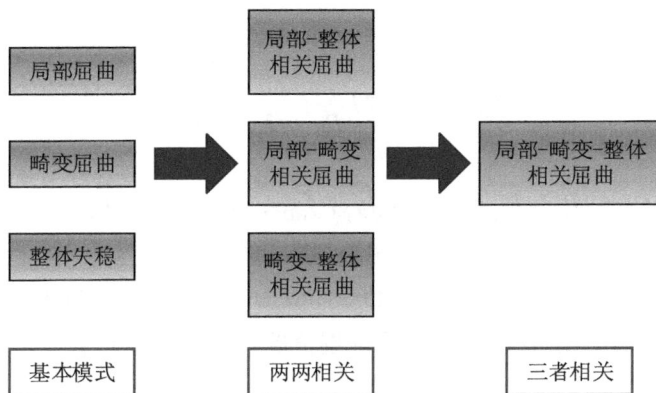

图 7-2　薄壁受压构件可能存在的屈曲模式

对于实际结构或构件的承载力设计，计入哪些破坏模式是至关重要的，这是因为如果忽略了某个控制构件设计的破坏模式会造成计算结果的不安全，相反，如果多计入较小极限荷载对应的破坏模式，也可能导致在"取小"的过程中得到过于保守的结果而浪费材料。

7.3.2　传统的直接强度法 P_{u1}（方法一）

现行美国规范和澳大利亚/新西兰标准的直接强度法，如式（7-8）所示，考虑了局部屈曲、畸变屈曲和整体失稳对试件承载力的影响。由于 CFS 受压中长柱失稳破坏时大多存在局部屈曲和整体失稳的耦合作用，为了考虑这种影响，美国规范和澳大利亚/新西兰标准中以 P_{uG} 代替式（7-5）中参数 P_{uL} 中的 P_y［式（7-8）］，因此现行的直接强度法虽然在计算形式上是 3 种屈曲模式，其实质却考虑了 4 种失稳模式对受压构件承载力的影响。

参考现行美国规范计算形式，本书提出了 CFS 双肢开口拼合柱承载力设计的第一种直接强度法，如式（7-9）所示。

$$P_{u1} = \min(P_{uL},\ P_{uD},\ P_{uG}) \tag{7-8}$$

其中，局部屈曲承载力 P_{uL}、畸变屈曲承载力 P_{uD} 和整体失稳承载力 P_{uG} 分别为

$$P_{uL} = \begin{cases} P_{uG} & \lambda_L \leqslant 0.776 \\ P_{uG}\left(\dfrac{P_{crL}}{P_{uG}}\right)^{0.4}\left[1 - 0.15\left(\dfrac{P_{crL}}{P_{uG}}\right)^{0.4}\right] & \lambda_L > 0.776 \end{cases} \tag{7-9a}$$

$$P_{uD} = \begin{cases} P_y & \lambda_D \leqslant 0.561 \\ P_y\left(\dfrac{P_{crD}}{P_y}\right)^{0.6}\left[1 - 0.25\left(\dfrac{P_{crD}}{P_y}\right)^{0.6}\right] & \lambda_D > 0.561 \end{cases} \tag{7-9b}$$

$$P_{uG} = \begin{cases} 0.658^{\lambda_G^2} P_y & \lambda_G \leqslant 1.5 \\ \dfrac{0.877}{\lambda_G^2} P_y & \lambda_G > 1.5 \end{cases} \tag{7-9c}$$

式中，$P_y = A_g \times f_y$；$\lambda_L = \sqrt{P_{uG}/P_{crL}}$；$\lambda_D = \sqrt{f_y/f_{crD}}$；$\lambda_G = \sqrt{P_y/P_{crG}}$；$P_{crL}$、$P_{crD}$ 和 P_{crG} 分别为弹性局部屈曲荷载、畸变屈曲荷载和整体失稳荷载。

由式（7-8）～式（7-9）可知，除反映 CFS 拼合柱失稳特性的特征参数弹性屈曲荷载 P_{crL}、P_{crD} 和 P_{crG} 外，该公式与现行美国规范的直接强度法计算形式相同。

7.3.3　考虑局部-畸变相关屈曲的直接强度法 P_{u2}（方法二）

近年来，国内外学者对包含畸变屈曲在内的相关屈曲，如局部-畸变（LD）、畸变-整体（DG）和局部-畸变-整体（LDG）相关屈曲，进行了大量研究。在 LD 相关屈曲方面，Kwon、Young 和何子奇等的研究表明，未计入局部-畸变相关屈曲的直接强度法承载力存在显著高估构件承载力的现象，如 Kwon 试验中发生 LD 屈曲模式的 12 根试件，按照传统直接强度法计算的极限荷载 P_u 几乎无一例外均高估了承载力试验值 P_t，并且 P_u/P_t 的平均值为 1.292。针对局部-畸变相关屈曲问题，Silvestre 在 Schafer 研究基础上，发现用 P_{uD} 代替式（7-9a）中 P_{uG} 可以较好地计算 LD 相关屈曲承载力 P_{uLD}，如式（7-10）所示。

$$P_{uLD} = \begin{cases} P_{uD} & \lambda_{LD} \leqslant 0.776 \\ P_{uD}\left(\dfrac{P_{crL}}{P_{uD}}\right)^{0.4}\left[1 - 0.15\left(\dfrac{P_{crL}}{P_{uD}}\right)^{0.4}\right] & \lambda_{LD} > 0.776 \end{cases} \tag{7-10}$$

式中，$\lambda_L = \sqrt{P_{uD}/P_{crL}}$。

已有的试验和数值算例表明，由于畸变屈曲后强度较低，以 LD、LG 和 D 三者的较小值预估的受压试件承载力便可满足精度要求，而采用更加严格的 DG 和 LDG 相关屈曲设计曲线反而会显著低估部分试件的承载力，因此无须在现行设计方法中将 DG 和 LDG 模式纳入承载力计算。

综上所述，忽略 LD 相关屈曲将会导致 CFS 承载力计算存在过于不安全的现象，这往往是设计实践中不能够接受的。为考虑 LD 相关屈曲影响，本书在式（7-8）的基础上引入 LD 相关屈曲的设计曲线，提出了承载力设计的第二种直接强度法，如式（7-11）所示。

$$P_{u2} = \min(P_{uL}, \ P_{uD}, \ P_{uG}, \ P_{uLD}) \tag{7-11}$$

式中，P_{uL}、P_{uD}、P_{uG} 和 P_{uLD} 详见式（7-9a）、式（7-9b）、式（7-9c）和式（7-10）。

7.3.4　屈曲临界荷载的计算规定

由式（7-8）和式（7-11）可知，本书承载力计算方法能否精确预测承载力的关键，取决于能否合理、可靠地计算 CFS 双肢开口拼合柱的弹性屈曲临界荷载 P_{crL}、P_{crD} 和 P_{crG}。本节将在本书第 4 章至第 6 章的研究成果上，给出计算 P_{crL}、P_{crD} 和 P_{crG} 的计算式。

1）螺钉间距取值的建议

事实上，对于 CFS 双肢开口拼合柱屈曲临界荷载的计算而言，无须要求其能准确地计算出自攻螺钉任意分布时的屈曲临界荷载。实际工程中，CFS 双肢开口拼合柱的自攻螺钉通常沿试件长度方向分两排、等距分布。在螺钉间距 e_1 取值方面，如果自攻螺钉间距过小，便会给构件的加工、制作带来诸多不便，而如果自攻螺钉间距过大，也很可能导致组成拼合柱的分肢构件因自身稳定性不足而发生分肢构件的失稳。根据本书第 3 章和第 4 章研究可知，当自攻螺钉间距 e_1 小于腹板高度 a 时，自攻螺钉对局部屈曲和畸变屈曲临界荷载的约束作用较小，可以忽略不计。此外，由 Whittle 和 Ramseyer 研究可知，只要自攻螺钉间距满足美国规范的规定［式（7-12）］，组成拼合柱的各分肢就不会发生分肢的失稳。

$$\frac{e_1}{r} \leqslant 0.5\left(\frac{kL}{r_0}\right) \tag{7-12}$$

式中，k 为计算长度系数；L 为拼合柱的长度；e_1 为螺钉间距；r_0 为拼合截面的回转半径；r 为分肢的最小回转半径。

为便于本书承载力设计方法的应用，笔者建议 CFS 双肢开口拼合柱中自攻螺钉间距 e_1 大于腹板高度 a，同时满足式（7-12）的构造要求，这样便显著降低局部屈曲、畸变屈曲临界荷载的计算成本，同时避免了分肢构件发生失稳的不利现象。

2）局部屈曲临界荷载 P_{crL}

如果自攻螺钉间距大于腹板高度，CFS 双肢开口拼合柱的局部屈曲临界荷载 P_{crL} 为

$$P_{crL} = k_{crL} \frac{\pi^2 E}{12(1-v^2)}\left(\frac{t}{a}\right)^2 A_g \tag{7-13}$$

式中，A_g 为拼合柱的横截面积，稳定系数 k_{crL} 为

$$k_{crL} = \frac{\pi^4 (a/\lambda_{cr})^4 f_3 - 2\pi^2 (a/\lambda_{cr})^2 f_2 + f_1 + f_t}{\pi^4 (a/\lambda_{cr})^2 f_3} \tag{7-14}$$

式中，参数 f_1、f_2、f_3 和 f_t 见式（7-15a）～（7-15d），临界半波长度 λ_{cr} 见式（7-16）：

$$f_1 = 2.31\varepsilon^2 + 9.23\varepsilon + 48.70 \tag{7-15a}$$

$$f_2 = -[(0.24\varepsilon)^2 + 0.93\varepsilon + 4.93] \tag{7-15b}$$

$$f_3 = (0.068\varepsilon)^2 + 0.095\varepsilon + 0.50 \tag{7-15c}$$

$$f_t = 2\pi^2 \varepsilon \tag{7-15d}$$

$$\lambda_{cr} = \pi a \sqrt[4]{\frac{f_3}{(f_1 + f_t)}} \tag{7-16}$$

3）畸变屈曲临界荷载 P_{crD}

如果自攻螺钉间距大于腹板高度，CFS 双肢开口拼合柱的畸变屈曲临界荷载 P_{crD} 为

$$P_{crD} = \frac{E}{2}\left[(\alpha_1 + \alpha_2) - \sqrt{(\alpha_1 + \alpha_2)^2 - 4\alpha_3}\right] \tag{7-17}$$

式中，

$$\alpha_1 = \frac{\eta}{\beta_1}\left(\beta_2 + \frac{G}{\eta E}I_t\right) + \frac{k_\phi}{\beta_1 \eta E}\frac{g_3}{g_1}\eta^2 \tag{7-18a}$$

$$\alpha_2 = \frac{\eta}{\beta_1}\left[I_y\left(\beta_1 + y_0^2\right) - 2\beta_3 y_0\right] \tag{7-18b}$$

$$\alpha_3 = \eta\left(\alpha_1 I_y - \frac{\eta}{\beta_1}\beta_3^2\right) \tag{7-18c}$$

$$\beta_1 = I_0 / A - x_0^2 - y_0^2 + h_x^2 \tag{7-19a}$$

$$\beta_2 = I_w + I_x(h_3 - x_0)^2 \tag{7-19b}$$

$$\beta_3 = -I_{xy}(h_x - x_0) \tag{7-19c}$$

$$\eta = -g_1 / g_2 \tag{7-20}$$

式中，

$$k_\phi = \frac{2C_\gamma C_w D}{h}\left(1 - \frac{P'}{A k_w}\frac{a^2 t}{D\pi^2}\right) \tag{7-21}$$

$$C_\gamma = \frac{\pi\gamma_1^2}{\pi(\gamma_1^2 - \gamma_2^2 - \gamma_2) + (\gamma_1\gamma_2 - \gamma_1)(L/mh)} \tag{7-22}$$

$$\gamma_1 = \sin h\left(\frac{m\pi h}{L}\right), \quad \gamma_2 = \cos h\left(\frac{m\pi h}{L}\right) \tag{7-23}$$

4）整体屈曲临界荷载 P_{crG}

通常，CFS 双肢开口拼合截面的扭转刚度明显高于弯曲刚度，故构件的整体失稳破坏多为弯曲屈曲。而弯曲屈曲问题，根据截面的对称性，存在绕虚轴的弯曲和绕实轴的弯曲两种情况，如图 7-3 所示。

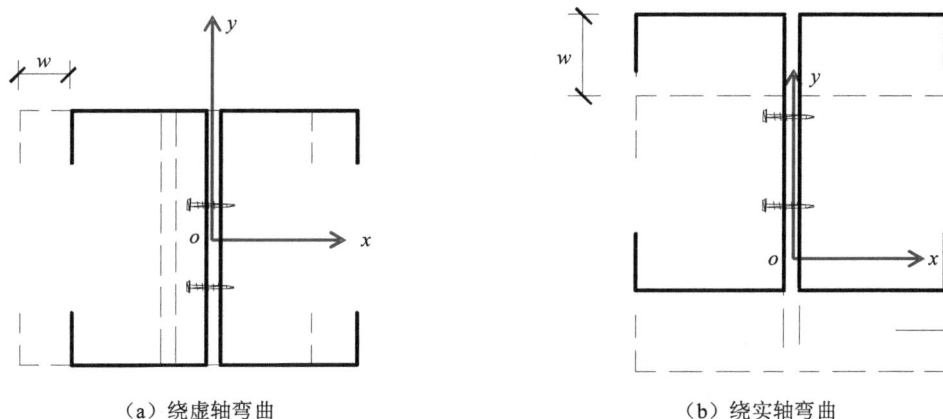

（a）绕虚轴弯曲　　　　　　　　　　（b）绕实轴弯曲

图 7-3　CFS 双肢开口拼合柱的弯曲屈曲模式

当 CFS 双肢开口拼合柱绕虚轴弯曲时，剪力引起的附加变形不可忽视。根据 6.1.2 节研究可知，构件的屈曲临界荷载为

$$P_{crGy} = \frac{2\pi^2[K_G L^2(K_G A_c e^2 + EI_c)/e_1 + EI_c EA_c \pi^2]}{L^2(EA_c \pi^2 + K_G L^2/e_1)} \tag{7-24}$$

式中，抗剪刚度 K_G 见式（6-27）；EA_c 和 EI_c 分别为分肢构件的轴压刚度和抗弯刚度。

当 CFS 双肢开口拼合柱绕实轴弯曲时，只要组成拼合柱的各分肢自身不发生失稳 [满足式（7-12）]，组成拼合柱的两个分肢的弯曲中性轴将会重合，这与实腹式构件较为类似。因此，剪力引起的附加变形相对较小，拼合柱的屈曲临界荷载可取为

$$P_{crGx} = \frac{\pi^2 EA_g}{\lambda^2} \tag{7-25}$$

式中，A_g 为拼合截面的横截面积；长细比 $\lambda = L/\sqrt{I_x/A_g}$；$I_x$ 为拼合截面绕实轴的惯性矩（图 7-3 的 x 轴）。

实际中，受压构件的失稳破坏总是朝着最不利的方向发展，故由式（7-24）和式（7-25）可知 CFS 双肢开口拼合柱的整体屈曲临界荷载为

$$P_{crG} = \min(P_{crGx}, P_{crGy}) \tag{7-26}$$

7.4 计算算例

表 7-2 收集了国内外已完成 255 根 CFS 双肢拼合柱试验数据和有限元分析结果。表 7-2 中，Tina 试验、Stone 等试验、Fratamico 等试验、Kechidi 等试验、王群试验的几何尺寸参数、材料物理参数以及承载力试验值和破坏模式。

表 7-2 承载力设计方法计算值和试验值的对比信息

序号	参考文献	试件数量/根
1	Tina 试验	53
2	Stone 等试验	32
3	Fratamico 等试验	12
4	Kechidi 等试验	4
5	王群试验	9
6	本书试验	18
7	路延	127
总计		255

此外，为反映 LD 相关屈曲对 CFS 双肢开口拼合柱的影响，表 7-3 参考 Silvestre 的建议，设计了 28 根两端固结的 LD 相关屈曲"敏感型"试件，即按式（7-13）计算的局部屈曲临界荷载 P_{crL} 约等于按式（7-17）计算的畸变屈曲临界荷载 P_{crD}，进而使试件局部屈曲稳定性和畸变屈曲稳定性基本相当。在表 7-3 中，L 为试件的长度，a、b、d 分别为腹板、翼缘和卷边的宽度，t 为板厚，e_1、e_2 分别为自攻螺钉的纵距和横距。随后，采用本书第 2 章的有限元模型（图 2-21），分析了表 7-3 试件的承载力 P_t 和破坏模式（Mode）。有限元分析时，模型的初始板件不平整度取为特征值分析的第一阶模态，缺陷值则参考 Zeinoddini 和 Schafer 的研究取为 0.31 倍的板厚 t，而整体初弯曲取为 $1/1\,000\,L$，自攻螺钉的直径 $d_s=4.8$，弹性模量 $E_s=203\,000\ \text{N/mm}^2$。

表 7-3 CFS 双肢开口拼合柱几何尺寸、材料参数和有限元模拟结果

试件编号	几何尺寸/mm							E	f_y	P_{crL}/kN	P_{crD}/kN	模拟结果	
	L	a	b	d	t	e_1	e_2					P_t/kN	Mode
1	2 400	100	80	10	1.3	600	32	210 000	250.0	109.5	95.8	94.4	LD
2	2 400	100	80	10	1.3	600	32	210 000	350.0	109.5	95.8	114.3	LD
3	2 400	100	80	10	1.3	600	32	210 000	450.0	109.5	95.8	118.6	LD
4	2 400	100	80	10	1.3	600	32	210 000	550.0	109.5	95.8	126.4	LD
5	2 400	120	80	10	1.3	600	32	210 000	250.0	86.3	94.6	92.8	LD

试件编号	几何尺寸/mm							E	f_y	P_{crL}/kN	P_{crD}/kN	模拟结果	
	L	a	b	d	t	e_1	e_2					P_t/kN	Mode
6	2 400	120	80	10	1.3	600	32	210 000	350.0	86.3	94.6	108.5	LD
7	2 400	120	80	10	1.3	600	32	210 000	450.0	86.3	94.6	113.2	LD
8	2 400	120	80	10	1.3	600	32	210 000	550.0	86.3	94.6	119.5	LD
9	2 500	100	80	10	1.0	500	32	210 000	250.0	49.9	54.2	57.6	LD
10	2 500	100	80	10	1.0	500	32	210 000	350.0	49.9	54.2	61.7	LD
11	2 500	100	80	10	1.0	500	32	210 000	450.0	49.9	54.2	69.5	LD
12	2 500	100	80	10	1.0	500	32	210 000	550.0	49.9	54.2	76.1	LD
13	2 500	95	80	11	1.0	500	32	210 000	250.0	45.8	54.7	57.0	LD
14	2 500	95	80	11	1.0	500	32	210 000	350.0	45.8	54.7	60.1	LD
15	2 500	95	80	11	1.0	500	32	210 000	450.0	45.8	54.7	69.3	LD
16	2 500	95	80	11	1.0	500	32	210 000	550.0	45.8	54.7	75.2	LD
17	1 430	150	130	10	1.2	358	32	210 000	250.0	56.6	57.3	87.3	LD
18	1 430	150	130	10	1.2	358	32	210 000	350.0	56.6	57.3	104.8	LD
19	1 430	150	130	10	1.2	358	32	210 000	450.0	56.6	57.3	109.6	LD
20	1 430	150	130	10	1.2	358	32	210 000	550.0	56.6	57.3	122.1	LD
21	1 150	115	80	10	1.5	288	32	210 000	250.0	140.3	149.4	140.5	LD
22	1 150	115	80	10	1.5	288	32	210 000	350.0	140.3	149.4	160.4	LD
23	1 150	115	80	10	1.5	288	32	210 000	450.0	140.3	149.4	171.3	LD
24	1 150	115	80	10	1.5	288	32	210 000	550.0	140.3	149.4	186.4	LD
25	1 760	110	100	16	1.9	440	32	210 000	250.0	414.8	389.1	262.4	LD
26	1 760	110	100	16	1.9	440	32	210 000	350.0	414.8	389.1	299.5	LD
27	1 760	110	100	16	1.9	440	32	210 000	450.0	414.8	389.1	332.5	LD
28	1 760	110	100	16	1.9	400	32	210 000	550.0	414.8	389.1	353.1	LD

7.4.1　极限荷载计算值和试验值 P_t 的对比

表 7-4～表 7-13 分别给出了按式（7-8）和式（7-11）计算的承载力 P_{u1}、P_{u2} 和承载力试验值 P_t（或数值解）的对比结果，与 P_{u3} 有关的参数详见后文（表 7-4 中）。值得一提的是参考文献并未给出所有试验试件的破坏模式（Mode），因此表 7-4 和表 7-5 未列出试件的破坏模式。

表 7-4　Tina 试件的极限荷载计算值和试验值的对比　　　　　　　　单位：kN

试件编号	试验结果	方法一		方法二		方法三		比值		
	P_t	P_{u1}	Mode	P_{u2}	Mode	P_{u3}	Mode	P_{u1}/P_t	P_{u2}/P_t	P_{u3}/P_t
75S50L300-1	120.7	117.1	LG	111.7	LD	117.1	LG	0.970	0.925	0.970
75S50L300-2	118.9	117.2	LG	111.3	LD	117.2	LG	0.986	0.936	0.986
75S50L300-3	118.7	116.2	LG	110.3	LD	116.2	LG	0.979	0.929	0.979
75S100L300-2	117.5	117.1	LG	112.4	LD	117.1	LG	0.997	0.957	0.997

试件编号	试验结果	方法一		方法二		方法三		比值		
	P_t	P_{u1}	Mode	P_{u2}	Mode	P_{u3}	Mode	P_{u1}/P_t	P_{u2}/P_t	P_{u3}/P_t
75S100L300-3	122.7	117.2	LG	112.0	LD	117.2	LG	0.955	0.913	0.955
75S100L300-4	115.4	116.8	LG	111.4	LD	116.8	LG	1.012	0.966	1.012
75S200L300-1	122.5	117.0	LG	112.5	LD	117.0	LG	0.955	0.918	0.955
75S200L300-2	119.1	117.0	LG	112.5	LD	117.0	LG	0.983	0.944	0.983
75S200L300-3	113.1	117.3	LG	112.7	LD	117.3	LG	1.036	0.996	1.036
90S50L300-1	172.5	162.1	LG	162.1	LD	162.1	LG	0.940	0.940	0.940
90S50L300-2	171.6	161.8	LG	161.8	LD	161.8	LG	0.943	0.943	0.943
90S50L300-3	167.6	161.0	LG	161.0	LD	161.0	LG	0.961	0.961	0.961
90S100L300-3	171.2	162.2	LG	162.2	LD	162.2	LG	0.948	0.948	0.948
90S100L300-4	173.9	162.1	LG	162.1	LD	162.1	LG	0.932	0.932	0.932
90S200L300-1	170.3	161.8	LG	161.8	LD	161.8	LG	0.950	0.950	0.950
90S200L300-2	177.5	162.0	LG	162.0	LD	162.0	LG	0.913	0.913	0.913
90S200L300-4	171.9	160.0	LG	160.0	LD	160.0	LG	0.931	0.931	0.931
75S100L500-1	83.0	80.2	LG	80.2	LG	80.2	LG	0.967	0.967	0.967
75S100L500-3	74.1	77.8	LG	77.8	LG	77.8	LG	1.050	1.050	1.050
75S200L500-1	86.2	78.6	LG	78.6	LG	78.6	LG	0.912	0.912	0.912
75S200L500-2	88.9	76.2	LG	76.2	LG	76.2	LG	0.857	0.857	0.857
75S200L500-3	93.6	76.1	LG	76.1	LG	76.1	LG	0.813	0.813	0.813
75S400L500-1	74.8	74.5	LG	74.5	LG	74.5	LG	0.996	0.996	0.996
75S400L500-2	80.6	74.4	LG	74.4	LG	74.4	LG	0.924	0.924	0.924
75S400L500-3	87.6	74.3	LG	74.3	LG	74.3	LG	0.848	0.848	0.848
90S100L500-1	165.0	153.2	LG	127.7	LD	153.2	LG	0.928	0.774	0.928
90S100L500-2	163.2	152.5	LG	126.7	LD	152.5	LG	0.934	0.777	0.934
90S200L500-1	170.5	152.5	LG	128.0	LD	152.5	LG	0.895	0.751	0.895
90S200L500-2	173.2	151.7	LG	126.9	LD	151.7	LG	0.876	0.733	0.876
90S200L500-3	151.5	151.7	LG	126.6	LD	151.7	LG	1.001	0.836	1.001
90S400L500-1	170.0	151.1	LG	126.9	LD	151.1	LG	0.889	0.746	0.889
90S400L500-2	151.4	151.2	LG	127.0	LD	151.2	LG	0.999	0.839	0.999
75S225L1000-1	47.0	38.2	LG	38.2	LG	38.2	LG	0.812	0.812	0.812
75S225L1000-2	46.3	38.3	LG	38.3	LG	38.3	LG	0.827	0.827	0.827
75S450L1000-1	50.4	36.9	LG	36.9	LG	36.9	LG	0.731	0.731	0.731
75S450L1000-2	45.0	36.7	LG	36.7	LG	36.7	LG	0.816	0.816	0.816
75S450L1000-3	41.8	33.9	LG	33.9	LG	33.9	LG	0.810	0.810	0.810
75S900L1000-1	39.9	35.4	LG	35.4	LG	35.4	LG	0.888	0.888	0.888
75S900L1000-2	33.7	35.1	LG	35.1	LG	35.1	LG	1.043	1.043	1.043
75S900L1000-3	31.5	32.5	LG	32.5	LG	32.5	LG	1.033	1.033	1.033
90S225L1000-1	167.8	136.6	LG	127.9	LD	136.6	LG	0.814	0.762	0.814
90S225L1000-2	151.8	138.5	LG	128.9	LD	138.5	LG	0.913	0.849	0.913
90S450L1000-2	175.2	137.3	LG	129.1	LD	137.3	LG	0.784	0.737	0.784

试件编号	试验结果	方法一		方法二		方法三		比值		
	P_t	P_{u1}	Mode	P_{u2}	Mode	P_{u3}	Mode	P_{u1}/P_t	P_{u2}/P_t	P_{u3}/P_t
90S450L1000-3	161.1	135.3	LG	128.4	LD	135.3	LG	0.840	0.797	0.840
90S900L1000-1	164.9	135.7	LG	129.0	LD	135.7	LG	0.823	0.782	0.823
90S900L1000-2	150.9	133.2	LG	127.9	LD	133.2	LG	0.882	0.847	0.882
75S475L2000-2	15.3	10.6	LG	10.6	LG	10.6	LG	0.691	0.691	0.691
75S475L2000-3	12.9	10.6	LG	10.6	LG	10.6	LG	0.822	0.822	0.822
75S950L2000-2	13.2	10.4	LG	10.4	LG	10.4	LG	0.784	0.784	0.784
75S950L2000-3	13.0	10.4	LG	10.4	LG	10.4	LG	0.800	0.800	0.800
75S1900L2000-2	12.1	10.1	LG	10.1	LG	10.1	LG	0.835	0.835	0.835
75S1900L2000-3	13.1	10.1	LG	10.1	LG	10.1	LG	0.771	0.771	0.771
均值	—	—	—	—	—	—	—	0.904	0.870	0.904
方差	—	—	—	—	—	—	—	0.086	0.091	0.086

表 7-5　Stone 等试件的极限荷载计算值和试验值的对比　　　　　　单位：kN

试件编号	试验结果	方法一		方法二		方法三		比值		
	P_t	P_{u1}	Mode	P_{u2}	Mode	P_{u3}	Mode	P_{u1}/P_t	P_{u2}/P_t	P_{u3}/P_t
1	80.6	73.0	LG	73.0	LG	73.0	LG	0.906	0.906	0.906
2	83.0	71.9	LG	71.9	LG	71.9	LG	0.866	0.866	0.866
3	77.0	71.9	LG	71.9	LG	71.9	LG	0.934	0.934	0.934
4	81.2	71.9	LG	71.9	LG	71.9	LG	0.886	0.886	0.886
5	74.1	71.3	LG	71.3	LG	71.3	LG	0.963	0.963	0.963
6	78.4	71.3	LG	71.3	LG	71.3	LG	0.910	0.910	0.910
7	86.7	71.3	LG	71.3	LG	71.3	LG	0.822	0.822	0.822
8	73.5	71.3	LG	71.3	LG	71.3	LG	0.970	0.970	0.970
9	64.3	71.3	LG	71.3	LG	71.3	LG	1.109	1.109	1.109
10	79.4	68.7	LG	68.7	LG	68.7	LG	0.865	0.865	0.865
11	79.4	68.7	LG	68.7	LG	68.7	LG	0.865	0.865	0.865
12	79.8	68.7	LG	68.7	LG	68.7	LG	0.861	0.861	0.861
13	55.3	61.6	LG	61.6	LG	61.6	LG	1.114	1.114	1.114
14	66.9	61.6	LG	61.6	LG	61.6	LG	0.921	0.921	0.921
15	51.2	61.0	LG	61.0	LG	61.0	LG	1.191	1.191	1.191
16	51.2	61.0	LG	61.0	LG	61.0	LG	1.193	1.193	1.193
17	47.6	60.7	LG	60.7	LG	60.7	LG	1.276	1.276	1.276
18	56.0	60.7	LG	60.7	LG	60.7	LG	1.085	1.085	1.085
19	42.8	33.3	LG	33.3	LG	33.3	LG	0.779	0.779	0.779
20	37.6	33.3	LG	33.3	LG	33.3	LG	0.885	0.885	0.885
21	27.4	33.3	LG	33.3	LG	33.3	LG	1.216	1.216	1.216
22	33.9	33.3	LG	33.3	LG	33.3	LG	0.984	0.984	0.984
23	36.7	33.1	LG	33.1	LG	33.1	LG	0.904	0.904	0.904
24	42.5	33.1	LG	33.1	LG	33.1	LG	0.780	0.780	0.780

试件编号	试验结果	方法一		方法二		方法三		比值		
	P_t	P_{u1}	Mode	P_{u2}	Mode	P_{u3}	Mode	P_{u1}/P_t	P_{u2}/P_t	P_{u3}/P_t
25	36.7	33.0	LG	33.0	LG	33.0	LG	0.900	0.900	0.900
26	41.1	33.0	LG	33.0	LG	33.0	LG	0.803	0.803	0.803
27	32.4	28.9	LG	23.2	LD	28.9	LG	0.892	0.715	0.892
28	38.2	28.9	LG	23.2	LD	28.9	LG	0.756	0.606	0.756
29	43.8	28.6	LG	23.2	LD	28.6	LG	0.653	0.528	0.653
30	37.1	28.6	LG	23.2	LD	28.6	LG	0.773	0.625	0.773
31	32.0	28.5	LG	23.2	LD	28.5	LG	0.891	0.723	0.889
32	35.3	28.5	LG	23.2	LD	28.5	LG	0.807	0.656	0.806
均值	—	—	—	—	—	—	—	0.930	0.901	0.930
方差	—	—	—	—	—	—	—	0.148	0.182	0.148

表 7-6　Fratamico 等试件的极限荷载计算值和试验值的对比　　　　单位：kN

试件编号	试验结果		方法一		方法二		方法三		比值		
	P_t	Mode	P_{u1}	Mode	P_{u2}	Mode	P_{u3}	Mode	P_{u1}/P_t	P_{u2}/P_t	P_{u3}/P_t
A1a	141.00	L	137.68	LG	104.99	LD	137.7	LG	0.976	0.745	0.976
A1b	140.00	L	137.68	LG	104.99	LD	137.7	LG	0.983	0.750	0.983
A1c	140.00	L	137.68	LG	104.99	LD	137.7	LG	0.983	0.750	0.983
A2	144.00	LD	138.09	LG	104.99	LD	138.1	LG	0.959	0.729	0.959
A3	140.00	LD	138.39	LG	104.99	LD	138.4	LG	0.988	0.750	0.988
A4	145.00	LD	138.62	LG	104.99	LD	138.6	LG	0.956	0.724	0.956
A5	153.00	L	138.94	LG	104.99	LD	138.9	LG	0.908	0.686	0.908
F1	123.00	LD	121.32	LG	109.50	LD	109.5	LD	0.986	0.890	0.890
F2	125.00	LD	121.32	LG	109.50	LD	109.5	LD	0.971	0.876	0.876
F3	121.00	LD	121.32	LG	109.50	LD	109.5	LD	1.003	0.905	0.905
F4	125.00	LD	121.32	LG	109.50	LD	109.5	LD	0.971	0.876	0.876
F5	125.00	LD	121.32	LG	109.50	LD	109.5	LD	0.971	0.876	0.876
均值	—	—	—	—	—	—	—	—	0.971	0.709	0.931
方差	—	—	—	—	—	—	—	—	0.024	0.036	0.047

表 7-7　Kechidi 等试件的极限荷载计算值和试验值的对比　　　　单位：kN

试件编号	试验结果		方法一		方法二		方法三		比值		
	P_t	Mode	P_{u1}	Mode	P_{u2}	Mode	P_{u3}	Mode	P_{u1}/P_t	P_{u2}/P_t	P_{u3}/P_t
A2	194.3	L	159.6	LG	159.6	LG	159.6	LG	0.821	0.821	0.821
A3	187.4	L	181.4	LG	181.4	LG	167.3	LG	0.968	0.968	0.968
B2	72.2	LD	74.6	LG	71.6	LD	71.6	LD	1.034	0.992	0.992
B4	87.6	LD	84.6	LG	71.6	LD	71.6	LD	0.965	0.817	0.817
均值	—	—	—	—	—	—	—	—	0.947	0.900	0.900
方差	—	—	—	—	—	—	—	—	0.090	0.094	0.094

表 7-8　王群试件的极限荷载计算值和试验值的对比　　　　单位：kN

试件编号	试验结果		方法一		方法二		方法三		比值		
	P_t	Mode	P_{u1}	Mode	P_{u2}	Mode	P_{u3}	Mode	P_{u1}/P_t	P_{u2}/P_t	P_{u3}/P_t
SC-1	160.0	LD	132.1	LG	124.9	LD	132.1	LG	0.826	0.781	0.826
SC-2	150.0	LD	131.3	LG	124.1	LD	131.3	LG	0.875	0.827	0.875
SC-3	130.0	LD	132.1	LG	124.9	LD	132.1	LG	1.016	0.961	1.016
MC-1	128.0	LDG	122.0	LG	101.2	LD	122.0	LG	0.953	0.790	0.953
MC-2	125.0	LDG	123.5	LG	103.0	LD	123.5	LG	0.988	0.824	0.988
MC-3	135.0	LDG	122.0	LG	101.2	LD	122.0	LG	0.904	0.750	0.904
LC-1	89.0	LDG	83.3	LG	83.3	LG	83.3	LG	0.936	0.936	0.936
LC-2	97.0	LDG	84.3	LG	84.3	LG	84.3	LG	0.869	0.869	0.869
LC-3	81.0	LDG	83.8	LG	83.8	LG	83.8	LG	1.035	1.035	1.035
均值	—	—	—	—	—	—	—	—	0.934	0.864	0.934
方差	—	—	—	—	—	—	—	—	0.071	0.095	0.071

表 7-9　本书试件的极限荷载计算值和试验值的对比　　　　单位：kN

试件编号	试验结果		方法一		方法二		方法三		比值		
	P_t	Mode	P_{u1}	Mode	P_{u2}	Mode	P_{u3}	Mode	P_{u1}/P_t	P_{u2}/P_t	P_{u3}/P_t
LC3-90-A1	42.6	G	40.6	LG	40.6	LG	40.6	LG	0.953	0.953	0.953
LC3-90-A2	39.9	G	38.4	LG	38.4	LG	38.4	LG	0.961	0.961	0.961
LC3-90-A3	41.2	G	38.2	LG	38.2	LG	38.2	LG	0.928	0.928	0.928
MC3-90-A1	88.8	LDG	79.0	LG	79.0	LG	79.0	LG	0.890	0.890	0.890
MC3-90-A2	103.0	LDG	82.4	LG	82.4	LG	82.4	LG	0.800	0.800	0.800
MC3-90-A3	97.7	LDG	78.7	LG	78.7	LG	78.7	LG	0.805	0.805	0.805
SC3-90-A1	127.7	L	104.9	LG	104.9	LG	104.9	LG	0.822	0.822	0.822
SC3-90-A2	132.8	L	108.0	LG	108.0	LG	108.0	LG	0.813	0.813	0.813
SC3-90-A3	131.6	L	107.3	LG	107.3	LG	107.3	LG	0.815	0.815	0.815
LC3-140-A1	49.2	G	43.2	LG	43.2	LG	43.2	LG	0.877	0.877	0.877
LC3-140-A2	46.9	G	44.9	LG	44.9	LG	44.9	LG	0.957	0.957	0.957
LC3-140-A3	50.2	G	49.4	LG	49.4	LG	49.4	LG	0.984	0.984	0.984
MC3-140-A1	124.0	LDG	99.0	LG	99.0	LG	99.0	LG	0.798	0.798	0.798
MC3-140-A2	101.0	LDG	96.4	LG	96.4	LG	96.4	LG	0.954	0.954	0.954
MC3-140-A3	105.8	LD	96.9	LG	96.9	LG	96.9	LG	0.916	0.916	0.916
SC3-140-A2	139.6	LD	137.9	LG	132.5	LD	137.9	LG	0.988	0.949	0.988
SC3-140-A3	138.8	LD	138.6	LG	133.5	LD	138.6	LG	0.998	0.962	0.998
均值	—	—	—	—	—	—	—	—	0.898	0.893	0.898
方差	—	—	—	—	—	—	—	—	0.075	0.069	0.075

表 7-10 极限荷载计算值和有限元结果对比 单位：kN

试件编号	模拟结果		方法一		方法二		方法三		比值		
	P_t	Mode	P_{u1}	Mode	P_{u2}	Mode	P_{u3}	Mode	P_{u1}/P_t	P_{u2}/P_t	P_{u3}/P_t
SLC/1 60×30	86.0	L	82.5	LG	82.1	LG	82.5	LG	0.959	0.954	0.959
SLC/1 90×30	87.2	L	78.2	LG	76.5	LG	78.2	LG	0.897	0.877	0.897
SLC/1 120×30	94.2	L	77.1	LG	74.7	LG	77.1	LG	0.818	0.793	0.818
SLC/1 60×60	105.0	L	104.8	LG	104.8	LG	104.8	LG	0.998	0.998	0.998
SLC/2 60×60	106.1	L	106.5	LG	106.5	LG	106.5	LG	1.004	1.004	1.004
SLC/1 120×60	121.0	L	101.3	LG	101.3	LG	101.3	LG	0.838	0.838	0.838
SLC/2 120×60	120.5	L	100.6	LG	100.6	LG	100.6	LG	0.835	0.835	0.835
SLC/1 180×60	115.7	L	93.2	LG	89.7	LD	93.2	LG	0.806	0.776	0.806
SLC/2 180×60	112.9	L	92.3	LG	82.7	LD	92.3	LG	0.818	0.733	0.818
SLC/1 240×60	107.0	L	89.0	LG	83.0	LD	89.0	LG	0.832	0.775	0.832
SLC/2 240×60	102.7	L	91.5	LG	66.3	LD	91.5	LG	0.891	0.645	0.891
SLC/3 240×60	109.2	L	89.7	LG	83.7	LD	89.7	LG	0.821	0.766	0.821
SLC/1 90×90	103.1	L	110.2	LG	107.4	LD	110.2	LG	1.069	1.041	1.069
SLC/2 90×90	104.6	L	111.9	LG	109.0	LD	111.9	LG	1.069	1.042	1.069
SLC/1 180×90	266.3	L	266.9	LG	257.6	LD	266.9	LG	1.002	0.967	1.002
SLC/2 180×90	263.4	L	265.2	LG	253.7	LD	265.2	LG	1.007	0.963	1.007
SLC/3 180×90	144.2	L	148.2	LG	129.3	LD	148.2	LG	1.028	0.897	1.028
SLC/4 180×90	118.0	L	108.9	LG	105.4	LD	108.9	LG	0.923	0.893	0.923
SLC/5 180×90	120.5	L	111.3	LG	108.8	LD	111.3	LG	0.924	0.903	0.924
SLC/1 270×90	120.3	L	100.8	LG	89.6	LD	100.8	LG	0.838	0.745	0.838
SLC/2 270×90	128.4	L	102.8	LG	80.7	LD	102.8	LG	0.800	0.628	0.800
SLC/1 360×90	113.1	L	94.2	LG	80.2	LD	94.2	LG	0.833	0.709	0.833
SLC/1 360×90	110.1	L	95.4	LG	57.5	LD	95.4	LG	0.866	0.522	0.866
均值	—	—	—	—	—	—	—	—	0.876	0.833	0.876
方差	—	—	—	—	—	—	—	—	0.073	0.109	0.073

表 7-11 极限荷载计算值对比 单位：kN

试件编号	模拟结果		方法一		方法二		方法三		比值		
	P_t	Mode	P_{u1}	Mode	P_{u2}	Mode	P_{u3}	Mode	P_{u1}/P_t	P_{u2}/P_t	P_{u3}/P_t
1-100	198.8	D	192.8	D	192.8	LD	192.8	D	0.970	0.970	0.970
2-100	396.2	D	332.0	D	332.0	LD	332.0	D	0.838	0.838	0.838
3-100	448.2	D	382.3	D	382.3	LD	382.3	D	0.853	0.853	0.853
4-100	566.9	D	510.8	D	475.3	LD	510.8	D	0.901	0.838	0.901
5-100	240.1	D	221.0	D	221.0	LD	221.0	D	0.921	0.921	0.921
6-100	393.2	D	362.8	D	348.3	LD	362.8	D	0.923	0.886	0.923
7-100	432.7	D	414.2	D	381.2	LD	414.2	D	0.957	0.881	0.957
8-100	235.5	D	207.8	D	207.8	LD	207.8	D	0.882	0.882	0.882
9-100	386.7	D	329.6	D	308.7	LD	329.6	D	0.852	0.798	0.852
10-100	329.1	D	321.6	D	321.6	LD	321.6	D	0.977	0.977	0.977

试件编号	模拟结果		方法一		方法二		方法三		比值		
	P_t	Mode	P_{u1}	Mode	P_{u2}	Mode	P_{u3}	Mode	P_{u1}/P_t	P_{u2}/P_t	P_{u3}/P_t
11-100	703.0	D	613.2	D	613.2	LD	613.2	D	0.872	0.872	0.872
12-100	821.3	D	714.9	D	713.9	LD	714.9	D	0.870	0.869	0.870
13-100	373.6	D	363.4	D	363.4	LD	363.4	D	0.973	0.973	0.973
14-100	725.4	D	629.8	D	629.8	LD	629.8	D	0.868	0.868	0.868
15-100	841.6	D	725.9	D	704.3	LD	725.9	D	0.863	0.837	0.863
16-100	344.1	D	307.3	D	307.3	LD	307.3	D	0.893	0.893	0.893
17-100	265.1	D	239.1	D	219.7	LD	239.1	D	0.902	0.829	0.902
1-L/2	198.8	D	192.8	D	192.8	LD	192.8	D	0.970	0.970	0.970
2-L/2	394.1	D	332.0	D	332.0	LD	332.0	D	0.842	0.842	0.842
3-L/2	440.4	D	382.3	D	382.3	LD	382.3	D	0.868	0.868	0.868
4-L/2	562.1	D	510.8	D	475.3	LD	510.8	D	0.909	0.846	0.909
5-L/2	236.5	D	221.0	D	221.0	LD	221.0	D	0.935	0.935	0.935
6-L/2	395.2	D	362.8	D	348.3	LD	362.8	D	0.918	0.881	0.918
7-L/2	430.2	D	414.2	D	381.2	LD	414.2	D	0.963	0.886	0.963
8-L/2	234.2	D	207.8	D	207.8	LD	207.8	D	0.887	0.887	0.887
9-L/2	376.2	D	329.6	D	308.7	LD	329.6	D	0.876	0.821	0.876
10-L/2	327.1	D	321.6	D	321.6	LD	321.6	D	0.983	0.983	0.983
11-L/2	700.9	D	613.2	D	613.2	LD	613.2	D	0.875	0.875	0.875
12-L/2	809.5	D	714.9	D	713.9	LD	714.9	D	0.883	0.882	0.883
13-L/2	373.9	D	363.4	D	363.4	LD	363.4	D	0.972	0.972	0.972
14-L/2	708.7	D	629.8	D	629.8	LD	629.8	D	0.889	0.889	0.889
15-L/2	816.2	D	725.9	D	704.3	LD	725.9	D	0.889	0.863	0.889
16-L/2	343.3	D	307.3	D	307.3	LD	307.3	D	0.895	0.895	0.895
17-L/2	265.1	D	239.1	D	219.7	LD	239.1	D	0.902	0.829	0.902
均值	—	—	—	—	—	—	—	—	0.905	0.886	0.905
方差	—	—	—	—	—	—	—	—	0.043	0.050	0.043

表 7-12 极限荷载计算值和有限元结果对比　　　　　　　　　单位：kN

试件编号	模拟结果		方法一		方法二		方法三		比值		
	P_t	Mode	P_{u1}	Mode	P_{u2}	Mode	P_{u3}	Mode	P_{u1}/P_t	P_{u2}/P_t	P_{u3}/P_t
B80-40-2000	16.1	G	15.9	LG	15.9	LG	15.9	LG	0.988	0.988	0.988
B80-40-1333	16.7	G	16.4	LG	16.4	LG	16.4	LG	0.982	0.982	0.982
B80-40-1000	17.1	G	16.6	LG	16.6	LG	16.6	LG	0.975	0.975	0.975
B80-40-800	17.3	G	16.8	LG	16.8	LG	16.8	LG	0.970	0.970	0.970
B80-40-667	17.5	G	16.9	LG	16.9	LG	16.9	LG	0.966	0.966	0.966
B80-40-400	18.1	G	17.1	LG	17.1	LG	17.1	LG	0.946	0.946	0.946
B80-60-100	18.4	G	17.4	LG	17.4	LG	17.4	LG	0.947	0.947	0.947
B80-60-2000	93.1	G	87.8	LG	87.8	LG	87.8	LG	0.944	0.944	0.944
B80-60-1333	94.6	G	91.7	LG	91.7	LG	91.7	LG	0.970	0.970	0.970
B80-60-1000	95.5	G	94.0	LG	94.0	LG	94.0	LG	0.984	0.984	0.984
B80-60-800	96.0	G	95.5	LG	95.5	LG	95.5	LG	0.994	0.994	0.994

试件编号	模拟结果		方法一		方法二		方法三		比值		
	P_t	Mode	P_{u1}	Mode	P_{u2}	Mode	P_{u3}	Mode	P_{u1}/P_t	P_{u2}/P_t	P_{u3}/P_t
B80-60-667	97.1	G	96.5	LG	96.5	LG	96.5	LG	0.994	0.994	0.994
B80-60-400	100.1	G	98.8	LG	98.8	LG	98.8	LG	0.987	0.987	0.987
B80-60-100	101.8	G	101.6	LG	101.6	LG	101.6	LG	0.998	0.998	0.998
B120-40-2000	35.4	G	34.3	LG	34.3	LG	34.3	LG	0.970	0.970	0.970
B120-40-1333	37.5	G	35.6	LG	35.6	LG	35.6	LG	0.948	0.948	0.948
B120-40-1000	38.4	G	36.3	LG	36.3	LG	36.3	LG	0.947	0.947	0.947
B120-40-800	39.0	G	36.8	LG	36.8	LG	36.8	LG	0.945	0.945	0.945
B120-40-667	39.6	G	37.2	LG	37.2	LG	37.2	LG	0.939	0.939	0.939
B120-40-400	40.5	G	37.9	LG	37.9	LG	37.9	LG	0.937	0.937	0.937
B120-40-100	40.9	G	38.9	LG	38.9	LG	38.9	LG	0.952	0.952	0.952
B120-60-2000	134.9	G	124.4	LG	124.4	LG	124.4	LG	0.922	0.922	0.922
B120-60-1333	138.3	G	130.7	LG	130.7	LG	130.7	LG	0.945	0.945	0.945
B120-60-1000	141.0	G	134.6	LG	134.6	LG	134.6	LG	0.954	0.954	0.954
B120-60-800	141.9	G	137.2	LG	137.2	LG	137.2	LG	0.967	0.967	0.967
B120-60-667	142.5	G	139.1	LG	139.1	LG	139.1	LG	0.976	0.976	0.976
B120-60-400	146.9	G	143.4	LG	143.4	LG	143.4	LG	0.976	0.976	0.976
B120-60-100	148.8	G	149.0	LG	149.0	LG	149.0	LG	1.001	1.001	1.001
B160-40-2000	49.9	G	47.9	LG	47.9	LG	47.9	LG	0.960	0.960	0.960
B160-40-1333	52.6	G	49.8	LG	49.8	LG	49.8	LG	0.945	0.945	0.945
B160-40-1000	53.7	G	50.9	LG	50.9	LG	50.9	LG	0.948	0.948	0.948
B160-40-800	54.6	G	51.7	LG	51.7	LG	51.7	LG	0.947	0.947	0.947
B160-40-667	55.1	G	52.2	LG	52.2	LG	52.2	LG	0.948	0.948	0.948
B160-40-400	56.8	G	53.5	LG	53.5	LG	53.5	LG	0.941	0.941	0.941
B160-40-100	57.0	G	55.1	LG	55.1	LG	55.1	LG	0.967	0.967	0.967
B160-60-2000	160.0	G	149.7	LG	149.7	LG	149.7	LG	0.936	0.936	0.936
B160-60-1333	168.2	G	157.0	LG	157.0	LG	157.0	LG	0.933	0.933	0.933
B160-60-1000	171.1	G	161.7	LG	161.7	LG	161.7	LG	0.945	0.945	0.945
B160-60-800	172.3	G	165.0	LG	165.0	LG	165.0	LG	0.958	0.958	0.958
B160-60-667	174.2	G	167.4	LG	167.4	LG	167.4	LG	0.961	0.961	0.961
B160-60-400	178.0	G	172.9	LG	172.9	LG	172.9	LG	0.971	0.971	0.971
B160-60-100	180.2	G	180.4	LG	180.4	LG	180.4	LG	1.001	1.001	1.001
均值	—	—	—	—	—	—	—	—	0.962	0.962	0.962
方差	—	—	—	—	—	—	—	—	0.021	0.021	0.021

表 7-13　极限荷载计算值和有限元结果对比 　　　　　　　单位：kN

试件编号	模拟结果		方法一		方法二		方法三		比值		
	P_t	Mode	P_{u1}	Mode	P_{u2}	Mode	P_{u3}	Mode	P_{u1}/P_t	P_{u2}/P_t	P_{u3}/P_t
1	94.4	LD	102.8	D	89.2	LD	89.2	LD	1.089	0.945	0.945
2	114.3	LD	122.0	D	100.1	LD	100.1	LD	1.067	0.876	0.876
3	118.6	LD	137.9	D	108.6	LD	108.6	LD	1.163	0.916	0.916
4	126.4	LD	151.8	D	115.7	LD	115.7	LD	1.200	0.915	0.915

试件编号	模拟结果		方法一		方法二		方法三		比值		
	P_t	Mode	P_{u1}	Mode	P_{u2}	Mode	P_{u3}	Mode	P_{u1}/P_t	P_{u2}/P_t	P_{u3}/P_t
5	92.8	LD	105.9	D	84.1	LD	84.1	LD	1.141	0.906	0.906
6	108.5	LD	125.4	D	94.0	LD	94.0	LD	1.156	0.866	0.866
7	113.2	LD	141.7	D	101.9	LD	101.9	LD	1.251	0.900	0.900
8	119.5	LD	155.7	D	108.4	LD	108.4	LD	1.303	0.907	0.907
9	57.6	LD	68.0	D	52.1	LD	52.1	LD	1.181	0.905	0.905
10	61.7	LD	80.2	D	58.1	LD	58.1	LD	1.300	0.941	0.941
11	69.5	LD	90.3	D	62.8	LD	62.8	LD	1.298	0.903	0.903
12	76.1	LD	99.1	D	66.7	LD	66.7	LD	1.302	0.876	0.876
13	57.0	LD	66.2	D	49.7	LD	49.7	LD	1.162	0.873	0.873
14	60.1	LD	78.2	D	55.5	LD	55.5	LD	1.301	0.923	0.923
15	69.3	LD	88.1	D	60.0	LD	60.0	LD	1.271	0.865	0.865
16	75.2	LD	96.7	D	63.7	LD	63.7	LD	1.287	0.848	0.848
17	87.3	LD	94.0	D	67.3	LD	67.3	LD	1.077	0.771	0.771
18	104.8	LD	109.7	D	74.5	LD	74.5	LD	1.047	0.711	0.711
19	109.6	LD	122.9	D	80.2	LD	80.2	LD	1.121	0.732	0.732
20	122.1	LD	134.3	D	85.0	LD	85.0	LD	1.100	0.696	0.696
21	140.5	LD	140.3	D	119.3	LD	119.3	LD	0.999	0.849	0.849
22	160.4	LD	167.7	D	134.4	LD	134.4	LD	1.045	0.838	0.838
23	171.3	LD	190.5	D	146.2	LD	146.2	LD	1.112	0.853	0.853
24	186.4	LD	210.2	D	156.0	LD	156.0	LD	1.127	0.837	0.837
25	262.4	LD	304.5	D	286.1	LD	286.1	LD	1.161	1.090	1.090
26	299.5	LD	368.5	D	325.6	LD	325.6	LD	1.230	1.087	1.087
27	332.5	LD	421.3	D	356.3	LD	356.3	LD	1.267	1.071	1.071
28	353.1	LD	467.0	D	381.7	LD	381.7	LD	1.323	1.081	1.081
均值	—	—	—	—	—	—	—	—	1.181	0.892	0.892
方差	—	—	—	—	—	—	—	—	0.096	0.102	0.102

7.4.2 极限荷载计算值和试验值的综合对比分析

为便于对比式（7-8）和式（7-11）的精度，表 7-14 给出了表 7-4～表 7-13 共 253 个轴压构件的 P_{u1}［式（7-8）］$/P_t$ 和 P_{u2}［式（7-11）］$/P_t$ 的均值和方差（P_{u3}/P_t 详见 7.4.1 节）。由表 7-14 可知，式（7-8）计算的 P_{u1}/P_t 的均值和方差分别为 0.951、0.073，而式（7-11）计算的 P_{u2}/P_t 的均值和方差分别为 0.874、0.082，说明式（7-8）可以较好地预测 CFS 拼合柱的承载力，而式（7-11）则略显保守。进一步由表 7-4～表 7-13 可知，式（7-11）由于将 LD 相关屈曲设计曲线纳入了承载力设计的"取小"过程中，故存在将发生局部屈曲破坏的试件"误判"为局部-畸变相关屈曲的情况，导致过于低估试件的屈曲后强度。虽然式（7-8）总体上相对式（7-11）较为精确，但对于 LD 相关屈曲"敏感型"试件（见表 7-13），按式（7-8）计算的承载力几乎无一例外均高估了试件的承载力，这与 Silvestre 等对 C 形截面试验的研究结果基本一致，说明忽略局部-畸变相关屈曲的影响并不合理。

表 7-14　构件极限荷载计算值与试验值的综合对比分析

序号	参考文献	数量 n	P_{u1}/P_t		P_{u2}/P_t		P_{u3}/P_t	
			均值	方差	均值	方差	均值	方差
1	Tina 试验	53	0.904	0.086	0.870	0.091	0.904	0.086
2	Stone 等试验	32	0.930	0.148	0.930	0.148	0.930	0.148
3	Fratami 等试验	12	0.971	0.024	0.709	0.036	0.931	0.047
4	Kechidi 等试验	4	0.947	0.090	0.900	0.094	0.900	0.094
5	王群试验	9	0.934	0.071	0.864	0.095	0.934	0.071
6	路延试验	18	0.898	0.075	0.893	0.069	0.898	0.075
7	路延有限元结果 1	23	0.876	0.073	0.833	0.109	0.876	0.073
8	路延有限元结果 2	34	0.905	0.043	0.886	0.050	0.905	0.043
9	路延有限元结果 3	42	0.962	0.021	0.962	0.021	0.962	0.021
10	路延有限元结果 4	26	1.181	0.096	0.892	0.102	0.892	0.102
	总计	253	0.951	0.073	0.874	0.082	0.913	0.076

注：P_{u1} 为传统直接强度法（方法一）计算的承载力；P_{u2} 为考虑局部-畸变相关屈曲法（方法二）计算的承载力；P_{u3} 为本书建议方法（方法三）计算的承载力；P_t 为承载力试验值（或数值解）。

综上所述，式（7-8）和式（7-11）从统计结果来看均具有一定的可行性。但式（7-8）忽略了局部-畸变相关屈曲的影响存在高估部分试件承载力的问题。显然，这种不安全的现象在设计实践中往往是不能够被接受的。而式（7-12）虽然考虑了局部-畸变相关屈曲的影响，但简单地将局部-畸变相关屈曲设计曲线［式（7-11）］纳入结构设计的"取小"过程中，也存在"误判"的现象导致过于低估构件承载力。鉴于此，有必要探索一种既能够考虑局部-畸变相关屈曲影响，又可以避免"误判"现象的设计方法。

7.5　局部-畸变相关屈曲承载力设计方法 P_{u3}（方法三）

7.5.1　局部-畸变相关屈曲失稳机理

要建立能够考虑局部-畸变相关屈曲的承载力设计方法，首先应明确局部-畸变相关屈曲的失稳机理。图 7-4 给出了发生局部-畸变相关屈曲试件的荷载-轴向位移曲线，以便阐述局部-畸变相关屈曲失稳机理。在图 7-4 中，沿纵向坐标自下而上的 4 条基准线 P_{crL}、P_{crD}、P_{uLD} 和 P_{uL} 分别代表试件的局部屈曲临界荷载、畸变屈曲临界荷载、局部-畸变相关屈曲承载力和局部屈曲承载力。由图 7-4 可知，当荷载 $P > P_{crL}$ 时，试件会由于局部屈曲稳定性不足发生失稳变形，故荷载曲线不再保持线性，但是，由于局部屈曲具有较高的屈曲后强度储备，试件虽发生失稳但仍可继续承载。如不考虑其他屈曲模式相关性的影响，试件在充分利用屈曲后强度储备下荷载达到 $P=P_{uL}$ 时发生局部屈曲破坏。当试件的畸变屈曲临界荷载 P_{crD} 小于局部屈曲承载力 P_{uL} 时，试件在荷载 $P_{uL}>P_{crD}$ 情况下因畸变屈曲稳定性不足会发生畸变失稳，即所谓的二阶畸变屈曲，进而出现局部-畸变相关屈曲，并严重削弱试件自身的屈曲后强度，于是荷载 P 达到 P_{uLD} 时便发生了破坏。

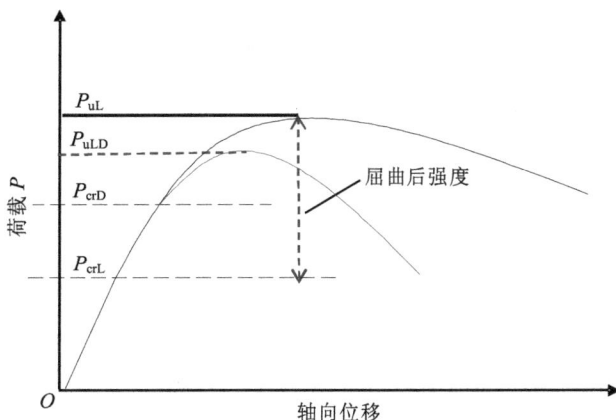

图 7-4　局部-畸变相关屈曲机理

显然，相关屈曲的出现削弱了试件的承载力。但由图 7-4 可以看出，如果以局部屈曲临界荷载 P_{crL}、畸变屈曲临界荷载 P_{crD} 和局部屈曲承载力 P_{uL} 作为特征参数，便可以对局部-畸变相关屈曲进行"经验性"的判别，即如果试件满足下列关系，则可认为试件会出现局部-畸变相关屈曲：

$$P_{crL}<P_{crD} \text{ 且 } P_{uL}>P_{crD} \tag{7-27}$$

此外，何子奇研究表明，由于畸变屈曲也具有一定的屈曲后强度，故试件还存在畸变-局部这种先出现畸变后出现局部屈曲的相关屈曲。对于这类相关屈曲，仍可参考图 7-4 的原理，提出畸变-局部相关屈曲的判别准则：

$$P_{crD}<P_{crL} \text{ 且 } P_{uD}>P_{crL} \tag{7-28}$$

7.5.2　建议的承载力设计方法

前文给出了能够判别局部-畸变相关屈曲的经验性判别准则式（7-27）和式（7-28），这样便可以在构件承载力设计时，提前以式（7-27）和式（7-28）为判据，来确定到底要不要考虑局部-畸变相关屈曲的影响，进而可以在考虑局部-畸变相关屈曲影响的同时，避免直接"取小"导致过于误判的问题。因此，本书将式（7-27）和式（7-28）与式（7-8）和式（7-11）结合起来，提出了基于判别准则的直接强度法。

当 $P_{crL}<P_{crD}$ 且 $P_{uL}>P_{crD}$（或 $P_{crD}<P_{crL}$ 且 $P_{uD}>P_{crL}$）时：

$$P_{u3} = \min(P_{uL}, \ P_{uD}, \ P_{uG}, \ P_{uLD}) \tag{7-29a}$$

其他情况：

$$P_{u3} = \min(P_{uL}, \ P_{uD}, \ P_{uG}) \tag{7-29b}$$

式中，P_{uL}、P_{uD}、P_{uG} 和 P_{uLD} 分别为局部屈曲承载力［式（7-9a）］、畸变屈曲承载力［式（7-9b）］、弯曲屈曲承载力［式（7-9c）］和局部-畸变相关屈曲承载力［式（7-10）］。

为验证式（7-29）的精度和适用性，采用式（7-29a）、式（7-29b）计算了表 7-4～表 7-13 所列试件的承载力 P_{u3}，并与试验值 P_t（或数值解）进行了比较。为便于比较，表 7-14 还给出了各批次试件按式（7-8）计算的 P_{u1}、按式（7-11）计算的 P_{u2} 和按式（7-29a）、式（7-29b）计算的 P_{u3} 的综合比较。由表 7-14 可知，P_{u3}/P_t 的均值和方差分别为 0.913、0.076，这与 P_{u1}/P_t 的均值和方差基本相当。进一步观察表 7-4～表 7-13，可以发现式（7-29a）、式（7-29b）采用的判据修正了式（7-11）因"误判"而导致的过于保守的现象（以 A5 试件为例，见表 7-6）。此外，对于表 7-13 中的试件，P_{u3}/P_t 的均值和方差分别为 0.892、0.102，而 P_{u1}/P_t 的均值和方差则分别为 1.181、0.096，说明式（7-29a）、式（7-29b）显著地改善了式（7-8）在局部-畸变相关屈曲问题上的不安全现象。

7.6 本章小结

本章在归纳和总结直接强度法的研究背景下，提出了两套适用于不同范围的 CFS 双肢开口拼合柱承载力的直接强度法，即传统的直接强度法 P_{u1}［式（7-8）］和考虑局部-畸变相关屈曲的直接强度法 P_{u2}［式（7-11）］，并在第 4 章至第 6 章的研究成果上，给出了自攻螺钉间距取值上的建议，以及计算承载力 P_{u1} 和 P_{u2} 所需的局部屈曲临界荷载计算式 P_{crL}［式（7-13）］、畸变屈曲临界荷载计算式 P_{crD}［式（7-17）］和整体屈曲临界荷载计算式 P_{crG}［式（7-26）］。随后，在揭示局部-畸变相关屈曲失稳机理的基础上，提出了局部-畸变相关屈曲的判据，并给出了基于判别准则的直接强度法 P_{u3}［式（7-29a）、式（7-29b）］。最后，采用本书提出的 3 套直接强度法，即 P_{u1}、P_{u2} 和 P_{u3}，计算了国内已有的 253 根 CFS 双肢开口拼合柱的轴压试件的承载力，并与承载力试验值（或有限元结果）进行了对比。对比结果表明：

（1）总体上，按 P_{u1}［式（7-8）］计算的承载力与试验值较为接近。但对于发生局部-畸变相关屈曲的构件，按 P_{u1} 计算出的承载力偏于不安全，说明 P_{u1} 不适用于计算发生局部-畸变相关屈曲的构件承载力。

（2）按 P_{u2}［式（7-11）］计算的承载力存在破坏模式的"误判"现象，即将发生局部屈曲或畸变屈曲破坏的试件误判为局部-畸变相关屈曲，故显著低估了构件的屈曲后强度，进而导致按 P_{u2} 计算的承载力和试验值相比略显保守，说明在局部-畸变相关屈曲问题上，简单地根据"取小"的原则，将已有的局部-畸变相关屈曲设计曲线纳入 CFS 双肢开口拼合柱的承载力计算上并不合理。

（3）本书基于判别准则的直接强度法 P_{u3} [式（7-29a）、式（7-29b）]，既有效地避免了式（7-11）因误判导致的过于保守的问题，又避免了式（7-8）未考虑局部-畸变相关屈曲影响而导致的不安全现象，优越性明显。

参考文献

[1]　冷弯薄壁型钢结构技术规范：GB 50018—2002[S]. 北京：中国计划出版社，2002.

[2]　低层冷弯薄壁型钢房屋建筑技术规程：JGJ 227—2011[S]. 北京：中国建筑工业出版社，2011.

[3]　何子奇. 冷弯薄壁型钢轴压构件畸变及与局部相关的失稳机理和设计理论[D]. 兰州：兰州大学，2014.

[4]　王群. 开口双肢冷弯薄壁型钢组合截面立柱承载力的试验和理论研究[D]. 西安：长安大学，2009.

[5]　路延. 冷弯薄壁型钢双肢开口拼合轴压柱失稳机理和承载力设计方法研究[D]. 西安：长安大学，2018.

[6]　AISI S100-2007. North American specification for the design of cold-formed steel structural members[S]. Washington：American Institute of Steel Construction，2007.

[7]　AS/NZS 4600：2005. Cold-formed steel structures[S]. Sydney：Australian Institute of Steel Construction，2005.

[8]　EN1993-1-3. Eurocode 3-Design of steel structures-part 1-3：General rules- Supplementary rules for cold-formed members and sheeting[S]. European Committee for Standardization，2006.

[9]　Kwon Y B，Hancock G J. Test of cold-formed channels with local and distortional buckling[J]. Journal of Structural Engineering（ASCE），1992，117（7）：1786-1803.

[10]　Schafer B W，Peköz T. Direct strength prediction of cold-formed steel members using numerical elastic buckling solutions[C]. St. Louis，MO：Proceedings of the fourteenth international specialty conference on cold-formed steel structures，1998：69-76.

[11]　Kwon Y B，Kim B S，Hancock G J. Compression tests of high strength cold-formed steel channel columns with buckling interaction[J]. Journal of Constructional Steel Research，2009，65（2）：278-289.

[12]　Young B，Silvestre N，Camotim D. Cold-formed steel lipped channel columns influenced by local-distortional interaction：Strength and DSM design[J]. Journal of Structural Engineering（ASCE），2013，139（6）：1059-1074.

[13]　Tina H. The behaviour of axially loaded cold-formed steel back-to-back C-channel built-up columns[D]. Perth：Curtin University，2013.

[14]　Stone T A，Laboube R A. Behavior of cold-formed steel built-up I-sections[J]. Thin-Walled Structures，2005，43（12）：1805-1817.

[15]　Fratamico D C，Torabian S，Rasmussen K J R，et al. Experimental investigation of the effect of screw fastener spacing on the local and distortional buckling behavior of built-up cold-formed steel columns[C].

Wei-Wen Yu International Specialty Conference on Cold-Formed Steel Structure，2016.

[16] Kechidi S，Fratamico D，Castro J M，et al. Numerical study on the behavior and design of screw connected built-up CFS chord studs[C]. San Antonio：Stability Conference Structural Stability Research Council，2017.

[17] Zeinoddini V M，Schafer B W. Simulation of geometric imperfections in cold-formed steel members using spectral representation approach[J]. Thin-Walled Structures，2012，60（10）：105-117.

第8章

CFS 双肢闭合拼合短柱局部屈曲承载力叠加法

冷弯薄壁型钢柱的腹板高厚比一般较大，因此局部屈曲破坏现象在冷弯薄壁型钢柱中是很常见的形态。但冷弯薄壁型钢不同于普钢的最大特点在于其局部屈曲后还有较大的屈曲后强度，因此冷弯薄壁型钢构件发生局部屈曲还有一定的承载力。为探究这一特点的规律，国内外学者进行了大量试验研究，主要提出了两种计算方法：有效宽度法和直接强度法。

中国现行国家标准《冷弯薄壁型钢结构技术规范》（GB 50018—2002）有效宽度法和美国规范有效宽度法及直接强度法的计算理论均是针对冷弯薄壁型钢单肢基本组成构件的，关于拼合柱尚无明确的计算理论。因此，本章基于第 2 章试验同系列试件双肢拼合箱形截面短柱局部屈曲承载力约等于单肢 C 形和单肢 U 形构件极限承载力之和的结论，在介绍有效宽度法和直接强度法之后，提出了一种运用直接强度法计算冷弯薄壁双肢拼合箱形截面短柱局部屈曲承载力的设计方法。

8.1 有效宽度法

双肢拼合箱形截面短柱是通过自攻自钻螺钉连接而成，在试验研究时为了测量其腹板与翼缘内侧的应变，在试验翼缘位置处有开洞穿线。螺钉和翼缘开洞、两个基本组成构件间的相对剪切滑动，均会对试件承载力产生一定程度的影响。但通过有限元模拟分析，这种削弱对构件的极限承载力影响很小，可以忽略不计，故在分析时不考虑其影响。有效宽度法是先计算出各组成构件的板件有效宽度，与板件厚度相乘，得到各组成构件的有效面积，再进行叠加，得到拼合截面的有效截面积。

8.1.1 有效宽度法的概念

局部屈曲破坏现象很容易在宽厚比较大的板件上出现，但板件在屈曲后因为冷弯薄壁型钢材料的特性仍然会有一定的承载力。热轧型钢构件在设计时一般不允许板件在出现整体失稳之前发生局部屈曲。而冷弯薄壁型钢构件在设计时不仅允许板件可以出现局部屈曲，还可以将板件的屈曲后强度考虑在设计中。所谓的有效宽度法，是指把原先受力不均匀的非线性应力的板件等效为应力为最大截面应力 f_{max}、宽为 b_e 的均匀承受板件。而等效完后中部在 $b \sim b_e$ 宽度区域视作压力为零的区域（图 8-1）。最早的有效宽度法计算公式是依据完善平板弹性稳定计算得到的，使宽度为 b_e 的四边简支板临界应力等于屈服点。其中，有效宽度与厚度之比的计算公式（8-2）是有效宽度法的重要关系式，可以由式（8-1）得到。

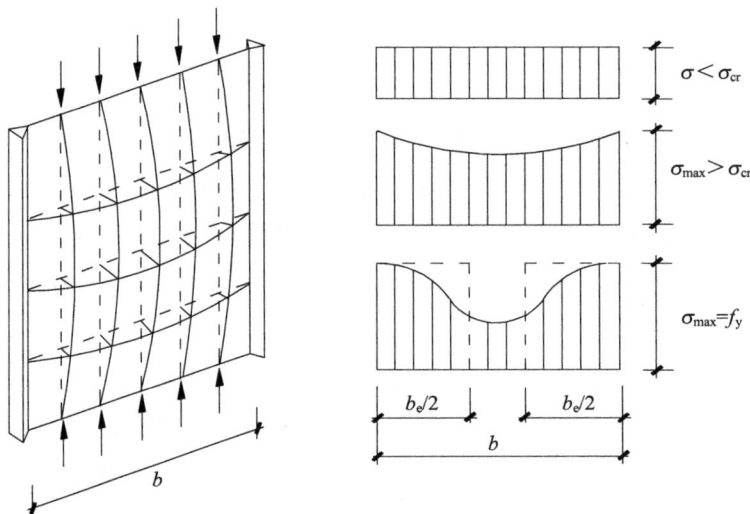

图 8-1　有效宽度法有效宽度等效

$$f_y = \frac{4\pi^2 E}{12(1-v^2)(b_e/t)^2} \tag{8-1}$$

式中，t、b 分别为板件的厚度和宽度；v、E 分别为钢材的泊松比和弹性模量；f_y 为材料屈服强度。

由式（8-1）可得到有效宽度与厚度之比的计算公式：

$$\frac{b_e}{t} = 1.9\sqrt{\frac{E}{f_y}} \tag{8-2}$$

由于板的临界应力为 $\sigma_{cr} = \dfrac{4\pi^2 E}{12(1-v^2)(b/t)^2}$，于是得到有效宽度与板宽度的关系式为

$$\frac{b_e}{b} = \sqrt{\frac{\sigma_{cr}}{f_y}} \tag{8-3}$$

而实际试验所得的结果，有效宽度比由式（8-2）或式（8-3）计算的结果小，这是由于实际构件存在几何初始缺陷。因而，在实际应用中，各国在冷弯薄壁构件设计时应用最多的方法是一种半理论、半经验的有效宽度法公式。其中，因计算结果和试验结果吻合度较大，而被各国规范广泛采用的有效宽度计算公式是美国教授 G.Winter 于 1946 年在大量试验数据统计分析研究基础上提出的有效宽度公式：

$$b_e = 0.95t \sqrt{\frac{kE}{f_y}} \left[1 - 0.208 \frac{t}{b} \sqrt{\frac{kE}{f_y}} \right] \tag{8-4}$$

下面通过中国现行国家标准《冷弯薄壁型钢结构技术规范》（GB 50018—2002）和美国规范的有效宽度法计算理论计算本书的试验和有限元设计试件，讨论其在双肢拼合箱形截面短柱局部屈曲承载力计算上的适用性。

8.1.2　中国现行国家标准《冷弯薄壁型钢结构技术规范》（GB 50018—2002）有效宽度法计算分析

1）中国现行国家标准《冷弯薄壁型钢结构技术规范》（GB 50018—2002）有效宽度法计算方法介绍

中国现行国家标准《冷弯薄壁型钢结构技术规范》（GB 50018—2002）是采用有效宽度法计算冷弯薄壁型钢轴心受压构件的，其稳定承载力的计算公式为 $N = \varphi A_e f$。式中，A_e 为试件有效截面面积；f 为钢材强度设计值，取实际的材料屈服强度，本书取 f=289.24 MPa。为求得构件的稳定承载力，要先确定稳定系数 φ 和有效截面面积 A_e。以下介绍长细比 λ、φ 和 A_e 的计算过程。

（1）计算长细比 λ。

稳定系数 φ 和试件的长细比及时间截面类型，需要先计算试件的长细比，试件的长细比 λ=max（λ_x，λ_y）。

绕 x 轴的长细比：

$$\lambda_x = l_{ox}/i_x \tag{8-5a}$$

绕 y 轴的长细比：

$$\lambda_y = l_{oy}/i_y \tag{8-5b}$$

本书所有试验及有限元分析构件边界条件均是固端连接，则计算长度 $l_{ox} = l/2$、$l_{oy} = l/2$。i_x、i_y 分别为 x、y 轴的毛截面回转半径。由长细比查询可得 φ 取 1，则稳定承载力计算公式变为 $N = A_e f$。

（2）计算有效截面面积 A_e。

中国现行国家标准《冷弯薄壁型钢结构技术规范》（GB 50018—2002）有效宽度的计

算公式如下：

当 $\dfrac{b}{t} \le 18\alpha\rho$ 时，

$$\frac{b_{\mathrm{e}}}{t} = \frac{b_{\mathrm{c}}}{t} \tag{8-6a}$$

当 $18\alpha\rho < \dfrac{b}{t} < 38\alpha\rho$ 时，

$$\frac{b_{\mathrm{e}}}{t} = \left(\sqrt{\frac{21.8\alpha\rho}{b/t}} - 0.1 \right)\frac{b_{\mathrm{c}}}{t} \tag{8-6b}$$

当 $\dfrac{b}{t} \ge 38\alpha\rho$ 时，

$$\frac{b_{\mathrm{e}}}{t} = \frac{25\alpha\rho}{b/t}\frac{b_{\mathrm{c}}}{t} \tag{8-6c}$$

式中，b、b_{e}、b_{c} 分别为计算板件宽度、板件有效宽度、板件受压区宽度，本书 $b_{\mathrm{c}}=b$；α 为计算系数，轴心受压构件 $\alpha =1$；ρ 为计算系数，$\rho = \sqrt{205k_1k/\sigma_1}$，$k$ 是受压板件稳定系数，k_1 为板组约束系数。根据现行国家标准《冷弯薄壁型钢结构技术规范》（GB 50018—2002），对于轴心受压构件，其加劲板件、部分加劲板件、非加劲板件的受压板件稳定系数分别取 $k = 4$、$k = 0.98$、$k = 0.425$。$\sigma_1 =f=289.24$ MPa。因为 $\rho = \sqrt{205k_1k/\sigma_1}$ 中的 205 为偏于安全的由标准值 235 折减后得到的设计值，所以根据参考文献，在将理论计算结果与试验结果进行对比分析时，应该用标准值进行分析，即 $\rho = \sqrt{235k_1k/\sigma_1}$。

当 $\xi \le 1.1$ 时，

$$k_1 = 1/\sqrt{\xi} \tag{8-7a}$$

当 $\xi > 1.1$ 时，

$$k_1 = 0.11 + \frac{0.93}{(\xi - 0.05)^2} \tag{8-7b}$$

式中，计算系数 $\xi = \dfrac{c}{b}\sqrt{\dfrac{k}{k_{\mathrm{c}}}}$；$b$、$c$ 分别为板件、邻接板件宽度；k、k_{c} 分别为板件、邻接板件的受压稳定系数。

2）现行国家标准《冷弯薄壁型钢结构技术规范》（GB 50018—2002）有效宽度法计算结果分析

将现行国家标准《冷弯薄壁型钢结构技术规范》（GB 50018—2002）计算局部屈曲承载力公式计算试验构件和变高厚比的试件，进行计算时试验试件按照本书 2.3.5 节的实测尺寸进行计算，变高厚比试件按设计尺寸计算。然后将规范计算结果与试验、变高厚比有限元结果进行对比分析，对比情况如表 8-1、表 8-2 和图 8-2 所示，由于不同系列规律较为一致，图 8-2 只展示了 90 系列和 150 系列。

由表 8-1 可知，对于 120 系列和 140 系列试件，现行国家标准《冷弯薄壁型钢结构技术规范》（GB 50018—2002）计算结果均大于试验结果，且试验的极限承载力普遍比规范理论计算承载力高出 30%以上，这说明现行国家标准《冷弯薄壁型钢结构技术规范》（GB 50018—2002）对于冷弯薄壁拼合箱形截面柱局部屈曲承载力的计算理论过于保守。

表 8-1　GB 50018—2002 的计算结果与试验结果及有限元分析结果对比

试件编号	A/mm^2	A_e/mm^2	N_u/kN	P_t/kN	P_A/kN	P_t/N_u	P_A/N_u
C3-120-45-A1	540.75	237.82	68.79	92.05	100.93	1.338	1.467
C3-120-45-A2	541.26	238.02	68.84	91.04	97.70	1.322	1.419
C3-120-45-A3	530.99	231.47	66.95	86.93	94.95	1.298	1.418
C3-120-90-A1	542.52	241.63	69.89	92.02	100.25	1.317	1.434
C3-120-90-A2	534.70	235.81	68.21	89.85	98.24	1.317	1.440
C3-120-90-A3	542.23	243.11	70.32	94.84	100.10	1.349	1.424
C3-120-150-A1	541.70	232.56	67.27	97.18	99.35	1.445	1.477
C3-120-150-A2	528.51	230.52	66.68	86.61	95.29	1.299	1.429
C3-120-150-A3	534.89	236.66	68.45	89.03	97.37	1.301	1.422
C3-140-50-A1	561.95	244.54	70.73	95.63	98.85	1.352	1.398
C3-140-50-A2	556.34	243.55	70.44	93.74	98.70	1.331	1.401
C3-140-50-A3	562.74	241.75	69.92	86.61	88.66	1.239	1.268
C3-140-100-A1	557.87	240.25	69.49	88.28	95.47	1.270	1.374
C3-140-100-A2	576.70	259.19	74.97	93.09	102.26	1.242	1.364
C3-140-100-A3	570.07	244.06	70.59	95.77	104.84	1.357	1.485
C3-140-150-A1	563.59	244.78	70.80	91.98	98.74	1.299	1.395
C3-140-150-A2	561.45	238.92	69.10	95.82	101.17	1.387	1.464
C3-140-150-A3	568.62	247.28	71.52	103.4	105.61	1.446	1.477

注：A、A_e 分别为试件毛截面面积、有效截面面积；N_u、P_A、P_t 分别为规范计算值、有限元验证试验值、试验值。

为了说明现行国家标准《冷弯薄壁型钢结构技术规范》（GB 50018—2002）计算方法计算双肢拼合箱形截面短柱局部屈曲的普遍性规律，本书也用现行国家标准《冷弯薄壁型钢结构技术规范》（GB 50018—2002）对将第 4 章变高厚比试件进行了计算，并与 ABAQUS 计算结果进行了对比。

由表 8-2 和图 8-2 可知，GB 50018—2002 对于双肢拼合箱形截面短柱局部屈曲的计算结果都是偏于安全的。在同一个系列试件中，即只变化高厚比的情况下，有限元计算值 P_A 与规范计算值 N_u 的比值随着高厚比的增大而增大，说明计算结果随着高厚比的增大，变得越来越偏于保守，最大达到小于有限元分析的 59%。除此之外，在不同系列试件中，即变化截面高宽比的情况下，有限元计算值 P_A 与规范计算值 N_u 的比值随着高宽比的减小而增大，说明计算结果随着高宽比的减小，变得越来越偏于保守，最大达到小于有限元分析的 59%。从本书变参数试件的分析来看，高厚比每增长 25%，计算结果就偏于安全增长 5%～11%；高宽比每减小 10%，计算结果就偏于安全增长 3%左右，则高厚比对计算的保守性影响更大。

表 8-2　变参数试件 GB 50018—2002 计算结果与有限元分析结果对比

试件编号	系列	高厚比	A/mm^2	A_e/mm^2	N_u/kN	P_A/kN	P_A/N_u
C3-90-30-0.8		112.5	270.7	120.1	34.7	44.7	1.288
C3-90-30-1	90-30	90.0	338.0	186.2	53.9	64.1	1.190
C3-90-30-1.2		75.0	405.1	264.4	76.5	88.5	1.158
C3-90-30-1.5		60.0	505.5	384.1	111.1	121.2	1.091
C3-90-35-0.8		112.5	286.7	118.8	34.4	45.8	1.334
C3-90-35-1	90-35	90.0	358.0	185.1	53.5	66.1	1.235
C3-90-35-1.2		75.0	429.1	263.5	76.2	91.6	1.202
C3-90-35-1.5		60.0	535.5	390.1	112.8	128.5	1.139
C3-90-40-0.8		112.5	302.7	116.8	33.8	46.5	1.377
C3-90-40-1	90-40	90.0	378.0	182.4	52.8	67.7	1.283
C3-90-40-1.2		75.0	453.1	261.1	75.5	96.1	1.272
C3-90-40-1.5		60.0	565.5	388.0	112.2	135.3	1.206
C3-120-40-0.8		150.0	350.7	116.8	33.8	48.5	1.437
C3-120-40-1	120-40	120.0	438.0	182.6	52.8	69.9	1.324
C3-120-40-1.2		100.0	525.1	261.3	75.6	97.7	1.293
C3-120-40-1.5		80.0	655.5	403.4	116.7	135.4	1.160
C3-120-50-0.8		150.0	382.7	114.0	33.0	48.7	1.478
C3-120-50-1	120-50	120.0	478.0	178.1	51.5	72.6	1.410
C3-120-50-1.2		100.0	573.1	256.5	74.2	101.0	1.361
C3-120-50-1.5		80.0	715.5	398.0	115.1	141.0	1.225
C3-120-60-0.8		150.0	414.7	111.1	32.1	49.2	1.531
C3-120-60-1	120-60	120.0	518.0	173.6	50.2	71.2	1.419
C3-120-60-1.2		100.0	621.1	250.0	72.3	105.1	1.453
C3-120-60-1.5		80.0	775.5	390.5	113.0	145.5	1.289
C3-150-40-0.8		187.5	398.7	114.4	33.1	50.1	1.516
C3-150-40-1	150-40	150.0	498.0	178.7	51.7	72.3	1.398
C3-150-40-1.2		125.0	597.1	255.8	74.0	94.6	1.278
C3-150-40-1.5		100.0	745.5	394.9	114.2	135.4	1.185
C3-150-50-0.8		187.5	430.7	114.2	33.0	50.9	1.540
C3-150-50-1	150-50	150.0	538.0	178.4	51.6	74.4	1.442
C3-150-50-1.2		125.0	645.1	256.9	74.3	100.3	1.349
C3-150-50-1.5		100.0	805.5	398.7	115.3	142.1	1.232
C3-150-60-0.8		187.5	462.7	112.4	32.5	51.0	1.567
C3-150-60-1	150-60	150.0	578.0	175.7	50.8	75.8	1.492
C3-150-60-1.2		125.0	693.1	252.9	73.2	101.7	1.391
C3-150-60-1.5		100.0	865.5	395.0	114.3	147.2	1.289
C3-200-40-0.8		250.0	478.7	112.3	32.5	50.6	1.557
C3-200-40-1	200-40	200.0	598.0	175.5	50.8	72.2	1.421
C3-200-40-1.2		166.7	717.1	251.2	72.7	98.0	1.349
C3-200-40-1.5		133.3	895.5	387.7	112.1	138.4	1.234

试件编号	系列	高厚比	A/mm^2	A_e/mm^2	N_u/kN	P_A/kN	P_A/N_u
C3-200-50-0.8		250.0	510.7	111.0	32.1	51.2	1.594
C3-200-50-1	200-50	200.0	638.0	173.4	50.2	78.0	1.556
C3-200-50-1.2		166.7	765.1	249.8	72.2	102.3	1.416
C3-200-50-1.5		133.3	955.5	387.6	112.1	145.4	1.297
C3-200-60-0.8		250.0	542.7	111.7	32.3	51.2	1.583
C3-200-60-1	200-60	200.0	678.0	174.6	50.5	78.4	1.552
C3-200-60-1.2		166.7	813.1	251.5	72.7	107.0	1.472
C3-200-60-1.5		133.3	1 015.5	392.9	113.6	152.3	1.341

注：1．A、A_e 分别为试件的毛截面面积和有效截面面积；N_u、P_A 分别指规范计算和有限元分析试件的极限承载力。

2．系列原则为腹板高度-翼缘宽度，如 90-30 系列指试件腹板高度为 90 mm，翼缘宽度为 30 mm。

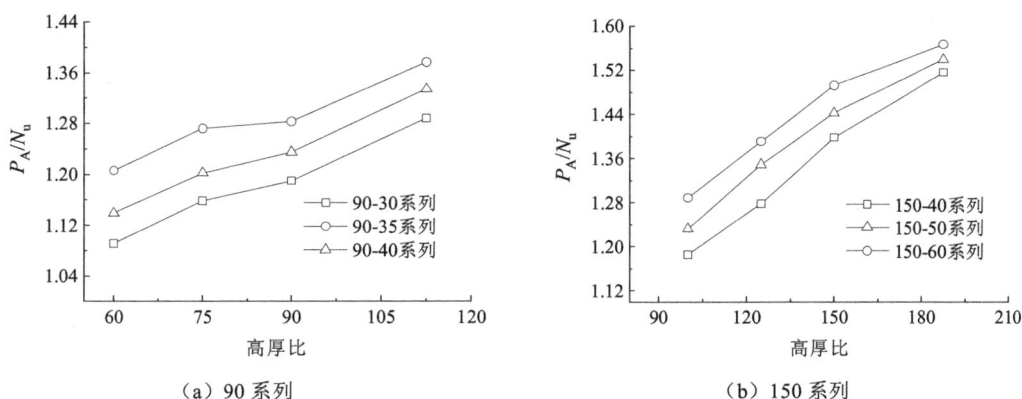

（a）90 系列　　　（b）150 系列

图 8-2　柱子腹板高厚比与有限元和规范计算承载力比值的关系曲线

8.1.3　美国规范有效宽度法计算分析

1）美国规范有效宽度法计算方法介绍

美国规范的有效宽度法是一种建立在 T.Peköz 教授研究结果和 G.Winter 教授提出的有效宽度公式基础上，用来计算冷弯薄壁型钢轴压柱承载力的计算方法。计算公式为

$$P_\text{n} = A_\text{e} F_\text{n} \tag{8-8}$$

式中，A_e 为有效截面面积；F_n 为额定屈曲应力。

下面介绍美国规范有效截面面积 A_e 和 F_n 的计算过程。

（1）计算有效截面面积 A_e。

美国规范定义的多肢拼合柱有效截面面积 A_e 和现行国家标准《冷弯薄壁型钢结构技术规范》（GB 50018—2002）规定的有效截面面积一样，均是先求出各组成构件板件的有效宽度，再乘以板件厚度，得到各组成构件的有效截面面积，最后叠加得到拼合截面的有效截面面积 A_e。而要确定单肢截面的有效截面面积，则要先计算出其各组成板件的有效宽度 b_e，其计算过程如下：

当 $\lambda \leqslant 0.673$ 时，

$$b_e = b \tag{8-9a}$$

当 $\lambda > 0.673$ 时，

$$b_e = \frac{1}{\lambda}\left(1 - \frac{0.22}{\lambda}\right)b \tag{8-9b}$$

其中：

$$\lambda = \frac{1.052}{\sqrt{k}}\left(\frac{b}{t}\right)\sqrt{\frac{f}{E}}$$

式中，λ 为板的柔度系数。b_e 为板件的有效宽度。b 为受压板件宽度。E 为弹性模量，取 189 900 MPa。f 为板件最大受压边缘应力，取额定屈曲应力 F_n；k 为板件的屈曲系数，其取值一般有 3 种情况：①两边支撑的板件（加劲板件），$k=4$；②一边纵向支撑、另一边为符合尺寸要求的卷边（部分加劲），$k=0.98$；③一边纵向支撑、另一边自由的板件（不加劲板件），$k=0.43$。

（2）计算额定屈曲应力 F_n。

额定屈曲应力 F_n 计算过程及公式如下：

$$F_n = \left(0.658^{\lambda_c^2}\right)f_y \qquad (\lambda_c \leqslant 1.5) \tag{8-10a}$$

$$F_n = \left(\frac{0.877}{\lambda_c^2}\right)f_y \qquad (\lambda_c > 1.5) \tag{8-10b}$$

式中，$\lambda_c = \sqrt{f/F_e}$；f_y 取实际的材料屈服强度，本书取 $f_y=289.24$ MPa；F_e 取弹性屈曲、扭转屈曲和弯扭屈曲应力的最小值，对于双轴对称截面、封闭截面及其他不发生扭转或弯扭屈曲的截面，可按照式（8-10c）计算：

$$F_e = \frac{\pi^2 E}{(KL/r)^2} \tag{8-10c}$$

式中，E 为材料弹性模量，取 189 900 MPa；K 为有效长度系数，本书试件两端固结，取 $K=0.5$；L 为无支承试件长度；r 为全截面回转半径。

由以上分析可得美国规范有效宽度法计算方法的步骤：①计算弹性弯曲应力 F_e；②计算额定弯曲应力 F_n；③计算基本组成构件有效截面面积 A_e'；④叠加得到拼合构件有效截面面积 A_e；⑤由 $P_n=A_e F_n$ 得到拼合构件承载力 P_n。

2）美国规范有效宽度法计算结果分析

用美国规范有效宽度法计算承载力公式、计算试验构件和变高厚比的试件，试验试件按照实测尺寸计算，变高厚比试件按照设计尺寸计算。然后将规范计算结果与试验、变高厚比有限元结果进行对比分析，对比情况见表 8-3、表 8-4。

表 8-3　美国规范有效宽度法计算结果与试验结果及有限元分析结果对比

试件编号	A/mm^2	A_e/mm^2	F_n/MPa	N_{USA}/kN	P_t/kN	P_A/kN	P_t/N_{USA}	P_A/N_{USA}
C3-120-45-A1	540.8	250.7	287.7	72.1	92.1	100.93	1.276	1.399
C3-120-45-A2	541.3	251.3	287.7	72.3	91.0	97.70	1.259	1.351
C3-120-45-A3	531.0	244.8	287.6	70.4	86.9	94.95	1.235	1.348
C3-120-90-A1	542.5	255.0	287.8	73.4	92.0	100.25	1.254	1.366
C3-120-90-A2	534.7	248.7	287.7	71.5	89.9	98.24	1.256	1.373
C3-120-90-A3	542.2	255.5	287.7	73.5	94.8	100.10	1.290	1.362
C3-120-150-A1	541.7	245.8	287.7	70.7	97.2	99.35	1.374	1.405
C3-120-150-A2	528.5	243.8	287.7	70.1	86.6	95.29	1.235	1.359
C3-120-150-A3	534.9	249.2	287.7	71.7	89.0	97.37	1.242	1.358
C3-140-50-A1	562.0	253.7	286.6	72.7	95.6	98.85	1.315	1.360
C3-140-50-A2	556.3	253.0	286.5	72.5	93.7	98.70	1.293	1.362
C3-140-50-A3	562.7	250.6	286.6	71.8	86.6	88.66	1.206	1.234
C3-140-100-A1	557.9	249.2	286.7	71.5	88.3	95.47	1.235	1.336
C3-140-100-A2	576.7	267.4	286.8	76.7	93.1	102.26	1.214	1.334
C3-140-100-A3	570.1	252.7	286.8	72.5	95.8	104.84	1.321	1.446
C3-140-150-A1	563.6	253.8	286.7	72.8	92.0	98.74	1.264	1.357
C3-140-150-A2	561.5	247.6	286.8	71.0	95.8	101.17	1.349	1.424
C3-140-150-A3	568.6	255.8	286.7	73.3	103.4	105.61	1.410	1.440

注：A、A_e 分别为试件毛截面面积、有效截面面积；F_n 为额定屈曲应力；N_{USA}、P_A、P_t 分别为美国规范有效宽度法计算值、有限元验证试验值、试验值。

由表 8-3 可知，对于 120 系列和 140 系列试件，美国规范有效宽度法计算结果均大于试验结果，且试验的极限承载力普遍比规范理论计算承载力高出 25%，对于个别试件甚至高出 40%，这说明美国规范有效宽度法计算方法用于计算冷弯薄壁拼合箱形截面柱局部屈曲承载力过于保守。

为了说明美国规范有效宽度法计算双肢拼合箱形截面短柱局部屈曲承载力的普遍性规律，本书也用美国规范有效宽度法对变高厚比试件进行了计算，并与 ABAQUS 计算结果进行了对比。

表 8-4　变参数试件美国规范有效宽度法计算结果对比

试件编号	系列	高厚比	A_e/mm^2	F_n/MPa	N_{USA}/kN	P_A/kN	P_A/N_{USA}
C3-90-30-0.8		112.5	119.6	286.6	34.3	44.7	1.304
C3-90-30-1	90-30	90.0	181.0	286.6	51.9	64.1	1.236
C3-90-30-1.2		75.0	252.2	286.6	72.3	88.5	1.224
C3-90-30-1.5		60.0	374.5	286.5	107.3	121.2	1.130
C3-90-35-0.8		112.5	120.4	287.2	34.6	45.8	1.325
C3-90-35-1	90-35	90.0	182.6	287.2	52.4	66.1	1.261
C3-90-35-1.2		75.0	255.0	287.2	73.2	91.6	1.251
C3-90-35-1.5		60.0	380.0	287.2	109.1	128.5	1.178

试件编号	系列	高厚比	A_e/mm²	F_n/MPa	N_{USA}/kN	P_A/kN	P_A/N_{USA}
C3-90-40-0.8	90-40	112.5	121.0	287.6	34.8	46.5	1.336
C3-90-40-1		90.0	183.8	287.6	52.9	67.7	1.281
C3-90-40-1.2		75.0	257.1	287.6	73.9	96.1	1.300
C3-90-40-1.5		60.0	384.1	287.6	110.5	135.3	1.225
C3-120-40-0.8	120-40	150.0	122.7	286.5	35.1	48.5	1.380
C3-120-40-1		120.0	187.0	286.5	53.6	69.9	1.305
C3-120-40-1.2		100.0	262.5	286.4	75.2	97.7	1.300
C3-120-40-1.5		80.0	394.3	286.4	112.9	135.4	1.199
C3-120-50-0.8	120-50	150.0	123.4	287.4	35.5	48.7	1.373
C3-120-50-1		120.0	188.5	287.4	54.2	72.6	1.340
C3-120-50-1.2		100.0	265.3	287.4	76.2	101	1.325
C3-120-50-1.5		80.0	400.0	287.4	114.9	141	1.227
C3-120-60-0.8	120-60	150.0	123.9	287.9	35.7	49.2	1.379
C3-120-60-1		120.0	189.6	287.9	54.6	71.2	1.304
C3-120-60-1.2		100.0	267.2	287.9	76.9	105.1	1.367
C3-120-60-1.5		80.0	403.7	287.9	116.2	145.5	1.252
C3-150-40-0.8	150-40	187.5	123.8	285.0	35.3	50.1	1.420
C3-150-40-1		150.0	189.1	285.0	53.9	72.3	1.342
C3-150-40-1.2		125.0	266.0	284.9	75.8	94.6	1.248
C3-150-40-1.5		100.0	401.0	284.9	114.3	135.4	1.185
C3-150-50-0.8	150-50	187.5	124.5	286.4	35.7	50.9	1.428
C3-150-50-1		150.0	190.5	286.4	54.6	74.4	1.364
C3-150-50-1.2		125.0	268.6	286.4	76.9	100.3	1.304
C3-150-50-1.5		100.0	406.3	286.4	116.4	142.1	1.221
C3-150-60-0.8	150-60	187.5	125.0	287.2	35.9	51	1.421
C3-150-60-1		150.0	191.5	287.2	55.0	75.8	1.378
C3-150-60-1.2		125.0	270.4	287.2	77.7	101.7	1.310
C3-150-60-1.5		100.0	410.0	287.2	117.7	147.2	1.250
C3-200-40-0.8	200-40	250.0	125.4	281.8	35.3	50.6	1.432
C3-200-40-1		200.0	191.8	281.7	54.0	72.2	1.336
C3-200-40-1.2		166.7	270.4	281.7	76.2	98	1.287
C3-200-40-1.5		133.3	408.8	281.7	115.2	138.4	1.202
C3-200-50-0.8	200-50	250.0	125.8	284.2	35.8	51.2	1.432
C3-200-50-1		200.0	192.9	284.2	54.8	78	1.422
C3-200-50-1.2		166.7	272.5	284.2	77.5	102.3	1.321
C3-200-50-1.5		133.3	413.5	284.2	117.5	145.4	1.237
C3-200-60-0.8	200-60	250.0	126.2	285.6	36.0	51.2	1.421
C3-200-60-1		200.0	193.7	285.6	55.3	78.4	1.417
C3-200-60-1.2		166.7	274.1	285.6	78.3	107	1.367
C3-200-60-1.5		133.3	416.7	285.6	119.0	152.3	1.280
均值	—	—	—	—	—	—	1.309
标准差	—	—	—	—	—	—	0.077

注: A、A_e 分别为试件毛截面面积、有效截面面积; F_n 为额定屈曲应力; N_{USA}、P_A、P_t 分别为美国规范有效宽度法计算值、有限元验证试验值、试验值。

由表 8-4 可知，美国规范有效宽度法对于双肢拼合箱形截面短柱局部屈曲的计算结果都是偏于安全的。在变化高厚比的情况下，规律和现行国家标准《冷弯薄壁型钢结构技术规范》（GB 50018—2002）一致，即随着高厚比的增大，计算结果变得越来越偏于保守。

8.2　直接强度法

8.2.1　直接强度法计算方法

直接强度法（DSM）是一种采用全截面对冷弯薄壁型钢结构构件承载力进行设计计算的全新方法，避免了有效宽度法计算有效截面面积的烦琐过程。该方法还考虑了截面畸变屈曲对构件承载力的影响，精度更高。

按照美国规范直接强度法计算理论，轴心受压构件的极限承载力 $P_n^D = \min(P_{ne}, P_{nl}, P_{nd})$，其中 P_{nl}、P_{ne}、P_{nd} 分别指局部屈曲荷载、整体屈曲荷载和畸变屈曲荷载。

（1）局部屈曲荷载 P_{nl} 计算式：

$$
\begin{aligned}
P_{nl} &= P_{ne} && \lambda_1 \leqslant 0.776 \\
P_{nl} &= \left[1 - 0.15\left(\frac{P_{crl}}{P_{ne}}\right)^{0.4}\right]\left(\frac{P_{crl}}{P_{ne}}\right)^{0.4} P_{ne} && \lambda_1 > 0.776
\end{aligned}
\tag{8-11}
$$

式中，$\lambda_1 = \sqrt{P_{ne}/P_{crl}}$；$P_{crl} = A_g f_{crl}$；$P_{crl}$、$f_{crl}$ 分别指拼合构件的弹性局部屈曲荷载、弹性局部屈曲临界应力，f_{crl} 借助有线条软件 CUFSM 计算得到。

（2）整体屈曲荷载 P_{ne} 计算式：

$$
\begin{aligned}
&当 \lambda_c \leqslant 1.5 时， & P_{ne} &= \left(0.658^{\lambda_c^2}\right)P_y \\
&当 \lambda_c > 1.5 时， & P_{ne} &= \left(\frac{0.877}{\lambda_c^2}\right)P_y
\end{aligned}
\tag{8-12}
$$

式中，$\lambda_c = \sqrt{P_y/P_{cre}}$；$P_y = A_g F_y$；$A_g$ 为试件的毛截面面积；F_y 为材料的屈服强度。

（3）畸变屈曲荷载 P_{nd} 计算式：

$$
\begin{aligned}
P_{nd} &= P_y && \lambda_d \leqslant 0.516 \\
P_{nd} &= \left[1 - 0.25\left(\frac{P_{nd}}{P_y}\right)^{0.6}\right]\left(\frac{P_{nd}}{P_y}\right)^{0.6} P && \lambda_d > 0.516
\end{aligned}
\tag{8-13}
$$

式中，$\lambda_d = \sqrt{P_y/P_{crd}}$；$P_{crd} = A_g f_{crd}$；$P_{cd}$ 为构件弹性畸变屈曲荷载；f_{crd} 为拼合构件的弹性畸变屈曲临界应力，f_{crd} 借助有线条软件 CUFSM 计算得到。

8.2.2 美国规范直接强度法计算结果分析

美国规范直接强度法计算承载力公式计算试验构件，试验试件按照实测尺寸进行计算。然后将美国规范直接强度法计算结果与试验和有限元分析结果进行对比分析，对比情况如表 8-5 所示。

表 8-5　美国规范直接强度法计算结果与试验结果和有限元分析结果对比

试件编号	A/mm^2	f_{crl}/MPa	N_d/kN	P_t/kN	P_A/kN	P_t/N_d	P_A/N_d
C3-120-45-A1	540.75	120.56	98.56	92.05	100.93	0.934	1.096
C3-120-45-A2	541.26	124.97	99.91	91.04	97.70	0.911	0.978
C3-120-45-A3	530.99	122.67	97.38	86.93	94.95	0.893	0.976
C3-120-90-A1	542.52	127.29	100.80	92.02	100.25	0.913	0.995
C3-120-90-A2	534.70	123.65	98.33	89.85	98.24	0.914	1.000
C3-120-90-A3	542.23	125.16	100.15	94.84	100.10	0.947	1.000
C3-120-150-A1	541.70	120.18	98.63	97.18	99.35	0.985	1.008
C3-120-150-A2	528.51	120.28	96.25	86.61	95.29	0.900	0.990
C3-120-150-A3	534.89	125.65	98.93	89.03	97.37	0.900	0.985
C3-140-50-A1	561.95	95.03	94.13	95.63	98.85	1.016	1.051
C3-140-50-A2	556.34	94.99	93.17	93.74	98.70	1.006	1.060
C3-140-50-A3	562.74	93.15	93.59	86.61	88.66	0.925	0.948
C3-140-100-A1	557.87	92.38	92.50	88.28	95.47	0.954	1.032
C3-140-100-A2	576.70	99.37	98.15	93.09	102.26	0.948	1.042
C3-140-100-A3	570.07	93.51	94.94	95.77	104.84	1.009	1.105
C3-140-150-A1	563.59	94.92	94.36	91.98	98.74	0.975	1.047
C3-140-150-A2	561.45	92.19	93.03	95.82	101.17	1.030	1.088
C3-140-150-A3	568.62	95.25	95.32	103.40	105.61	1.085	1.109

注：A、A_e 分别为试件毛截面面积、有效截面面积；F_n 为额定屈曲应力；N_{USA}、P_A、P_t 分别为美国规范有效宽度法计算值、有限元验证试验值、试验值。

由表 8-5 可知，对于 120 系列，美国规范直接强度法计算结果均大于试验结果，对于 140 系列试件，部分试件美国规范直接强度法计算结果大于试验结果，部分试件美国规范直接强度法计算结果小于试验结果。但美国规范直接强度法计算结果与试验的极限承载力普遍吻合较好，相差在 10% 以内。这说明使用美国规范直接强度法计算冷弯薄壁拼合箱形截面柱局部屈曲承载力是可行的，但在实际应用中，应该乘以一定的安全系数。

8.3　双肢拼合箱形截面短柱局部屈曲承载力设计叠加法

8.3.1　计算模型

基于直接强度法本书提出一种计算双肢拼合箱形截面局，该方法不同于现行国家标准《冷弯薄壁型钢结构技术规范》（GB 50018—2002）、美国规范有效宽度法和直接强度法。

具体计算方法是：以直接强度法中的局部屈曲承载力计算公式计算双肢拼合箱形截面短柱基本组成构件单肢 C 形构件的极限承载力 P_{u1}，再以参考文献修正后的局部屈曲承载力计算公式计算单肢 U 形构件的极限承载力 P_{u2}，然后进行叠加，再乘以系数 α 得到拼合箱形截面柱的极限承载力 P_{u3}，系数 α 是通过变高厚比设计试件有限元分析结果 P_A 和 P_{u1} 与 P_{u2} 之和回归分析得到的，为拼合效应系数。P_{u1}、P_{u2} 的计算公式在 8.3.2 节中进行具体的介绍分析。即得到本书的计算模型：$P_{u3} = \alpha\left(P_{u1} + P_{u2}\right)$。

8.3.2　基本组成单肢构件承载力计算式

C 形截面柱按照美国规范直接强度法的计算方法直接计算，U 形截面柱由参考文献计算方法计算。

（1）单肢 C 形截面计算公式：

$$
\begin{aligned}
P_{nl} &= P_y & \lambda_1 &\leqslant 0.776 \\
P_{nl} &= \left[1 - 0.15\left(\frac{P_{crl}}{P_y}\right)^{0.4}\right]\left(\frac{P_{crl}}{P_y}\right)^{0.4} P_y & \lambda_1 &> 0.776
\end{aligned}
\tag{8-14}
$$

式中，$\lambda_1 = \sqrt{P_y / P_{crl}}$；$P_{crl} = A_g f_{crl}$；$f_{crl}$ 借助有线条软件 CUFSM 计算得出。

（2）单肢 U 形截面计算公式：

$$
\begin{aligned}
P_{nl} &= P_y & \lambda_1 &\leqslant 0.528 \\
P_{nl} &= \left[1 - 0.24\left(\frac{P_{crl}}{P_y}\right)^{0.4}\right]\left(\frac{P_{crl}}{P_y}\right)^{0.4} P_y & \lambda_1 &> 0.528
\end{aligned}
\tag{8-15}
$$

式中，$\lambda_1 = \sqrt{P_y / P_{crl}}$，$P_{crl} = A_g f_{crl}$，$P_{crl}$ 是借助广义梁 GBTUL 软件计算得到。

用广义梁 GBTUL 软件计算 U 形基本构件截面弹性局部屈曲临界应力 P_{cr} 具体步骤如下：

①打开 GBTUL 程序界面，在"Cross-Section Analysis"模块中，找到"Material Properties"一栏，输入试件的材料属性：弹性模量 E_{xx}、E_{ss} 均按试验材料的真实材性弹性

模量取值 189.9；泊松比 v_{xs}、v_{sx} 均取值 0.3；剪切模量 G_{xy} 输入 73.04。在"Cross-Section Templates"一栏中，单击选择截面类型，进行截面几何尺寸及节点数的输入。

②在"Mode Selection"模块中，选择"Conventional Modes"，或在"User Selection"一栏中输入局部屈曲模态值，局部屈曲对应的模态可以通过模态变形图找到，视具体情况而定。

③在"Member Analysis"模块中，GBTUL 提供了两种求解截面局部屈曲应力 f_{crl} 的方法，即解析法和数值法。本书选用数值法对截面局部屈曲应力 f_{crl} 进行求解，单击"Numerical Solution"。在"Support Conditions"小模块中，选择"C-C"边界条件模拟固结。在"Loading"一栏中，选定所施加外荷载的方式，选用轴力作为外荷载，并施加单位 1 荷载。在"Lengths"一栏中，对构件的长度进行设定。

④在"Results"模块中，我们可以得到特定长度下构件的弹性局部屈曲临界应力 P_{crl}。

8.3.3　双肢拼合箱形截面短柱局部屈曲承载力设计叠加法

将变高厚比分析设计的 48 根试件放在一起分析，其横截面的 h/t、b/t、h/b、b/d 等参数变化范围均较广，如表 8-6 所示，所以用第 4 章变高厚比设计试件分析还是比较有普遍性的。

表 8-6　试件横截面尺度参数

h/t		b/t		d/t		h/b		h/d		b/d	
最小值	最大值	最小值	最大值	最小值	最大值	最小值	最大值	最小值	最大值	最小值	最大值
60	250	20	75	13	25	2	5	4.5	10	1.5	3

具体的回归方法是：在基本组成单肢构件承载力计算式（8-14）、式（8-15）计算单肢 C 形和单肢 U 形基本组成构件承载力 P_{u1}、P_{u2} 的基础上，通过将变参数试件的基本组成构件 P_{u1} 与 P_{u2} 之和与有限元分析结果进行对比回归，以 P_{u1} 与 P_{u2} 之和为横坐标 x 值，以变参数试件有限元分析结果 P_A 为纵坐标 y 值，进行回归得到拼合效应系数 α，如表 8-7 和图 8-3 所示。最终得到局部双肢拼合箱形截面短柱承载力的计算方法。

（1）变参数分析回归得出系数 α。

表 8-7　变参数试件有限元与理论计算值对比分析

试件编号	组成构件	P_{cr}	P_u	P_A	P_A/P_u	试件编号	组成构件	P_{cr}	P_u	P_A	P_A/P_u
C3-90-30-0.8	C	11.9	39.9	48.1	1.206	C3-90-30-1.2	C	40.2	78.7	95.2	1.209
	U	7.4					U	24.6			
C3-90-30-1	C	23.2	58.1	68.9	1.186	C3-90-30-1.5	C	78.1	106.3	130.3	1.226
	U	14.3					U	47.8			

试件编号	组成构件	P_{cr}	P_u	P_A	P_A/P_u	试件编号	组成构件	P_{cr}	P_u	P_A	P_A/P_u
C3-120-40-0.8	C	8.4	42	52.2	1.244	C3-120-40-1.2	C	28.6	83.8	105.1	1.254
	U	5.6					U	18.6			
C3-120-40-1	C	16.5	61.5	75.2	1.222	C3-120-40-1.5	C	55.8	121.8	145.6	1.195
	U	10.8					U	36.2			
C3-90-35-0.8	C	12.3	41.5	49.3	1.187	C3-120-50-0.8	C	8.9	44.5	52.4	1.176
	U	7.2					U	5.3			
C3-90-35-1	C	23.8	60.4	71.1	1.177	C3-120-50-1	C	17.5	65.3	78.1	1.195
	U	14					U	10.3			
C3-90-35-1.2	C	41.7	82.1	98.5	1.199	C3-120-50-1.2	C	30.2	89.1	108.6	1.219
	U	24					U	17.7			
C3-90-35-1.5	C	82.7	118.8	138.2	1.163	C3-120-50-1.5	C	59.1	129.6	151.6	1.17
	U	46.6					U	34.3			
C3-90-40-0.8	C	12.8	43	50	1.163	C3-120-60-0.8	C	9.4	46.7	52.9	1.133
	U	6.8					U	4.7			
C3-90-40-1	C	24.9	62.7	72.8	1.161	C3-120-60-1.2	C	31.9	93.5	113	1.208
	U	13.2					U	15.9			
C3-90-40-1.2	C	43.1	85.1	103.3	1.214	C3-120-60-1	C	18.4	68.5	76.6	1.118
	U	22.7					U	9.2			
C3-90-40-1.5	C	84.6	123	145.5	1.183	C3-120-60-1.5	C	62.4	136.3	156.5	1.148
	U	44.1					U	31			
C3-150-40-0.8	C	6.2	41	53.9	1.314	C3-200-40-0.8	C	4.3	40.1	54.4	1.356
	U	4.3					U	3			
C3-150-40-1	C	12.1	60.4	77.7	1.287	C3-200-40-1	C	8.3	59.2	77.6	1.312
	U	8.5					U	5.9			
C3-150-40-1.2	C	21	82.5	101.7	1.233	C3-200-40-1.2	C	14.4	81.1	105.4	1.299
	U	14.6					U	10.2			
C3-150-40-1.5	C	41	120.5	145.6	1.209	C3-200-40-1.5	C	28.1	119.1	148.8	1.25
	U	28.4					U	19.9			
C3-150-50-0.8	C	6.5	43.7	54.7	1.251	C3-200-50-0.8	C	4.4	42.5	55	1.294
	U	4.5					U	3.2			
C3-150-50-1	C	12.8	64.3	80	1.244	C3-200-50-1	C	8.6	62.7	83.9	1.338
	U	8.7					U	6.3			
C3-150-50-1.2	C	22	87.9	107.8	1.227	C3-200-50-1.2	C	14.9	86	110	1.28
	U	15					U	10.8			
C3-150-50-1.5	C	43.1	128.4	152.8	1.19	C3-200-50-1.5	C	29.2	126.3	156.3	1.238
	U	29.1					U	21.1			
C3-150-60-0.8	C	6.9	46	54.8	1.192	C3-200-60-0.8	C	4.6	44.8	55	1.228
	U	4.3					U	3.3			
C3-150-60-1	C	13.4	67.6	81.5	1.205	C3-200-60-1	C	9	66.1	84.3	1.275
	U	8.4					U	6.5			
C3-150-60-1.2	C	23.2	92.5	109.4	1.183	C3-200-60-1.2	C	15.6	90.7	115.1	1.269
	U	14.4					U	11.2			

试件编号	组成构件	P_{cr}	P_u	P_A	P_A/P_u	试件编号	组成构件	P_{cr}	P_u	P_A	P_A/P_u
C3-150-60-1.5	C	45.1	135.1	158.3	1.172	C3-200-60-1.5	C	30.4	133.1	163.8	1.231
	U	28.1					U	21.9			
均值	—	—	—	—	—	均值	—	—	—	—	1.222
标准差	—	—	—	—	—	标准差	—	—	—	—	0.045

注：P_{cr}、P_u 分别为拼合箱形构件单肢 C 形和单肢 U 形构件的临界屈曲荷载、理论计算极限承载力之和；P_A 为有限元计算拼合箱形构件结果；P_{cr}、P_u、P_A 单位均为 kN。

由表 8-7 可知，变参数试件有限元值普遍比拼合构件基本组成单肢构件理论计算值之和高 22%左右，P_A 与 P_u 均值为 1.222，标准差为 0.045，说明规律性较强。

由图 8-3 可知，皮尔逊相关系数为 0.995，相关系数为 0.990，说明拼合箱形截面柱基本组成构件理论计算叠加值与拼合箱形构件有限元分析值两者强线性相关，回归直线斜率为 1.09，即拼合效应系数 α 为 1.09。

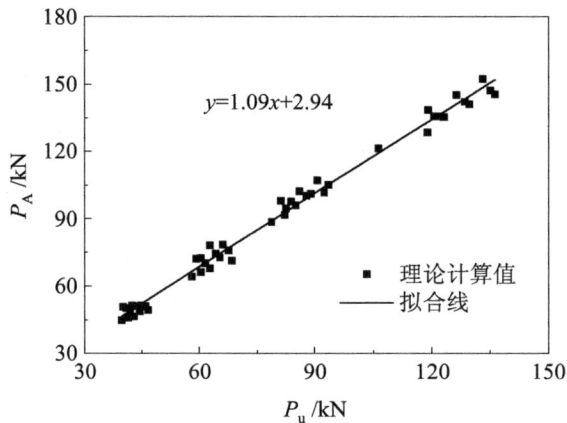

$y=1.09x+2.94$

■ 理论计算值
—— 拟合线

图 8-3　理论计算值与有限元计算值回归曲线

（2）双肢拼合箱形截面短柱局部屈曲设计叠加法公式。

由以上分析可得到双肢拼合箱形截面短柱局部屈曲设计叠加法公式为

$$P_{u3} = 1.09(P_{u1} + P_{u2}) \qquad (8-16)$$

式中，P_{u3} 为局部屈曲双肢拼合构件极限承载力；P_{u1}、P_{u2} 分别为基本组成构件单肢 C 形和单肢 U 形构件的极限承载力，计算公式参照式（8-14）和式（8-15）。

8.4　计算算例

8.4.1　试验验证理论的正确性

将 8.3 节提出的双肢拼合箱形截面短柱局部屈曲承载力设计叠加法式（8-16）代入试验试件进行验证，本节分析验证时，代入的试件尺寸采用拼合箱形截面的基本构件真实尺寸进行计算，计算结果如表 8-8 所示。

表 8-8　理论计算与试验结果对比

试件编号	组成构件	A/mm^2	P_{cr}/kN	P_u/kN	P_t/kN	P_t/P_u
C3-120-45-A1	C	301.67	26.21	89.26	92.05	1.031
	U	239.08	15.44			
C3-120-45-A2	C	303.27	26.45	89.22	91.04	1.020
	U	237.99	15.08			
C3-120-45-A3	C	295.74	25.43	86.84	86.93	1.001
	U	235.24	14.44			
C3-120-90-A1	C	304.44	26.95	86.95	92.02	1.058
	U	238.08	15.80			
C3-120-90-A2	C	299.35	25.67	88.08	89.85	1.020
	U	235.35	15.25			
C3-120-90-A3	C	309.16	26.98	90.29	94.84	1.050
	U	233.06	15.71			
C3-120-150-A1	C	301.87	25.47	87.88	97.18	1.106
	U	239.82	14.29			
C3-120-150-A2	C	293.16	24.3	86.35	86.61	1.003
	U	235.35	15.23			
C3-120-150-A3	C	299.59	26.51	88.39	89.03	1.007
	U	235.30	14.84			
C3-140-50-A1	C	326.45	21.45	87.12	95.63	1.098
	U	235.49	14.66			
C3-140-50-A2	C	318.85	21.17	86.21	93.74	1.087
	U	237.49	14.56			
C3-140-50-A3	C	326.42	21.73	87.37	86.61	0.991
	U	236.32	14.56			
C3-140-100-A1	C	325.02	20.6	85.95	88.28	1.027
	U	232.85	14.65			
C3-140-100-A2	C	341.75	23.95	91.42	93.09	1.018
	U	234.95	15.43			
C3-140-100-A3	C	334.06	21.76	87.91	95.77	1.089
	U	236.01	14.28			

试件编号	组成构件	A/mm^2	P_{cr}/kN	P_u/kN	P_t/kN	P_t/P_u
C3-140-150-A1	C	328.09	27.12	92.72	91.98	0.992
	U	235.49	15.65			
C3-140-150-A2	C	324.94	27.24	92.22	95.82	1.039
	U	236.51	15.23			
C3-140-150-A3	C	331.6	28.34	93.69	103.4	1.104
	U	237.02	15.04			
均值	—	—	—	—	—	1.041
标准差	—	—	—	—	—	0.039

注：A、P_{cr} 分别为基本组成构件单肢 C 形和单肢 U 形构件的毛截面面积、局部屈曲临界力；P_u、P_t 分别为拼合箱形试件理论计算值和试验值。

由表 8-8 可知，试验值 P_t 与理论计算值 P_u 的比值均值为 1.041，标准差为 0.039，即本书提出的双肢拼合箱形截面短柱局部屈曲承载力理论计算方法与试验值吻合较好，计算结果精确度较高，而且离散性较小，规律性较强，说明本书提出的双肢拼合箱形截面短柱局部屈曲承载力计算方法是可靠且精确的。

8.4.2 相关标准和本书叠加法计算结果对比分析

将现行国家标准《冷弯薄壁型钢结构技术规范》（GB 50018—2002）、美国规范有效宽度法、美国规范直接强度法和本书提出计算方法计算的试验试件结果与试验结果进行对比，对比结果如表 8-9 和图 8-4 所示，表 8-9 只罗列了各种方法计算的结果。

表 8-9　相关标准和本书叠加法计算结果与试验结果对比

序号	试件编号	N_u/kN	N_{USA}/kN	N_d/kN	P_u/kN	P_t/kN	P_t/N_u	P_t/N_{USA}	P_t/N_d	P_t/P_u
1	C3-120-45-A1	68.8	72.1	98.6	89.3	92.1	1.338	1.276	0.934	1.031
2	C3-120-45-A2	68.8	72.3	99.9	89.2	91.0	1.322	1.259	0.911	1.020
3	C3-120-45-A3	67.0	70.4	97.4	86.8	86.9	1.298	1.235	0.893	1.001
4	C3-120-90-A1	69.9	73.4	100.8	86.9	92.0	1.317	1.254	0.913	1.058
5	C3-120-90-A2	68.2	71.5	98.3	88.1	89.9	1.317	1.256	0.914	1.020
6	C3-120-90-A3	70.3	73.5	100.2	90.3	94.8	1.349	1.290	0.947	1.050
7	C3-120-150-A1	67.3	70.7	98.6	87.9	97.2	1.445	1.374	0.985	1.106
8	C3-120-150-A2	66.7	70.1	96.3	86.4	86.6	1.299	1.235	0.900	1.003
9	C3-120-150-A3	68.5	71.7	98.9	88.4	89.0	1.301	1.242	0.900	1.007
10	C3-140-50-A1	70.7	72.7	94.1	87.1	95.6	1.352	1.315	1.016	1.098
11	C3-140-50-A2	70.4	72.5	93.2	86.2	93.7	1.331	1.293	1.006	1.087
12	C3-140-50-A3	69.9	71.8	93.6	87.4	86.6	1.239	1.206	0.925	0.991
13	C3-140-100-A1	69.5	71.5	92.5	85.9	88.3	1.270	1.235	0.954	1.027
14	C3-140-100-A2	75.0	76.7	98.2	91.4	93.1	1.242	1.214	0.948	1.018
15	C3-140-100-A3	70.6	72.5	94.9	87.9	95.8	1.357	1.321	1.009	1.089

序号	试件编号	N_u/kN	N_{USA}/kN	N_d/kN	P_u/kN	P_t/kN	P_t/N_u	P_t/N_{USA}	P_t/N_d	P_t/P_u
16	C3-140-150-A1	70.8	72.8	94.4	92.7	92.0	1.299	1.264	0.975	0.992
17	C3-140-150-A2	69.1	71.0	93.0	92.2	95.8	1.387	1.349	1.030	1.039
18	C3-140-150-A3	71.5	73.3	95.3	93.7	103.4	1.446	1.410	1.085	1.104
	均值	—	—	—	—	—	1.328	1.279	0.958	1.041
	标准差	—	—	—	—	—	0.055	0.054	0.052	0.039

注：N_u 为现行国家标准《冷弯薄壁型钢结构技术规范》（GB 50018—2002）计算结果；N_{USA}、N_d 分别为美国规范有效宽度法、直接强度法计算结果；P_u 为本书提出的叠加法计算结果；P_t 为试验值。

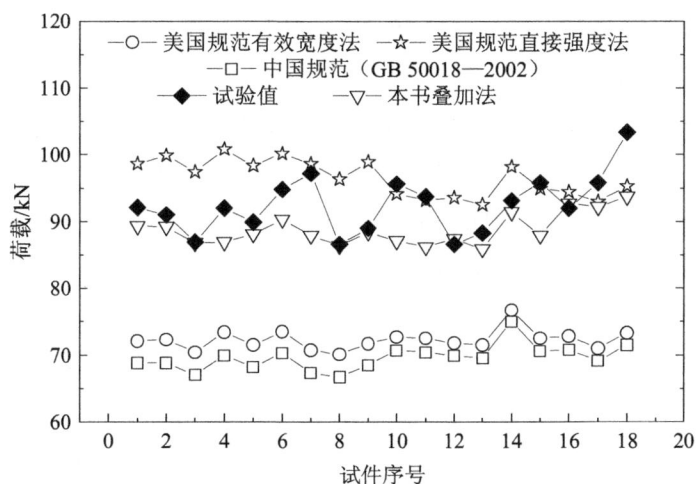

图 8-4　试验试件不同计算方法结果对比

由表 8-9 可知，现行国家标准《冷弯薄壁型钢结构技术规范》（GB 50018—2002）、美国规范有效宽度法计算方法均远小于试验值，试验值与这两种方法计算值大于 25%；直接强度法与试验值较为吻合，但整体计算值偏于不安全；本书提出的双肢拼合箱形截面短柱局部屈曲承载力设计叠加法计算值和试验值吻合较好，对于 120 系列，本书提出的理论计算结果均小于试验值，对于 140 系列，有个别试件理论计算结果小于且约等于试验值。由图 8-3 可知，现行国家标准《冷弯薄壁型钢结构技术规范》（GB 50018—2002）、美国规范有效宽度法计算值均分布在试验值下方且远小于试验值；美国规范直接强度法均分布在试验值之上，但距试验值不远；本书提出的设计叠加法计算值处于试验值下方且几乎和试验值重合。

综上所述，现行国家标准《冷弯薄壁型钢结构技术规范》（GB 50018—2002）、美国规范有效宽度法计算方法可以用来设计双肢拼合箱形截面局部屈曲轴压柱试件，但设计结果过于保守；美国规范直接强度法在乘以一定的安全系数后，才可以用来设计双肢拼合箱形截面局部屈曲轴压柱试件；本书提出的设计叠加法计算结果比美国规范直接强度法更加精确，所以可以根据需要乘以一定的安全系数后应用于设计双肢拼合箱形截面局部屈曲试件。

8.5　本章小结

本章在前 4 章分析的基础上，首先，介绍了现行国家标准《冷弯薄壁型钢结构技术规范》（GB 50018—2002）、有效宽度法及直接强度法计算双肢拼合箱形截面局部屈曲轴压柱的方法。其次，用现行国家标准《冷弯薄壁型钢结构技术规范》（GB 50018—2002）和有效宽度法对本次试验试件和第 4 章变高厚比设计试件进行了理论计算，并与对应试件的试验及有限元分析结果对比，分析规律。此外，还用美国规范直接强度法计算了试验试件，并将计算结果与试验结果进行了对比分析。最后，提出了关于双肢拼合箱形截面局部屈曲轴压柱的理论计算模型，并通过 48 根变参数试件回归分析，得到了理论计算模型的待定拼合效应系数 α，随后借助本书试验试件验证了提出的理论的正确性，最终通过将本书提出的双肢拼合箱形截面局部屈曲轴压柱承载力叠加法计算结果与国内外相关规范进行对比，证明了本计算方法的优越性。通过以上工作，本章主要得到了以下几点重要结论：

（1）对于 120 系列和 140 系列试验试件，现行国家标准《冷弯薄壁型钢结构技术规范》（GB 50018—2002）计算结果均大于试验结果，且试验的极限承载力普遍比规范理论计算承载力高出 30%，说明现行国家标准《冷弯薄壁型钢结构技术规范》（GB 50018—2002）对于冷弯薄壁拼合箱形截面柱局部屈曲承载力的计算理论过于保守。变参数分析时，对于同一系列试件，计算结果随着高厚比的增大，变得越来越偏于保守，高厚比每增长 25%，计算结果就偏于安全增长 5%～11%。除此以外，现行国家标准《冷弯薄壁型钢结构技术规范》（GB 50018—2002）计算结果随着高宽比的减小，变得越来越偏于保守；从本书变参数试件的分析来看，高宽比每减小 10%，计算结果就偏于安全增长 3%左右，则高厚比对我国规范计算的保守性影响更大。

（2）对于 120 系列和 140 系列试验试件，有效宽度法计算结果均大于试验结果，且试验的极限承载力普遍比规范理论计算承载力高出 25%，对于个别试件甚至高出 40%，说明有效宽度法计算方法对于局部屈曲冷弯薄壁拼合箱形截面柱过于保守。变化高厚比的情况下发现变化规律和现行国家标准《冷弯薄壁型钢结构技术规范》（GB 50018—2002）一致，即随着高厚比的增大，计算结果越来越偏于保守。

（3）对于 120 系列试验试件，直接强度法计算结果均大于试验结果，对于 140 系列试验试件，部分试件直接强度法计算结果大于试验结果，部分试件直接强度法计算结果小于试验结果。但直接强度法计算结果与试验的极限承载力普遍吻合较好，相差在 10%以内。这说明使用直接强度法计算局部屈曲冷弯薄壁拼合箱形截面柱是可行的，但在实际应用中，应该乘以一定的安全系数。

（4）基于拼合效应原理，书中提出的双肢拼合箱形截面局部屈曲轴压柱计算方法计算结果比美国规范直接强度法更加精确。对于 120 系列试验试件，本书提出的理论计算结果均小于试验值，对于 140 系列试验试件，有个别试件理论计算结果大于且约等于试验值，其余试件均小于试验值，试验值比理论计算值普遍高出 10%。这说明本书提出的计算理论是可靠且精确的。

参考文献

[1] 冷弯薄壁型钢结构技术规范：GB 50018—2002[S]. 北京：中国计划出版社，2002.

[2] 陈绍蕃. 钢结构设计原理（第三版）[M]. 北京：科学出版社，2005.

[3] 戴国欣. 钢结构（第 3 版）[M]. 武汉：武汉理工大学出版社，2007.

[4] 陈骥. 钢结构稳定理论与应用（第三版）[M]. 北京：科学出版社，2006.

[5] 李东，周天华，赵阳. 冷弯薄壁 U 形钢轴压短柱承载力计算的直接强度法研究[J]. 钢结构，2018，33（12）：18-22，31.

[6] AISI S100-2007. North American specification for the design of cold-formed steel structural members[S]. Washington：American Institute of Steel Construction，2007.

[7] Schafer B W. CUFSM4.05—finite strip buckling analysis of thin-walled members[]. Baltimore，U.S.ADepartment of Civil Engineering，Johns Hopkins University，2012.

[8] Basaglia C，Camotim D，Silvestre N. Post-Buckling analysis of thin-walled steel frames using generalised beam theory（GBT）[J]. Thin-Walled Structures，2013，62（1）：229-242.

CFS 双肢闭合箱形截面短柱承载力单元有限元分析

相较于大批量的试件试验，采用有限元模拟分析大幅降低了时间成本，节省了人工、材料费用，可行性也较强，故使用有限元软件模拟试件试验是一种简便且经济的分析方法。本章基于第 8 章试验研究内容，依照冷弯薄壁型钢（CFS）短柱承载力单元试件实测尺寸进行有限元模型的建立，并进行数值分析后与试验结果对比，验证此种数值分析方法的正确性。为弥补试验过程中试件个数较少这一不足，通过调整试件截面尺寸等参数设计大量新的试件进行有限元模拟分析，以此来探究腹板高厚比、高宽比、螺钉间距对短柱承载力单元的影响规律，并为后续更精确地回归拟合其局部屈曲承载力曲线提供数据支撑。

为解决 ABAQUS 中没有固定的量纲系统这一问题，本章对有限元分析过程中所需数据分别指定相应的单位，具体如表 9-1 所示。

表 9-1 本书采用的量纲系统

	长度	力	时间	应力
单位	mm	N	s	MPa（N/mm²）

9.1 有限元模型建立及分析

采用 ABAQUS 进行有限元模型的建立主要是在以下模块中按顺序进行相应操作：Part 中建立部件→Property 中对各部件赋予已定义的材料属性→Assembly 中完成部件装配→Interaction 中定义各部件之间的接触关系→Load 中为所建模型设置边界条件及端部

荷载→Mesh 中划分网格→Job 中创建、提交作业→Visualization 中处理分析结果。本节以 BU2 系列短柱承载力单元为例，对建模过程进行详细介绍。

9.1.1　建立几何模型

针对本书设计的 BU2、BU3 承载力单元部件的创建过程如下：在 Part 模块中，对于 C 形、U 形基本构件，创建时采用类型 S4R 的壳单元，设置单元变形时厚度也随之改变；自攻螺钉则采用类型为 C4D8R 的实体单元，通过添加辅助线确定试件螺钉孔洞位置；对于上下端板，创建时选择解析刚体单元，并设置其刚度为无穷大。

各部件创建完成后，在 Assembly 模块中，将 C 形、U 形基本构件和上下端板平移、旋转组装成短柱承载力单元模型，并在之前所画螺钉位置处布置自攻螺钉，至此完成短柱承载力单元模型的组装工作。

9.1.2　模型材料属性

有限元分析包括特征值分析、非线性分析两部分，前者中令弹性模量 E=193 900 MPa，泊松比 v=0.3；后者中令屈服强度 f_y=292.95 MPa。

9.1.3　接触、边界约束及荷载的施加

关于接触：为准确模拟试件在实际试验过程中板件与板件、板件与螺钉、构件上下截面与端板间的接触关系，需要在 Interaction 模块中进行相关设置。例如，对于 C 形、U 形基本构件，在二者板件的接触区域建立面—面接触；对于螺钉孔洞之间的位移，选择耦合约束；考虑螺钉与基本构件、试件与端板之间的接触条件与上述相比较为特殊，采用绑定约束住全部自由度。

关于边界约束：根据试验实际情况，分别在上、下端板中心点建立参考点 RP1、RP2，并分别将端板所有节点耦合到这两点。对于上端板，约束住 RP1 除 U_z 外其余所有自由度 U_x、U_y、U_{Rx}、U_{Ry}、U_{Rz}；对于下端板，约束住其平面内所有自由度，作为固定端。

关于荷载：在 RP1 上施加沿试件长度方向的位移荷载，如图 9-1 所示。

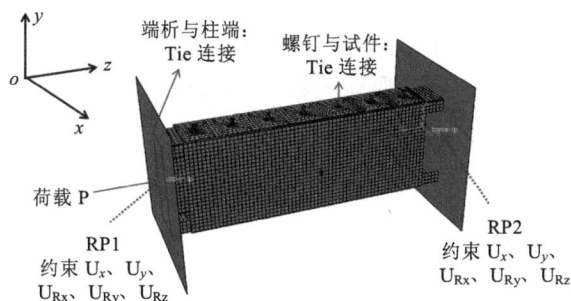

图 9-1　BU2 承载力单元有限元模型

9.1.4 网格划分

有限元软件 ABAQUS 中对于网格划分提供了 3 种方式：自由式、扫略式及结构优化式。由于 CFS 闭合箱形截面短柱承载力单元有限元模型中各部件的独立性，应各自选择不同的划分方式。C 形、U 形基本构件各板件截面规则，因此选用结构优化网格划分；螺钉部件则选择自由网格划分。经过对所建模型的试算结果多次调整，最终将基本构件、螺钉网格大小分别设置为 5 mm、1 mm，网格划分后的有限元模型见图 9-1。

9.1.5 特征值屈曲分析

特征值屈曲分析是一个线性分析的过程，指模型在最初平衡状态下，由于外界荷载的影响，从而达到一个新的平衡状态，对这段过程进行数学分析的目的有两个：①通过计算推导可得到一个理论数值，即所建模型的临界荷载；②结合分析给出的模型屈曲模态可为后续非线性分析提供参考。

具体步骤如下：选中 Step 模块中线性扰动子菜单下的 Buckle 分析步骤，在此指定特征值个数；在 Load 模块中将 9.1.3 节中建立的 RP1 作为加载点，在此点施加竖向荷载并求解获得特征值屈曲解。

9.1.6 结构非线性分析

有限元非线性理论包括几何、材料及接触非线性 3 个方面，非线性屈曲分析充分考虑了这 3 点。对特征值分析的结果复制后新生成的模型调整分析步骤，修改荷载情况、接触关系，以及引入扰动量（缺陷因子），其中扰动量的大小以主要控制模态为基础进行试验矫正，根据不同试件的实际情况作出相应调整，其中初始几何缺陷根据实测值输入。

具体步骤为：选中 Step 模块中选择通用子菜单下的静力分析，设置好增量步骤。复制上一步结果后调整分析步骤，设置扰动量的大小，对于局部屈曲模式的试件，扰动量设置为板件厚度的 0.31。

9.1.7 结果后处理

为方便用户对所建模型分析结果进行后续处理，Visualization 模块中提供了大量工具，如可以通过创建 X-Y 曲线来直观地观察模型的轴向位移随荷载的变化，还可以根据应力云图及变形动画观察模型变形过程等。

9.2 有限元模型验证

模型验证包括对比破坏模型、破坏位置吻合情况，极限承载力是否接近，以此来验证所建模型的正确性，以及后续对所建模型进行影响因素分析的可行性。

9.2.1　试验现象及破坏特征对比

1）BU2 系列试件

BU2 系列试件设计了两种截面尺寸，两种截面尺寸又分别设计了 3 组螺钉间距，并且每一组设计了 3 个重复试件。对比第 2 章试验结果，在控制位移施加荷载的作用下，从两者对比情况（图 9-2）可以看出：本书所建模型能较好地模拟 BU2 系列试件在试验过程中的破坏变形，除个别试件破坏位置略有偏差外，其余两者位置大致相同，说明本书所建模型的合理性、准确性。

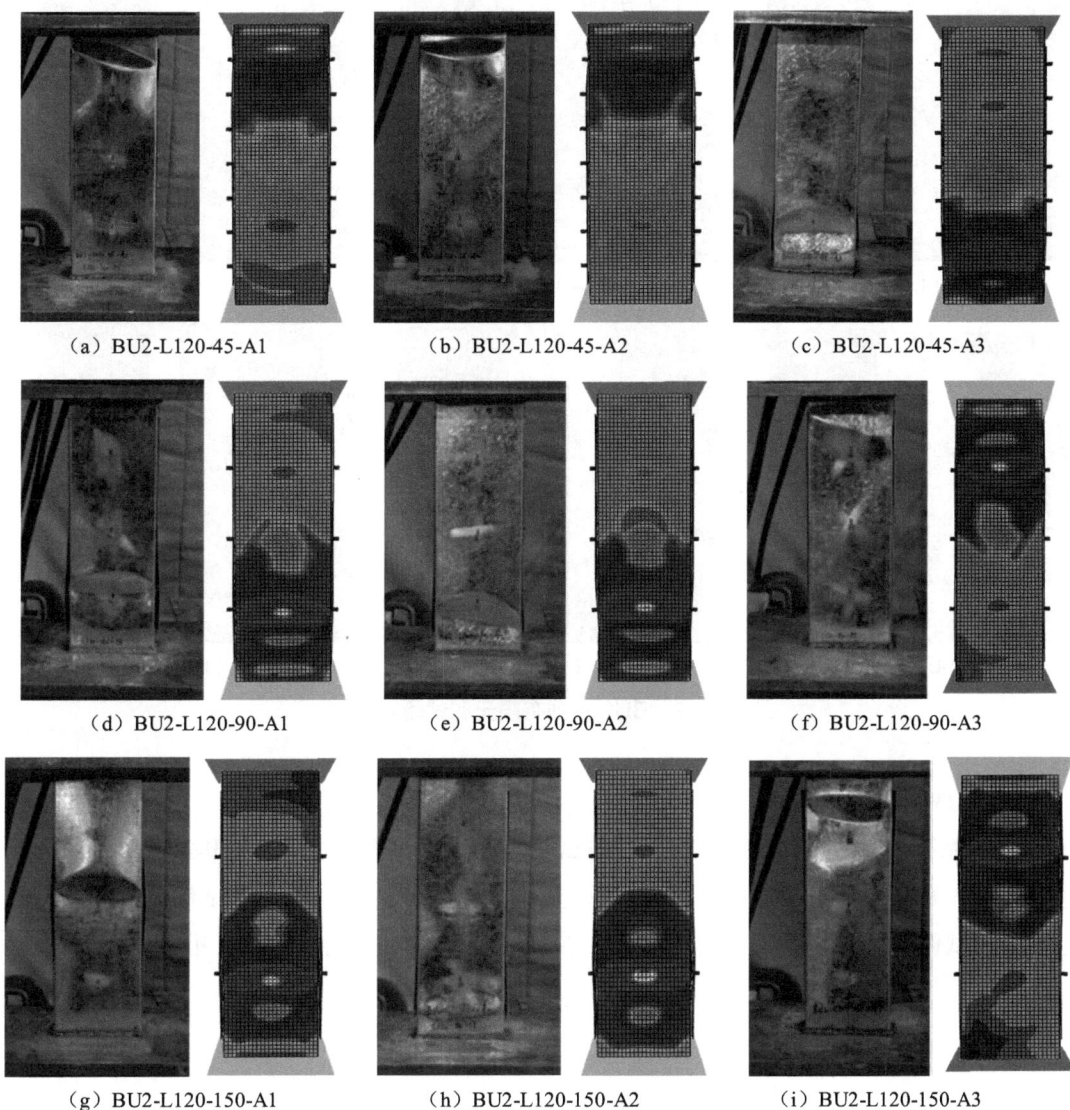

（a）BU2-L120-45-A1　　　　（b）BU2-L120-45-A2　　　　（c）BU2-L120-45-A3

（d）BU2-L120-90-A1　　　　（e）BU2-L120-90-A2　　　　（f）BU2-L120-90-A3

（g）BU2-L120-150-A1　　　（h）BU2-L120-150-A2　　　（i）BU2-L120-150-A3

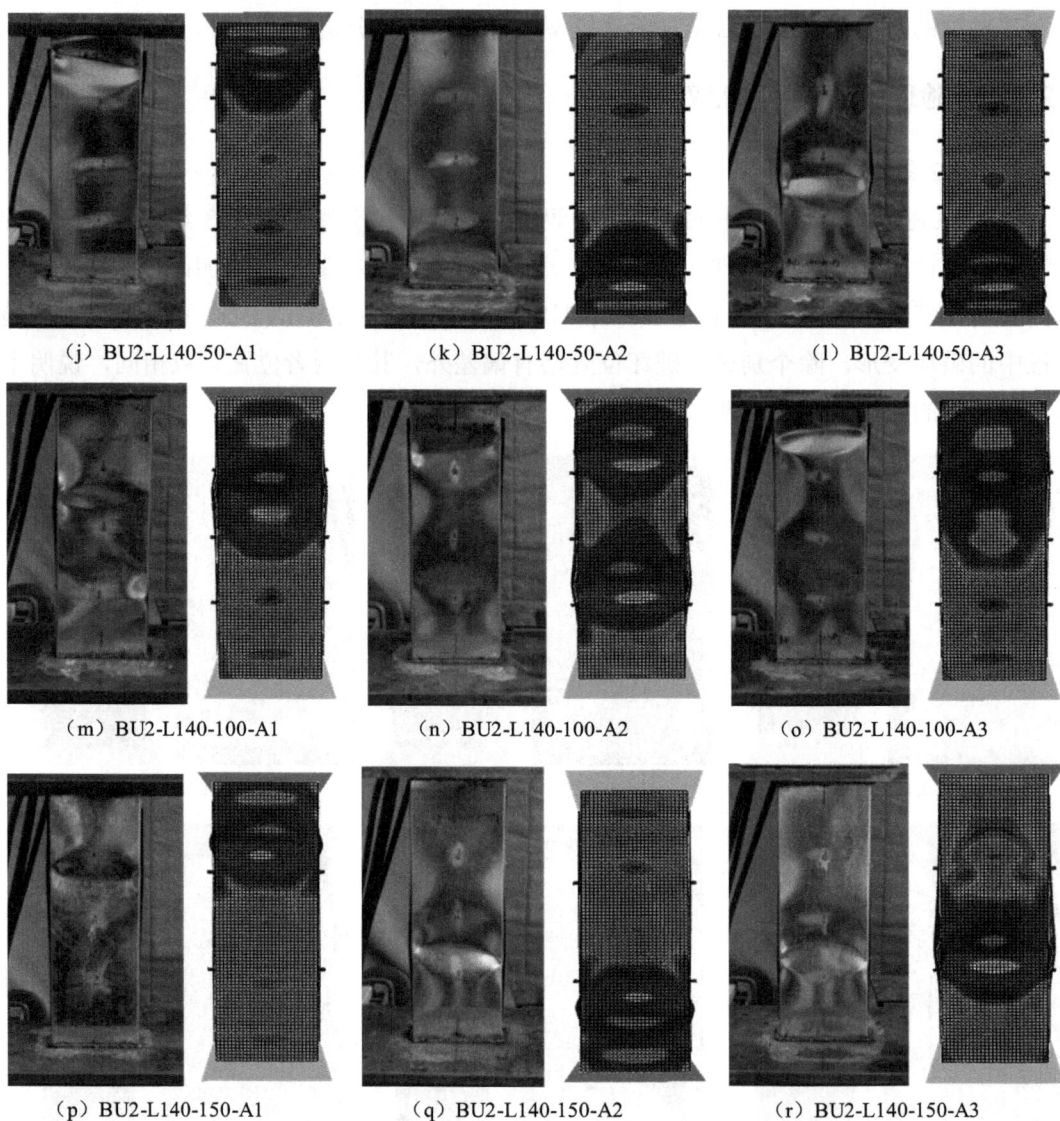

（j）BU2-L140-50-A1　　　　（k）BU2-L140-50-A2　　　　（l）BU2-L140-50-A3

（m）BU2-L140-100-A1　　　（n）BU2-L140-100-A2　　　（o）BU2-L140-100-A3

（p）BU2-L140-150-A1　　　（q）BU2-L140-150-A2　　　（r）BU2-L140-150-A3

图 9-2　BU2 系列有限元和试验对比

2）BU3 系列试件

BU3 系列试件设计同 BU2 系列，与试验对比情况见图 9-3。由图 9-3 可知：本书所建模型能较好地模拟 BU3 系列试件在试验过程中的破坏变形，除个别试件外，其余有限元模型与试件实际破坏情况吻合度较高，说明本书所建模型的合理性、准确性。

（a）BU3-L120-45-A1　　　　　（b）BU3-L120-45-A2　　　　　（c）BU3-L120-45-A3

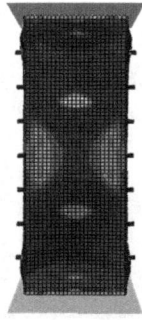

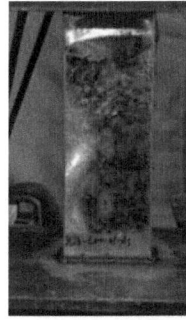

（d）BU3-L120-90-A1　　　　　（e）BU3-L120-90-A2　　　　　（f）BU3-L120-90-A3

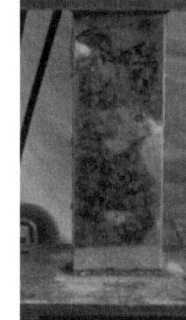

（g）BU3-L120-150-A1　　　　（h）BU3-L120-150-A2　　　　（i）BU3-L120-150-A3

（j）BU3-L140-50-A1　　　　　（k）BU3-L140-50-A2　　　　　（l）BU3-L140-50-A3

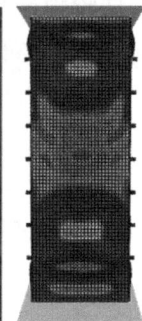

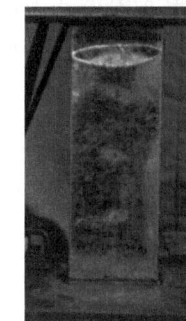

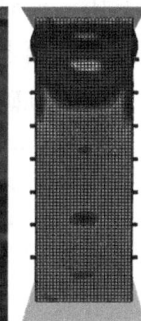

（m）BU3-L140-100-A1　　　　（n）BU3-L140-100-A2　　　　（o）BU3-L140-100-A3

（p）BU3-L140-150-A1　　　　（q）BU3-L140-150-A2　　　　（r）BU3-L140-150-A3

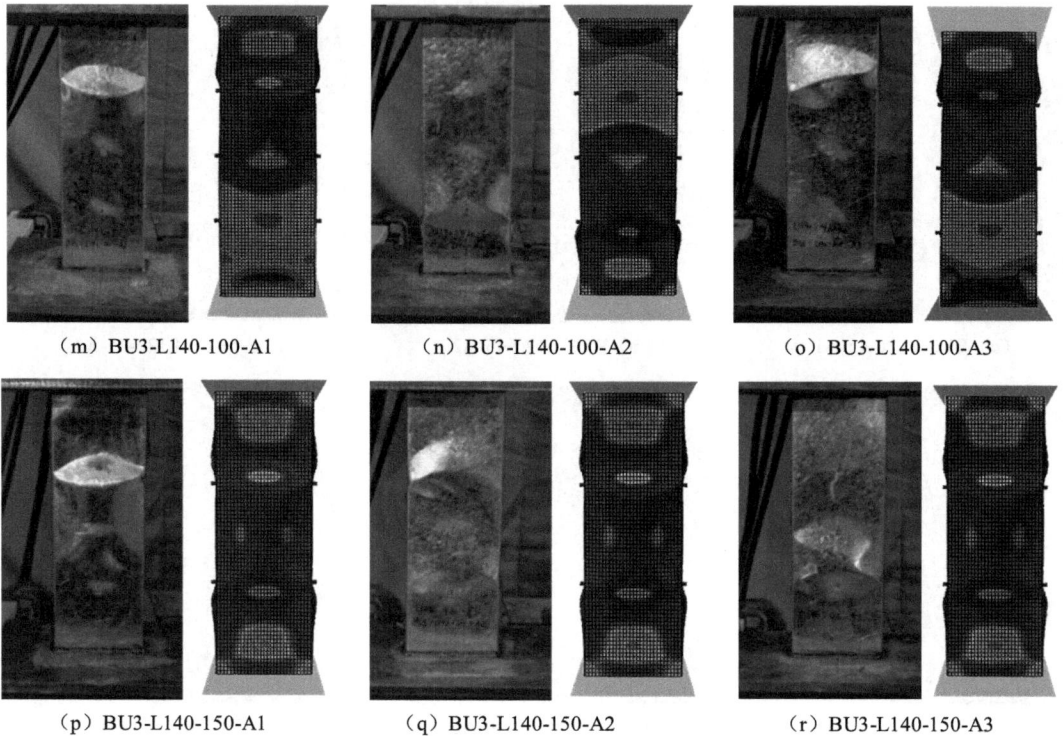

图 9-3　BU3 系列有限元和试验对比

9.2.2　荷载-轴向位移曲线对比

将 BU2、BU3 短柱承载力单元试验得到的荷载-轴向位移曲线与有限元分析所得的曲线对比情况分别绘于图 9-4、图 9-5 中。由图可知，两种曲线的走势、形状基本一致，峰值点也相近，再次验证了本书所建模型的合理性、准确性。有限元模拟所得的结果刚度较大，经分析后得出原因：端板重复使用使其表面凹凸不平，致使试件与试验机之间出现空隙，而有限元模型各方面条件较为理想，不存在试验过程中出现的这种情况，从而导致图中两者上升段存在一些间距，但总体来讲，有限元软件对试件实际试验情况的模拟结果是准确的。

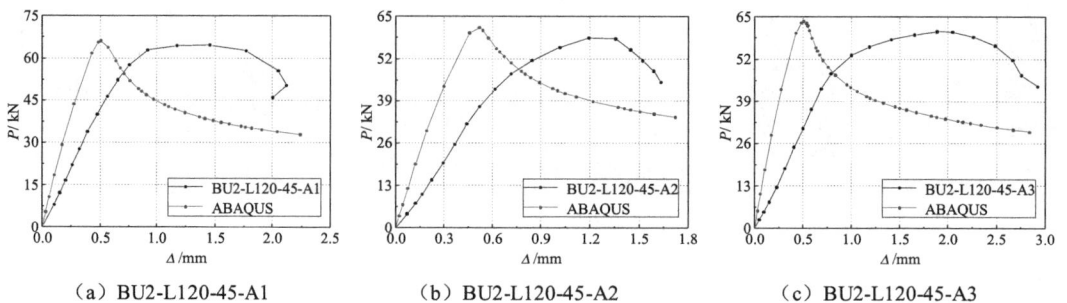

（a）BU2-L120-45-A1　　　　（b）BU2-L120-45-A2　　　　（c）BU2-L120-45-A3

（d）BU2-L120-90-A1

（e）BU2-L120-90-A2

（f）BU2-L120-90-A3

（g）BU2-L120-150-A1

（h）BU2-L120-150-A2

（i）BU2-L120-150-A3

（j）BU2-L140-50-A1

（k）BU2-L140-50-A2

（l）BU2-L140-50-A3

（m）BU2-L140-100-A1

（n）BU2-L140-100-A2

（o）BU2-L140-100-A3

（p）BU2-L140-150-A1

（q）BU2-L140-150-A2

（r）BU2-L140-150-A3

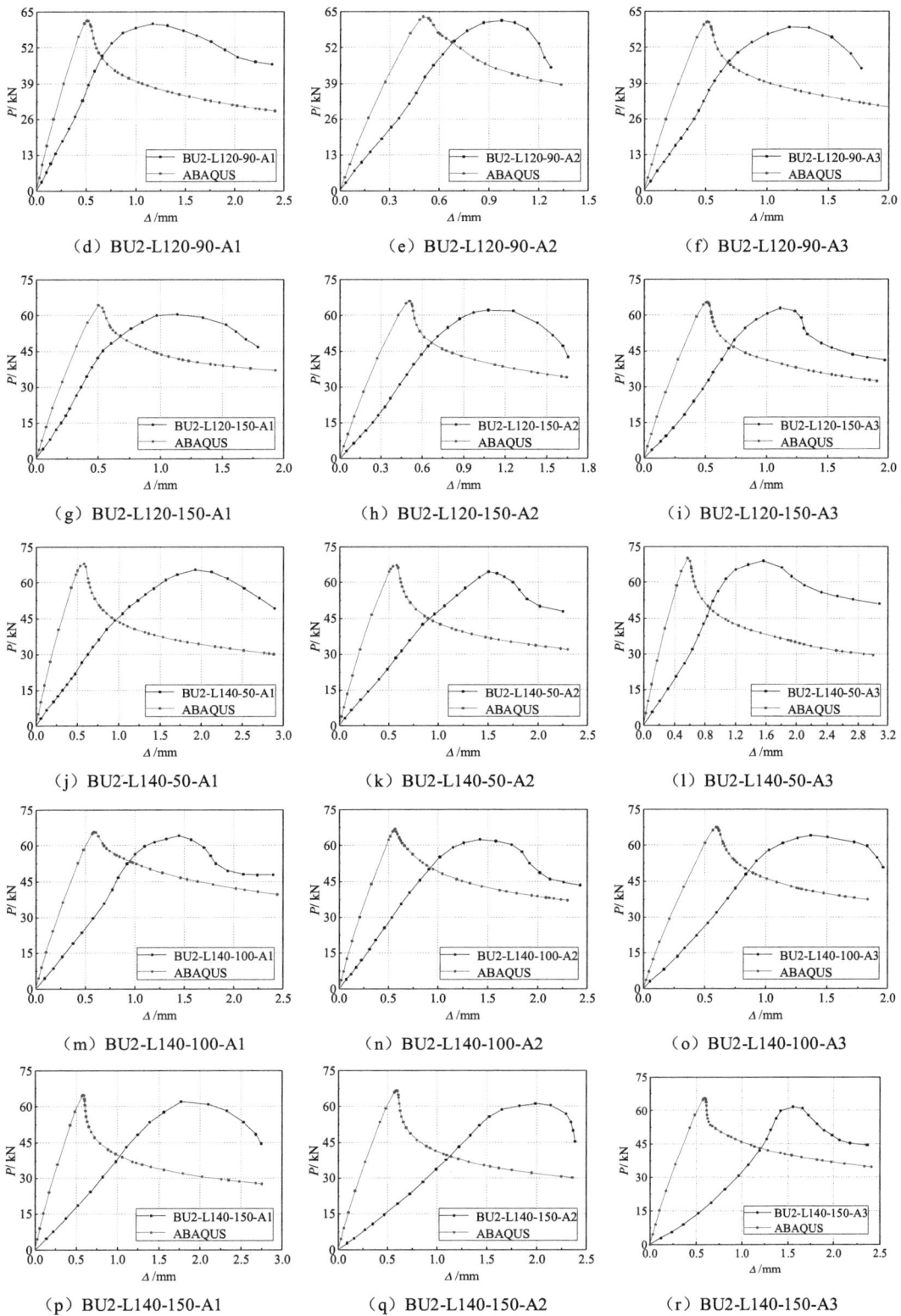

图 9-4　BU2 系列荷载-轴向位移曲线对比

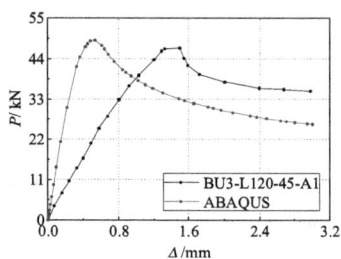

（a）BU3-L120-45-A1

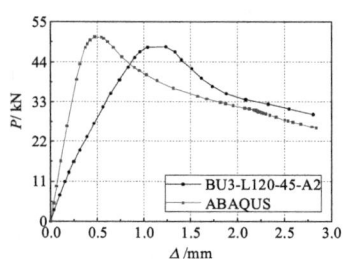

（b）BU3-L120-45-A2

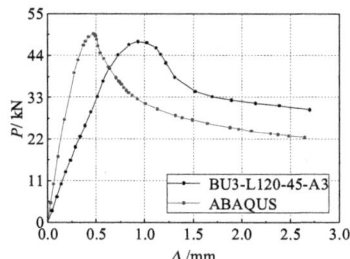

（c）BU3-L120-45-A3

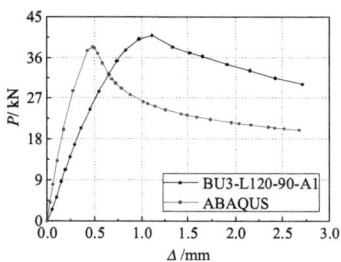

（d）BU3-L120-90-A1

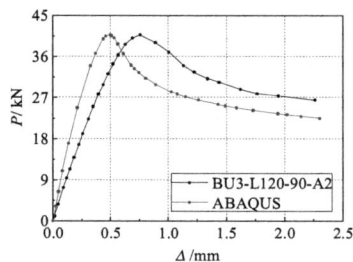

（e）BU3-L120-90-A2

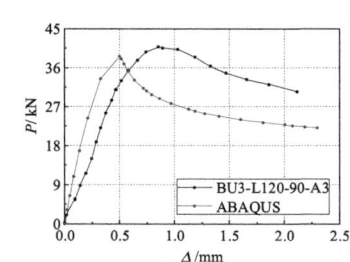

（f）BU3-L120-90-A3

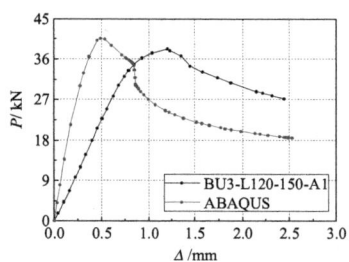

（g）BU3-L120-150-A1

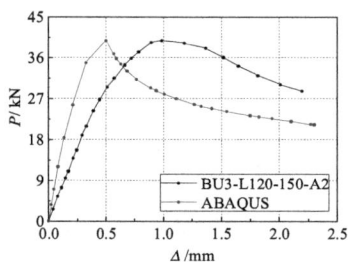

（h）BU3-L120-150-A2

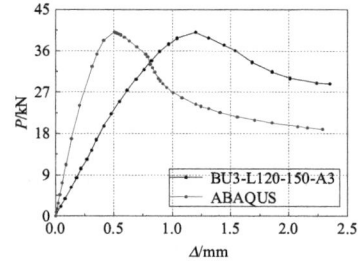

（i）BU3-L120-150-A3

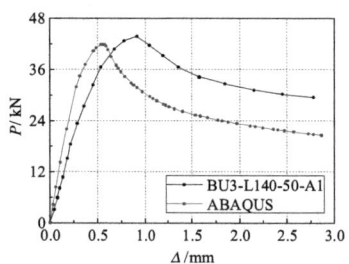

（j）BU3-L140-50-A1

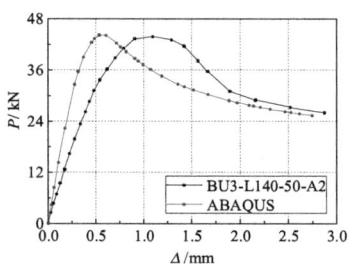

（k）BU3-L140-50-A2

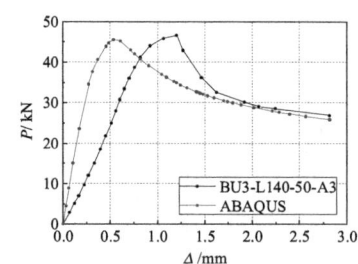

（l）BU3-L140-50-A3

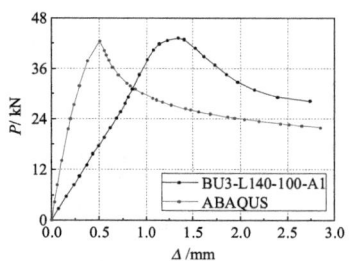

（m）BU3-L140-100-A1

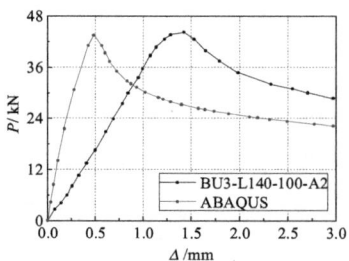

（n）BU3-L140-100-A2

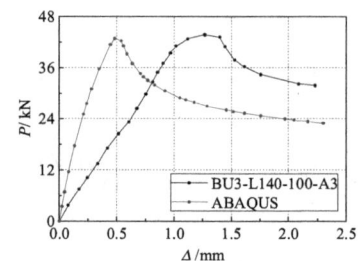

（o）BU3-L140-100-A3

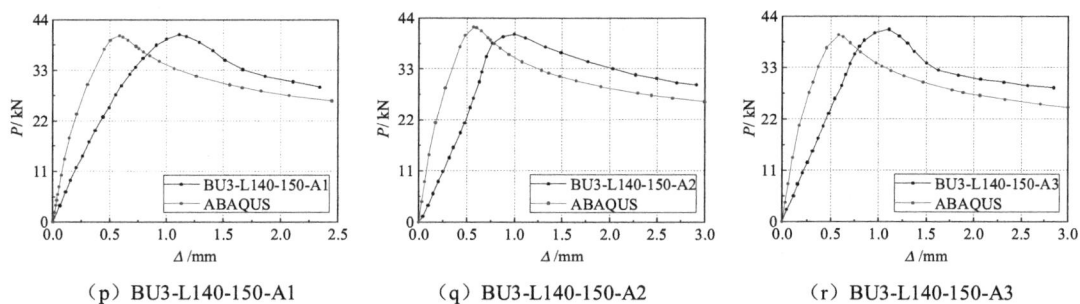

（p）BU3-L140-150-A1　　　（q）BU3-L140-150-A2　　　（r）BU3-L140-150-A3

图 9-5　BU3 系列荷载-轴向位移曲线对比

9.2.3　极限承载力对比

　　表 9-2、表 9-3 分别给出了 BU2 单元、BU3 单元试件承载力结果和有限元模拟承载力结果的对比情况。其中，P_A 为有限元极限承载力，P_t 为试验极限承载力。由表 9-2、表 9-3 可知，对于 BU2 系列，P_A/P_t 比值为 1.016～1.089；对于 BU3 系列，P_A/P_t 比值为 1.017～1.088，整体上有限元值稍高于试验值，高出 2%～9%，两者吻合较好，同时标准差表明离散程度较低，说明有限元分析结果比较理想。

表 9-2　BU2 系列试件试验值与模拟值对比

试件编号	试件长度/mm	P_A/kN	P_t/kN	P_A/P_t
BU2-L120-45-A1	359	66.145	64.634	1.023
BU2-L120-45-A2	359	61.507	58.387	1.053
BU2-L120-45-A3	358	63.554	60.468	1.051
BU2-L120-90-A1	358	61.805	60.651	1.019
BU2-L120-90-A2	358	63.143	61.790	1.022
BU2-L120-90-A3	359	61.228	59.300	1.033
BU2-L120-150-A1	358	64.388	60.450	1.065
BU2-L120-150-A2	359	65.946	62.180	1.061
BU2-L120-150-A3	358	65.413	62.928	1.039
BU2-L140-50-A1	419	67.920	65.442	1.038
BU2-L140-50-A2	418	67.273	64.485	1.043
BU2-L140-50-A3	420	70.123	69.004	1.016
BU2-L140-100-A1	418	65.666	64.164	1.023
BU2-L140-100-A2	419	66.796	62.528	1.068
BU2-L140-100-A3	419	67.501	64.175	1.052
BU2-L140-150-A1	421	64.849	62.090	1.044
BU2-L140-150-A2	419	66.638	61.195	1.089
BU2-L140-150-A3	418	65.498	61.671	1.062

表 9-3　BU3 系列试件试验值与模拟值对比

试件编号	试件长度/mm	P_A/kN	P_t/kN	P_A/P_t
BU3-L120-45-A1	361	48.975	47.083	1.040
BU3-L120-45-A2	359	50.766	48.069	1.056
BU3-L120-45-A3	360	49.735	47.661	1.044
BU3-L120-90-A1	360	43.365	40.890	1.061
BU3-L120-90-A2	358	42.387	40.727	1.041
BU3-L120-90-A3	358	42.411	40.781	1.040
BU3-L120-150-A1	361	41.562	38.191	1.088
BU3-L120-150-A2	358	42.752	39.903	1.071
BU3-L120-150-A3	359	41.434	40.108	1.033
BU3-L140-50-A1	415	45.821	43.723	1.048
BU3-L140-50-A2	419	45.116	43.804	1.030
BU3-L140-50-A3	418	47.468	46.588	1.019
BU3-L140-100-A1	419	44.421	43.184	1.029
BU3-L140-100-A2	417	45.471	44.225	1.028
BU3-L140-100-A3	419	45.213	43.672	1.035
BU3-L140-150-A1	418	41.389	40.716	1.017
BU3-L140-150-A2	419	41.983	40.488	1.037
BU3-L140-150-A3	419	42.945	41.149	1.044

9.3　有限元变参数分析

前文对有限元模型的建立进行了简单介绍，并验证了用有限元模拟试验的方法是可行的。鉴于此，本节将通过 ABAQUS 软件深入研究腹板高厚比、螺钉间距对 CFS 闭合箱形截面短柱承载力单元的影响。

现有试验研究及相关文献表明：截面尺寸、螺钉间距是影响承载力单元局部屈曲破坏的主要因素，因此，本节通过改变这两个参数来对承载力单元进一步进行研究，为后续提出该 BU2、BU3 两种类型承载力单元局部屈曲承载力曲线，以及提高曲线精度提供足够的数据支持。变参数时按照 9.3.1 节的设计要求改变试件尺寸，变截面参数时，以其较长单肢构件长度的 1/6 作为螺钉间距。变参数试件汇总表见表 9-4、表 9-5，试件编号原则见图 9-6。

表 9-4　变高厚比参数试件表

	试件编号			
BU2 系列	BU2-L120-40-0.8	BU2-L150-40-0.8	BU2-L180-40-0.8	BU2-L200-40-0.8
	BU2-L120-40-1.0	BU2-L150-40-1.0	BU2-L180-40-1.0	BU2-L200-40-1.0

试件编号			
BU2-L120-40-1.2	BU2-L150-40-1.2	BU2-L180-40-1.2	BU2-L200-40-1.2
BU2-L120-40-1.5	BU2-L150-40-1.5	BU2-L180-40-1.5	BU2-L200-40-1.5
BU2-L120-50-0.8	BU2-L150-50-0.8	BU2-L180-50-0.8	BU2-L200-50-0.8
BU2-L120-50-1.0	BU2-L150-50-1.0	BU2-L180-50-1.0	BU2-L200-50-1.0
BU2-L120-50-1.2	BU2-L150-50-1.2	BU2-L180-50-1.2	BU2-L200-50-1.2
BU2-L120-50-1.5	BU2-L150-50-1.5	BU2-L180-50-1.5	BU2-L200-50-1.5
BU2-L120-60-0.8	BU2-L150-60-0.8	BU2-L180-60-0.8	BU2-L200-60-0.8
BU2-L120-60-1.0	BU2-L150-60-1.0	BU2-L180-60-1.0	BU2-L200-60-1.0
BU2-L120-60-1.2	BU2-L150-60-1.2	BU2-L180-60-1.2	BU2-L200-60-1.2
BU2-L120-60-1.5	BU2-L150-60-1.5	BU2-L180-60-1.5	BU2-L200-60-1.5
BU3-L120-40-0.8	BU3-L150-40-0.8	BU3-L180-40-0.8	BU3-L200-40-0.8
BU3-L120-40-1.0	BU3-L150-40-1.0	BU3-L180-40-1.0	BU3-L200-40-1.0
BU3-L120-40-1.2	BU3-L150-40-1.2	BU3-L180-40-1.2	BU3-L200-40-1.2
BU3-L120-40-1.5	BU3-L150-40-1.5	BU3-L180-40-1.5	BU3-L200-40-1.5
BU3-L120-50-0.8	BU3-L150-50-0.8	BU3-L180-50-0.8	BU3-L200-50-0.8
BU3-L120-50-1.0	BU3-L150-50-1.0	BU3-L180-50-1.0	BU3-L200-50-1.0
BU3-L120-50-1.2	BU3-L150-50-1.2	BU3-L180-50-1.2	BU3-L200-50-1.2
BU3-L120-50-1.5	BU3-L150-50-1.5	BU3-L180-50-1.5	BU3-L200-50-1.5
BU3-L120-60-0.8	BU3-L150-60-0.8	BU3-L180-60-0.8	BU3-L200-60-0.8
BU3-L120-60-1.0	BU3-L150-60-1.0	BU3-L180-60-1.0	BU3-L200-60-1.0
BU3-L120-60-1.2	BU3-L150-60-1.2	BU3-L180-60-1.2	BU3-L200-60-1.2
BU3-L120-60-1.5	BU3-L150-60-1.5	BU3-L180-60-1.5	BU3-L200-60-1.5

（BU2 系列对应前 10 行，BU3 系列对应后 12 行）

表 9-5　变螺钉间距参数试件表

	序号	试件长度/mm	试件编号	螺钉间距/mm	半波长度/mm
BU2 系列	1～5	360	BU2-120-40	33.75，45，67.5，90，135	65.2
	6～10	450	BU2-150-50	56.25，75，112.5，150，225	114.2
	11～15	540	BU2-180-50	67.5，90，135，180，270	140.5
	16～20	600	BU2-200-60	75，100，150，200，300	148.2
BU3 系列	1～5	360	BU3-120-40	33.75，45，67.5，90，135	65.2
	6～10	450	BU3-150-50	56.25，75，112.5，150，225	114.2
	11～15	540	BU3-180-50	67.5，90，135，180，270	140.5
	16～20	600	BU3-200-60	75，100，150，200，300	148.2

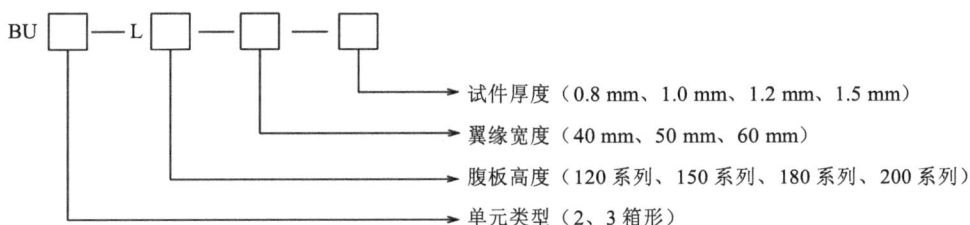

图 9-6　试件编号原则

9.3.1 截面高厚比的影响

已有研究成果表明，高厚比较大的板件发生局部屈曲的概率更大，因此，高厚比对板件的影响很大。本次设计 360 mm、450 mm、540 mm 和 600 mm 4 种试件长度，针对每种长度又分别设计 3 种翼缘宽度，基本构件的截面厚度分别设为 0.8 mm、1.0 mm、1.2 mm 和 1.5 mm，以此来进行截面高厚比的变参数分析，两类承载力单元各设计 48 根。

表 9-3 中试件经试算验证均满足本节设计要求，两种承载力单元不同组之间的破坏规律大体一致，均是局部压溃破坏，故此处都只展示 120 系列试件的应力云图（图 9-7 和图 9-8），对变高厚比有限元计算结果临界屈曲荷载 P_{cr}、极限承载力 P_A 汇总于表 9-6、表 9-7 和表 9-8 中，其中表 9-6 包含 C4 系列的变高厚比分析结果，为后续验证承载力单元叠加法提供了数据支持。

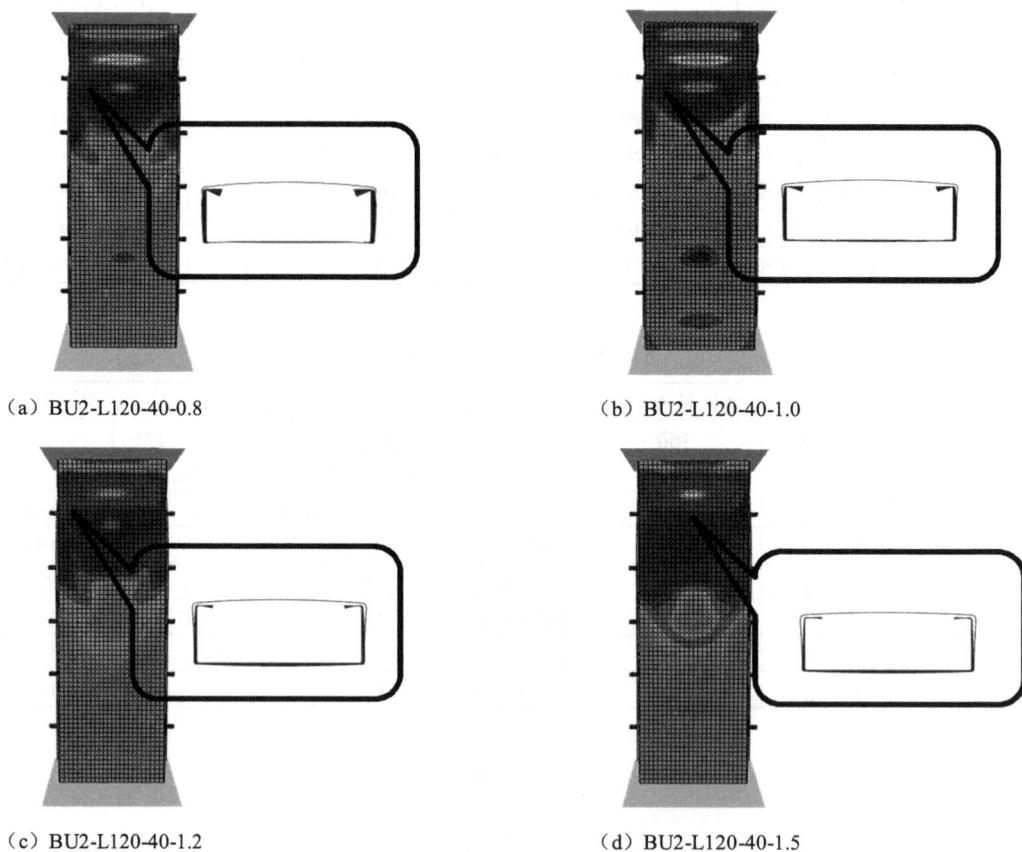

（a）BU2-L120-40-0.8　　　　　　　（b）BU2-L120-40-1.0

（c）BU2-L120-40-1.2　　　　　　　（d）BU2-L120-40-1.5

图 9-7　BU2-L120-40 系列试件典型破坏模式

（a）BU3-L120-40-0.8

（b）BU3-L120-40-1.0

（c）BU3-L120-40-1.2

（d）BU3-L120-40-1.5

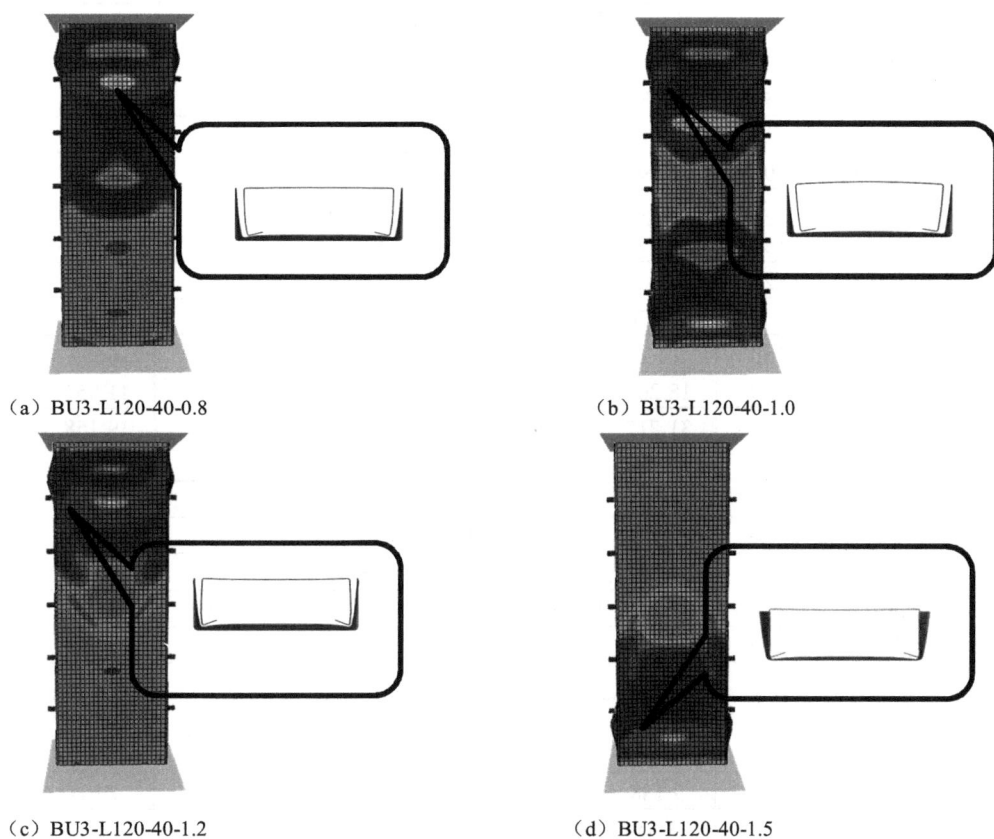

图 9-8　BU3-L120-40 系列试件典型破坏模式

表 9-6　不同高厚比的极限承载力结果

试件编号（h-b-t）	h/t	P_{cr}/kN	P_A/kN	试件编号（h-b-t）	h/t	P_{cr}/kN	P_A/kN
BU2-L120-40-0.8	150	9.152	32.4	BU2-L180-40-0.8	225	5.313	32.0
BU2-L120-40-1.0	120	18.207	44.3	BU2-L180-40-1.0	180	10.601	45.0
BU2-L120-40-1.2	100	31.715	56.3	BU2-L180-40-1.2	150	18.441	58.4
BU2-L120-40-1.5	80	66.315	75.2	BU2-L180-40-1.5	120	38.496	79.5
BU2-L120-50-0.8	150	10.092	35.0	BU2-L180-50-0.8	225	5.728	34.4
BU2-L120-50-1.0	120	20.038	50.3	BU2-L180-50-1.0	180	11.423	51.5
BU2-L120-50-1.2	100	34.925	65.4	BU2-L180-50-1.2	150	19.92	67.4
BU2-L120-50-1.5	80	72.459	87.5	BU2-L180-50-1.5	120	41.226	91.3
BU2-L120-60-0.8	150	10.917	37.8	BU2-L180-60-0.8	225	6.112	35.0
BU2-L120-60-1.0	120	21.687	56.4	BU2-L180-60-1.0	180	12.166	54.4
BU2-L120-60-1.2	100	36.823	73.5	BU2-L180-60-1.2	150	21.223	74.0
BU2-L120-60-1.5	80	72.382	99.0	BU2-L180-60-1.5	120	44.145	101.4
BU2-L150-40-0.8	187.5	6.753	32.2	BU2-L200-40-0.8	250	4.64	32.1
BU2-L150-40-1.0	150	13.46	44.9	BU2-L200-40-1.0	200	9.26	45.1
BU2-L150-40-1.2	125	23.437	57.2	BU2-L200-40-1.2	166.7	16.1	58.7
BU2-L150-40-1.5	100	48.969	77.8	BU2-L200-40-1.5	133.3	33.59	80.0

试件编号（h-b-t）	h/t	P_{cr}/kN	P_A/kN	试件编号（h-b-t）	h/t	P_{cr}/kN	P_A/kN
BU2-L150-50-0.8	187.5	7.353	34.8	BU2-L200-50-0.8	250	4.976	34.2
BU2-L150-50-1.0	150	14.633	51.3	BU2-L200-50-1.0	200	9.936	51.4
BU2-L150-50-1.2	125	25.516	66.6	BU2-L200-50-1.2	166.7	17.322	67.6
BU2-L150-50-1.5	100	52.893	89.8	BU2-L200-50-1.5	133.3	35.809	92.2
BU2-L150-60-0.8	187.5	7.91	34.8	BU2-L200-60-0.8	250	5.286	34.8
BU2-L150-60-1.0	150	15.714	54.4	BU2-L200-60-1.0	200	10.534	53.7
BU2-L150-60-1.2	125	27.403	73.0	BU2-L200-60-1.2	166.7	18.379	74.4
BU2-L150-60-1.5	100	57.076	99.8	BU2-L200-60-1.5	133.3	38.183	102.4
BU3-L120-40-0.8	150	9.152	22.0	BU3-L180-40-0.8	225	4.697	21.9
BU3-L120-40-1.0	120	18.207	32.1	BU3-L180-40-1.0	180	11.051	31.2
BU3-L120-40-1.2	100	31.715	43.9	BU3-L180-40-1.2	150	19.158	45.3
BU3-L120-40-1.5	80	66.315	65.1	BU3-L180-40-1.5	120	39.378	66.9
BU3-L120-50-0.8	150	7.960	23.3	BU3-L180-50-0.8	225	5.036	22.9
BU3-L120-50-1.0	120	19.246	33.7	BU3-L180-50-1.0	180	12.052	31.7
BU3-L120-50-1.2	100	33.353	46.2	BU3-L180-50-1.2	150	20.910	45.7
BU3-L120-50-1.5	80	52.712	68.8	BU3-L180-50-1.5	120	43.027	70.4
BU3-L120-60-0.8	150	8.607	24.4	BU3-L180-60-0.8	225	5.345	23.7
BU3-L120-60-1.0	120	21.450	35.3	BU3-L180-60-1.0	180	13.036	33.6
BU3-L120-60-1.2	100	37.120	48.5	BU3-L180-60-1.2	150	22.564	47.1
BU3-L120-60-1.5	80	60.103	72.3	BU3-L180-60-1.5	120	46.467	72.1
BU3-L150-40-0.8	187.5	9.188	22.2	BU3-L200-40-0.8	250	4.104	21.6
BU3-L150-40-1.0	150	23.554	31.4	BU3-L200-40-1.0	200	9.610	32.2
BU3-L150-40-1.2	125	40.634	44.6	BU3-L200-40-1.2	166.7	16.657	45.6
BU3-L150-40-1.5	100	63.539	66.2	BU3-L200-40-1.5	133.3	34.260	67.3
BU3-L150-50-0.8	187.5	5.945	23.1	BU3-L200-50-0.8	250	4.387	20.9
BU3-L150-50-1.0	150	14.130	32.9	BU3-L200-50-1.0	200	10.434	32.5
BU3-L150-50-1.2	125	24.501	46.6	BU3-L200-50-1.2	166.7	18.108	45.5
BU3-L150-50-1.5	100	50.343	68.7	BU3-L200-50-1.5	133.3	37.240	71.1
BU3-L150-60-0.8	187.5	6.399	24.0	BU3-L200-60-0.8	250	4.651	23.3
BU3-L150-60-1.0	150	15.554	34.0	BU3-L200-60-1.0	200	11.233	33.6
BU3-L150-60-1.2	125	26.959	48.5	BU3-L200-60-1.2	166.7	19.456	47.1
BU3-L150-60-1.5	100	55.532	71.8	BU3-L200-60-1.5	133.3	40.049	71.8
C4-120-40-0.8	150	14.932	48.7	C4-180-40-0.8	225	15.298	50.0
C4-120-40-1.0	120	31.916	70.1	C4-180-40-1.0	180	32.310	71.0
C4-120-40-1.2	100	55.131	93.8	C4-180-40-1.2	150	58.037	98.8
C4-120-40-1.5	80	94.973	135.6	C4-180-40-1.5	120	96.230	137.5
C4-120-50-0.8	150	16.325	48.9	C4-180-50-0.8	225	17.000	51.0
C4-120-50-1.0	120	35.042	74.7	C4-180-50-1.0	180	34.672	74.0
C4-120-50-1.2	100	60.361	101.5	C4-180-50-1.2	150	60.894	102.5
C4-120-50-1.5	80	98.877	141.2	C4-180-50-1.5	120	102.160	146.0
C4-120-60-0.8	150	15.812	49.4	C4-180-60-0.8	225	16.568	51.8
C4-120-60-1.0	120	37.631	81.7	C4-180-60-1.0	180	36.495	79.3
C4-120-60-1.2	100	64.657	108.3	C4-180-60-1.2	150	63.705	106.8

试件编号（h-b-t）	h/t	P_{cr}/kN	P_A/kN	试件编号（h-b-t）	h/t	P_{cr}/kN	P_A/kN
C4-120-60-1.5	80	102.491	146.3	C4-180-60-1.5	120	47.362	154.8
C4-150-40-0.8	187.5	11.133	49.6	C4-200-40-0.8	250	23.117	50.8
C4-150-40-1.0	150	15.175	72.1	C4-200-40-1.0	200	42.529	72.4
C4-150-40-1.2	125	32.810	94.6	C4-200-40-1.2	166.7	68.726	98.2
C4-150-40-1.5	100	55.570	135.4	C4-200-40-1.5	133.3	46.200	138.6
C4-150-50-0.8	187.5	94.760	50.9	C4-200-50-0.8	250	24.083	51.4
C4-150-50-1.0	150	16.967	74.4	C4-200-50-1.0	200	46.458	78.2
C4-150-50-1.2	125	34.859	100.3	C4-200-50-1.2	166.7	71.721	102.5
C4-150-50-1.5	100	59.587	142.1	C4-200-50-1.5	133.3	46.568	145.6
C4-150-60-0.8	187.5	99.430	52.9	C4-200-60-0.8	250	23.655	51.4
C4-150-60-1.0	150	16.919	79.8	C4-200-60-1.0	200	46.884	78.6
C4-150-60-1.2	125	36.726	107.0	C4-200-60-1.2	166.7	75.033	107.2
C4-150-60-1.5	100	63.825	152.4	C4-200-60-1.5	133.3	0.000	152.5

表 9-7　BU2 不同高厚比承载力单元极限承载力对比分析结果

高度/mm	承载力/kN	b/mm			高度/mm	承载力/kN	b/mm		
		40	50	60			40	50	60
120	P_1（t=1.5 mm）	75.2	87.5	99.0	150	P_1（t=1.5 mm）	77.8	89.8	99.8
	P_2（t=1.2 mm）	56.3	65.4	73.5		P_2（t=1.2 mm）	57.2	66.6	73.0
	P_3（t=1.0 mm）	44.3	50.3	56.4		P_3（t=1.0 mm）	44.9	51.3	54.4
	P_4（t=0.8 mm）	32.4	35.0	37.8		P_4（t=0.8 mm）	32.2	34.8	34.8
降低幅度	（P_1-P_2）/P_1	25.1%	25.3%	25.8%	降低幅度	（P_1-P_2）/P_1	26.5%	25.8%	26.8%
	（P_2-P_3）/P_2	21.3%	23.1%	23.3%		（P_2-P_3）/P_2	21.5%	23.0%	25.5%
	（P_3-P_4）/P_3	26.9%	30.4%	33.0%		（P_3-P_4）/P_3	28.3%	32.2%	36.0%
	（P_1-P_4）/P_1	56.9%	60.0%	61.8%		（P_1-P_4）/P_1	58.6%	61.2%	65.1%
180	P_1（t=1.5 mm）	79.5	91.3	101.4	200	P_1（t=1.5 mm）	80.0	92.2	102.4
	P_2（t=1.2 mm）	58.4	67.4	74.0		P_2（t=1.2 mm）	58.7	67.6	74.4
	P_3（t=1.0 mm）	45.0	51.5	54.4		P_3（t=1.0 mm）	45.1	51.4	53.7
	P_4（t=0.8 mm）	32.0	34.4	35.0		P_4（t=0.8 mm）	32.1	34.2	34.8
降低幅度	（P_1-P_2）/P_1	26.5%	26.2%	27.0%	降低幅度	（P_1-P_2）/P_1	26.6%	26.7%	27.3%
	（P_2-P_3）/P_2	22.9%	23.6%	26.5%		（P_2-P_3）/P_2	23.2%	24.0%	27.8%
	（P_3-P_4）/P_3	28.9%	33.2%	35.7%		（P_3-P_4）/P_3	28.8%	33.5%	35.2%
	（P_1-P_4）/P_1	59.7%	62.3%	65.5%		（P_1-P_4）/P_1	59.9%	62.9%	66.0%

表 9-8　BU3 不同高厚比承载力单元极限承载力对比分析结果

高度/mm	承载力/kN	b/mm			高度/mm	承载力/kN	b/mm		
		40	50	60			40	50	60
120	P_1（t=1.5 mm）	65.1	68.8	72.3	150	P_1（t=1.5 mm）	66.2	68.7	71.8
	P_2（t=1.2 mm）	43.9	46.2	48.5		P_2（t=1.2 mm）	44.6	46.6	48.5
	P_3（t=1.0 mm）	32.1	33.7	35.3		P_3（t=1.0 mm）	31.4	32.9	34.0
	P_4（t=0.8 mm）	22.0	23.3	24.4		P_4（t=0.8 mm）	22.2	23.1	24.0

高度/mm	承载力/kN	b/mm			高度/mm	承载力/kN	b/mm		
		40	50	60			40	50	60
降低幅度	$(P_1-P_2)/P_1$	32.6%	32.8%	32.9%	降低幅度	$(P_1-P_2)/P_1$	32.6%	32.2%	32.5%
	$(P_2-P_3)/P_2$	26.9%	27.1%	27.2%		$(P_2-P_3)/P_2$	29.6%	29.4%	29.9%
	$(P_3-P_4)/P_3$	31.5%	30.9%	30.9%		$(P_3-P_4)/P_3$	29.3%	29.8%	29.4%
	$(P_1-P_4)/P_1$	66.2%	66.1%	66.3%		$(P_1-P_4)/P_1$	66.5%	66.4%	66.6%
180	P_1 $(t=1.5\text{ mm})$	66.9	70.4	72.1	200	P_1 $(t=1.5\text{ mm})$	67.3	71.1	71.8
	P_2 $(t=1.2\text{ mm})$	45.3	45.7	47.1		P_2 $(t=1.2\text{ mm})$	45.6	45.5	47.1
	P_3 $(t=1.0\text{ mm})$	31.2	31.7	33.6		P_3 $(t=1.0\text{ mm})$	32.2	32.5	33.6
	P_4 $(t=0.8\text{ mm})$	21.9	22.9	23.7		P_4 $(t=0.8\text{ mm})$	21.6	20.9	23.3
降低幅度	$(P_1-P_2)/P_1$	32.3%	35.1%	34.7%	降低幅度	$(P_1-P_2)/P_1$	32.2%	36.0%	34.4%
	$(P_2-P_3)/P_2$	31.1%	30.6%	28.7%		$(P_2-P_3)/P_2$	29.4%	28.6%	28.7%
	$(P_3-P_4)/P_3$	29.8%	27.8%	29.5%		$(P_3-P_4)/P_3$	32.9%	35.7%	30.7%
	$(P_1-P_4)/P_1$	67.3%	67.5%	67.1%		$(P_1-P_4)/P_1$	67.9%	70.6%	67.5%

分别将两种承载力单元腹板高厚比与极限承载力的关系曲线绘于图 9-9、图 9-10 中。

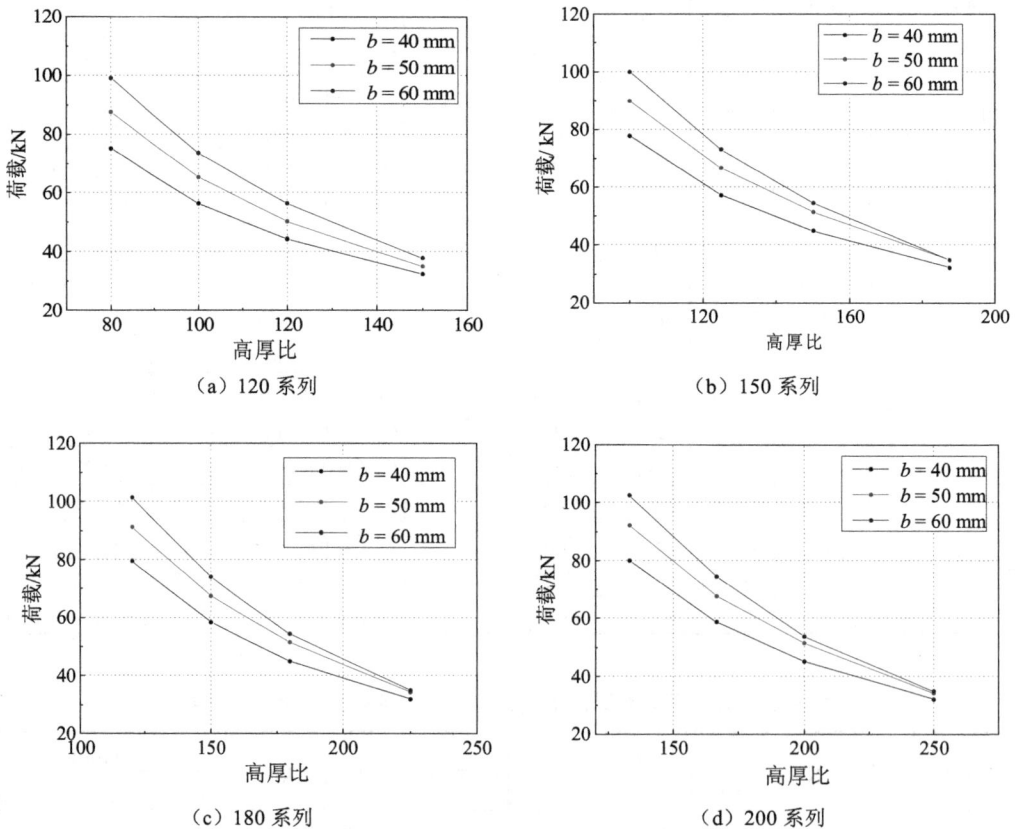

（a）120 系列　　　　　　　　　　（b）150 系列

（c）180 系列　　　　　　　　　　（d）200 系列

图 9-9　BU2 不同高厚比承载力单元极限承载力关系曲线

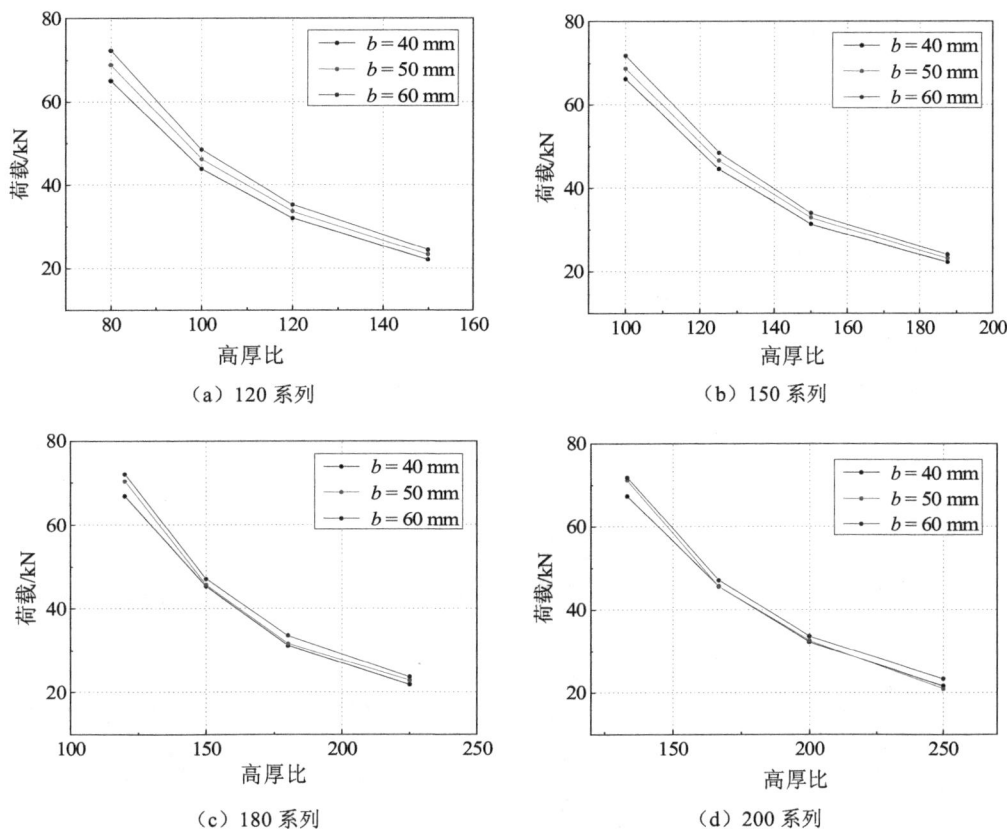

（a）120 系列　　　　　　　　　　（b）150 系列

（c）180 系列　　　　　　　　　　（d）200 系列

图 9-10　BU3 不同高厚比承载力单元极限承载力关系曲线

由表 9-6、表 9-7、表 9-8 和图 9-9、图 9-10 可以得出：

（1）4 种不同截面高度的试件，在均满足轴压的条件下，保持腹板高度 h 不变，减小厚度 t，即随着高厚比 h/t 的增加，试件极限承载力明显降低。对于 120 系列短柱承载力单元，当 h/t 比值由 80 增至 150 时，BU2、BU3 试件极限承载力分别降低 56.9%~61.8%、66.2%~66.3%；对于 150 系列短柱承载力单元，当 h/t 比值由 100 增至 187.5 时，BU2、BU3 试件极限承载力分别降低 58.6%~65.1%、66.4%~66.6%；对于 180 系列短柱承载力单元，当 h/t 比值由 120 增至 225 时，BU2、BU3 试件极限承载力分别降低 59.7%~65.5%、67.1%~67.5%；对于 200 系列短柱承载力单元，当 h/t 比值由 133.3 增至 250 时，BU2、BU3 试件极限承载力分别降低 59.9%~66.0%、67.5%~70.6%。

（2）同组腹板高度系列中，h/t 比值每增长 25%，BU2 承载力单元极限承载力平均降低约 25%，BU3 承载力单元降低幅度则略大，约为 30%。因此，腹板高厚比对短柱承载力单元极限承载力有重大影响。

9.3.2 螺钉间距的影响

为了探究螺钉间距对短柱承载力单元局部屈曲破坏下极限承载力的影响规律，本节按腹板高度分为 4 个系列，两类承载力单元各自将试件长度的 1/8、1/6、1/4、1/3 和 1/2 的值作为螺钉间距。

通过改变螺钉间距进行有限元分析，发现随着螺钉间距的改变，试件破坏形态并无明显改变，破坏位置大多靠近端部螺钉处，如图 9-11、图 9-12 所示；试件的极限承载力见表 9-9 和图 9-13（表 9-9 中试件编号说明以 BU2-120-40-4 为例，其中，BU2 表示承载力单元类型，120 表示腹板高度，40 表示翼缘宽度，4 表示对应的螺钉间距标号，表中板件厚度统一为 1.2 mm）。

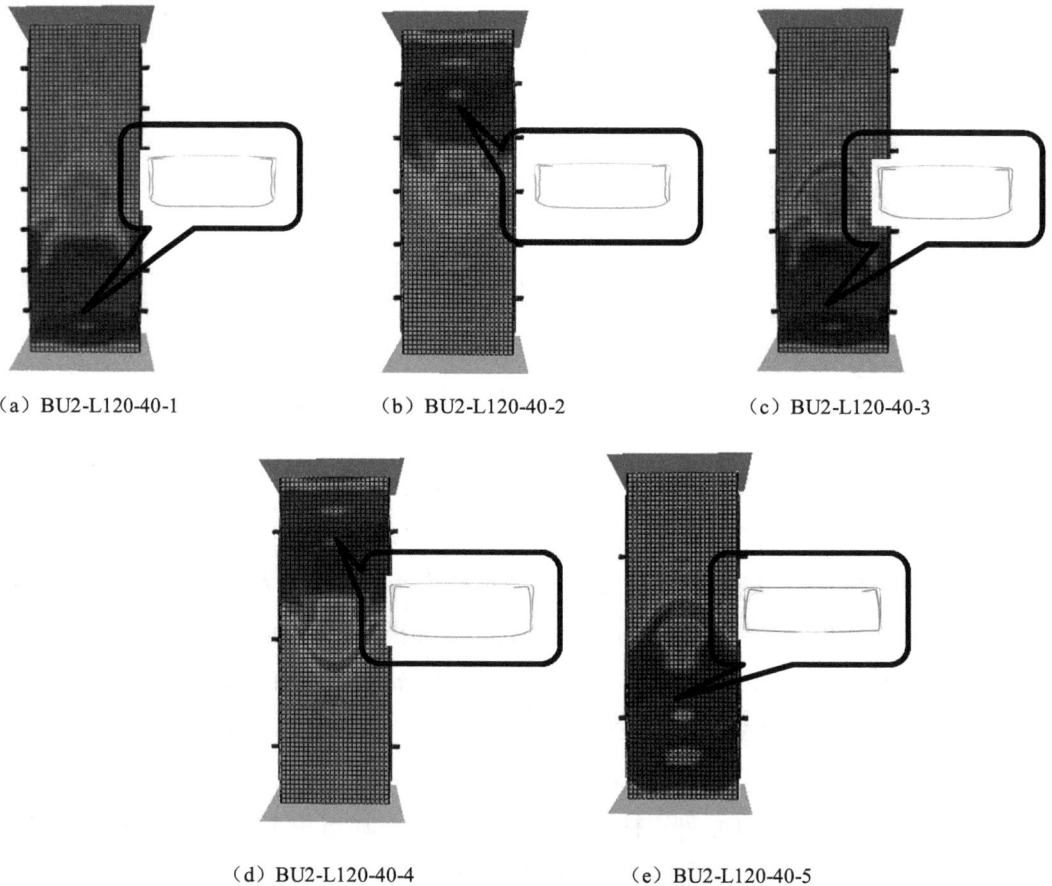

（a）BU2-L120-40-1　　　　　　（b）BU2-L120-40-2　　　　　　（c）BU2-L120-40-3

（d）BU2-L120-40-4　　　　　　（e）BU2-L120-40-5

图 9-11　BU2-L120-40 系列试件典型破坏模式

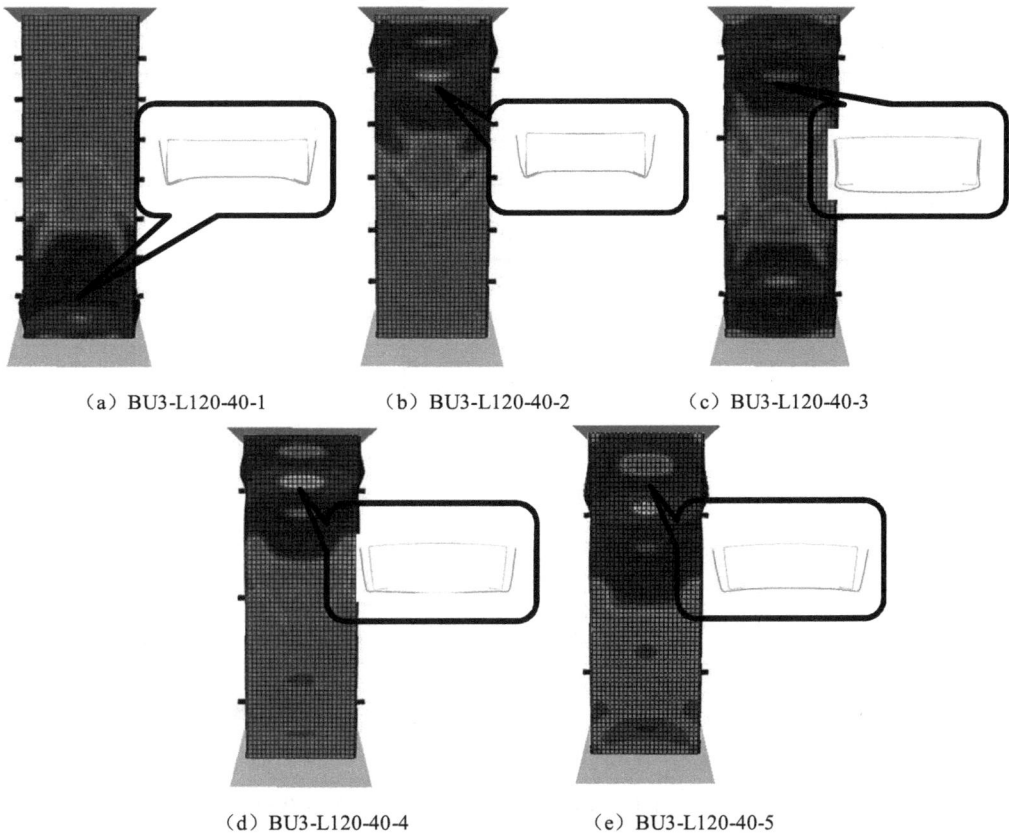

　　（a）BU3-L120-40-1　　　　（b）BU3-L120-40-2　　　　（c）BU3-L120-40-3

　　　　　　（d）BU3-L120-40-4　　　　　　（e）BU3-L120-40-5

图 9-12　BU3-L120-40 系列试件典型破坏模式

表 9-9　不同高厚比的极限承载力结果

试件编号	长度 l/mm	螺钉间距 d/mm	P_A/kN	试件编号	长度 l/mm	螺钉间距 d/mm	P_A/kN
BU2-120-40-1		33.75	57.63	BU3-120-40-1		33.75	45.99
BU2-120-40-2		45	56.32	BU3-120-40-2		45	43.88
BU2-120-40-3	360	67.5	57.58	BU3-120-40-3	360	67.5	47.46
BU2-120-40-4		90	56.11	BU3-120-40-4		90	44.07
BU2-120-40-5		135	55.51	BU3-120-40-5		135	43.84
BU2-150-50-6		56.25	67.65	BU3-150-50-6		56.25	48.47
BU2-150-50-7		75	66.56	BU3-150-50-7		75	46.57
BU2-150-50-8	450	112.5	67.86	BU3-150-50-8	450	112.5	49.98
BU2-150-50-9		150	66.29	BU3-150-50-9		150	46.46
BU2-150-50-10		225	65.05	BU3-150-50-10		225	46.25
BU2-180-50-11		67.5	68.56	BU3-180-50-11		67.5	45.66
BU2-180-50-12		90	67.38	BU3-180-50-12		90	45.74
BU2-180-50-13	540	135	67.69	BU3-180-50-13	540	135	48.79
BU2-180-50-14		180	67.32	BU3-180-50-14		180	46.71
BU2-180-50-15		270	66.73	BU3-180-50-15		270	45.21

试件编号	长度 l/mm	螺钉间距 d/mm	P_A/kN	试件编号	长度 l/mm	螺钉间距 d/mm	P_A/kN
BU2-200-60-16		75	75.96	BU3-200-60-16		75	47.86
BU2-200-60-17		100	74.40	BU3-200-60-17		100	47.12
BU2-200-60-18	600	150	75.50	BU3-200-60-18	600	150	49.47
BU2-200-60-19		200	74.51	BU3-200-60-19		200	46.05
BU2-200-60-20		300	73.54	BU3-200-60-20		300	46.37

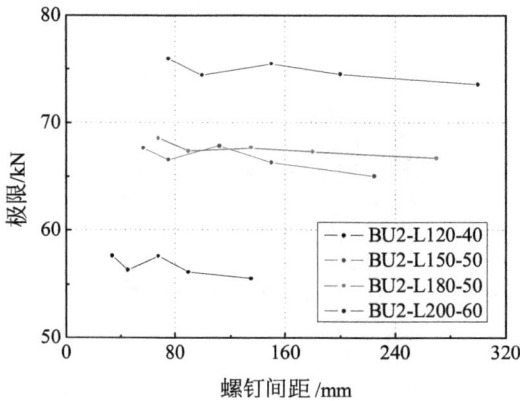

（a）BU2 系列

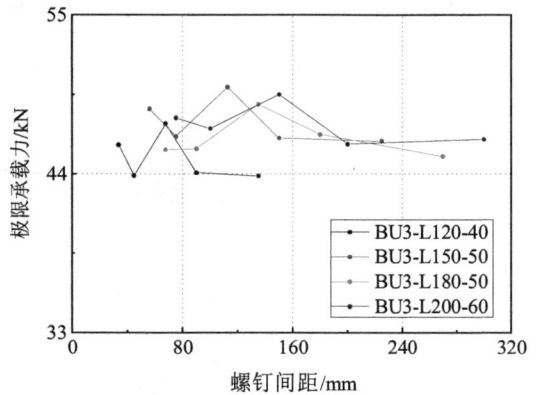

（b）BU3 系列

图 9-13　螺钉间距与极限承载力关系曲线

结合表 9-5 中给出的不同系列 C 形基本构件的半波长度 λ_c 对比发现：当螺钉间距小于 λ_c 时，增大螺钉间距，BU2、BU3 单元极限承载力均有所降低，但变化不大，幅度均在 5%以内；当螺钉间距等于或接近 λ_c 时，极限承载力陡然提升但幅度不明显；当螺钉间距大于 λ_c 时，增大螺钉间距，BU2、BU3 单元极限承载力均逐渐下降。

图 9-14、图 9-15 分别给出了 BU2、BU3 变螺钉间距承载力单元的荷载-轴向位移曲线。

由图 9-14、图 9-15 可知，同一系列试件荷载-轴向位移曲线在上升直线段基本重合，说明螺钉间距对试件处于弹性阶段时的刚度影响不大；在直线段结束点至拐点这一曲线段，若螺钉间距较小，则曲线段切线斜率略大，表明随着螺钉间距的增大，削弱了承载力单元的整体构件的拼合效应；在下降段各曲线出现分离现象。另外，同系列试件中各试件的峰值点在图中的位置几乎相同，表明螺钉间距对单元极限承载力的影响几乎可以忽略不计。

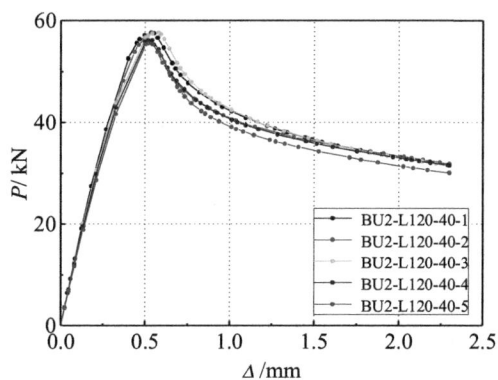

(a) 120 系列

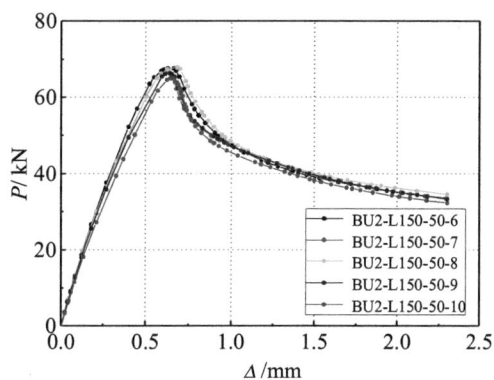

(b) 150 系列

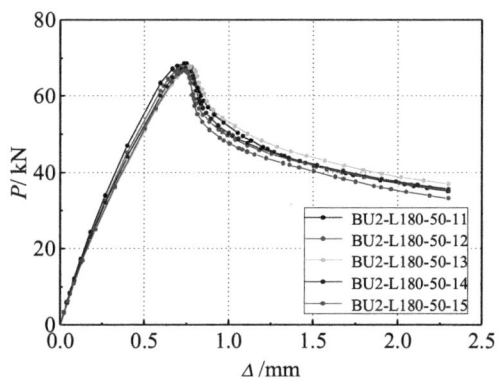

(c) 180 系列

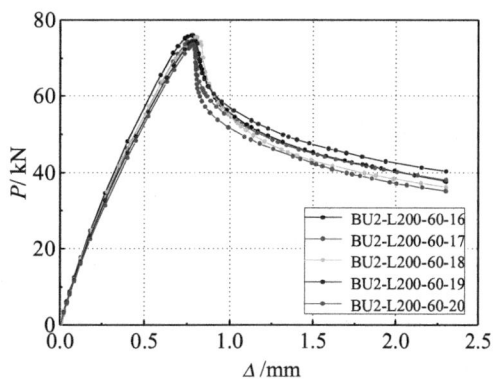

(d) 200 系列

图 9-14　BU2 变螺钉间距承载力单元荷载-轴向位移曲线

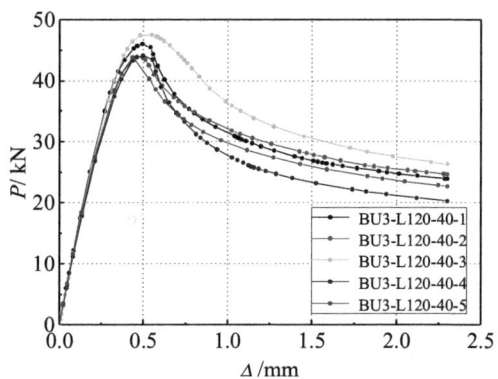

(a) 120 系列

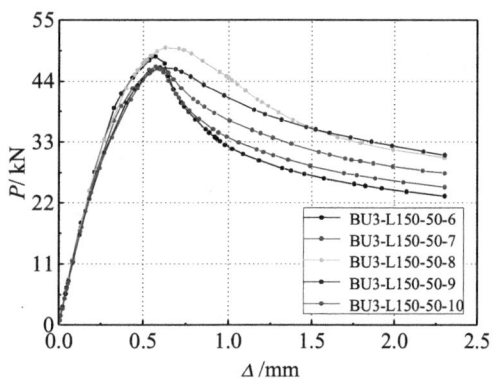

(b) 150 系列

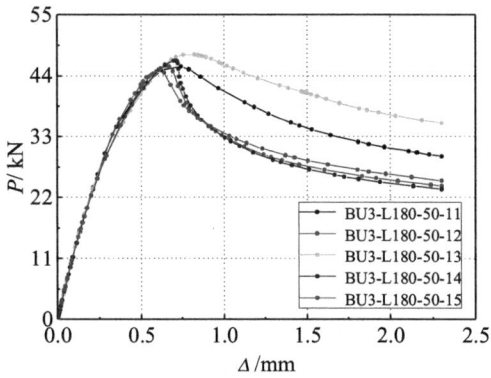
（c）180 系列

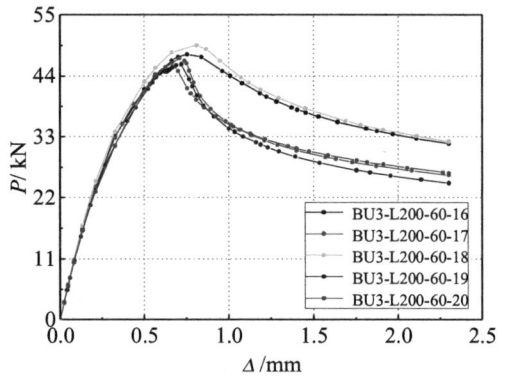
（d）200 系列

图 9-15　BU3 变螺钉间距承载力单元荷载-轴向位移曲线

9.4　本章小结

本章主要针对第 2 章中 36 根 CFS 闭合箱形截面短柱承载力单元试件进行了两个方面工作：详细介绍了 ABAQUS 软件有限元模型的建立过程，验证了所建模型的合理性、准确性。基于此类建模及分析方法，通过变参数分析，探究腹板高宽比、螺钉间距对短柱承载力单元的影响，得出以下结论：

（1）通过对比本书所建模型与试件实际破坏模式、破坏位置、极限承载力等方面，发现有限元软件可以较好地模拟试件在实际试验中的破坏情况，验证了本书所建模型的正确性。

（2）针对闭合箱形截面短柱承载力单元，高厚比对其极限承载力影响重大。同高度系列的 12 组试件，在均满足轴压条件下，随着腹板高厚比的增加，其极限承载力明显降低。高厚比每增长 25%，BU2 承载力单元极限承载力平均降低约 25%，BU3 承载力单元极限承载力降低幅度稍大，平均降低约 30%。

螺钉间距对闭合箱形截面短柱承载力单元极限承载力的影响几乎可以忽略不计。当螺钉间距小于 λ_c 时，增大螺钉间距，BU2、BU3 单元极限承载力均有所降低，但变化不大，降低幅度均在 5% 以内；当螺钉间距等于或接近 λ_c 时，极限承载力陡然提升但幅度不明显；当螺钉间距大于 λ_c 时，增大螺钉间距，BU2、BU3 单元极限承载力均逐渐下降。但螺钉间距对短柱承载力单元整体拼合效应有一定影响。

第10章

CFS双肢拼合箱形截面承载力单元叠加法计算方法

目前，国内外学者对冷弯薄壁型钢（CFS）单肢 C 形、U 形基本构件受力性能和承载力的计算已有了系统的研究成果，但有关拼合截面柱的计算研究尚未有成熟理论。我国相关规程中所规定的拼合截面柱承载力计算方法并未考虑截面板件的整体相关作用，仅是对单肢基本构件承载力的简单叠加；而国外大多数学者虽在美国规范的理论研究上提出了针对不同拼合截面柱的承载力计算公式，但各结论因缺乏统一性而难以推广。鉴于此，CFS 课题组试验对多种截面形式拼合立柱进行了全面的试验研究与理论分析，得到了一定的研究成果，其中包括提出了一种普遍适于各类复杂拼合截面柱的通用承载力计算方法——"承载力单元的叠加法"。

本章基于 DSM 中局部屈曲的数学模型，通过回归分析揭示 BU2、BU3 短柱承载力单元（图 10-1 和图 10-2）屈曲荷载、屈曲后强度与承载力之间的函数关系，即得到短柱承载力单元局部屈曲承载力曲线，并用试验值验证其正确性，最后基于两条曲线，提出一种通用承载力设计方法——"承载力单元的叠加法"。

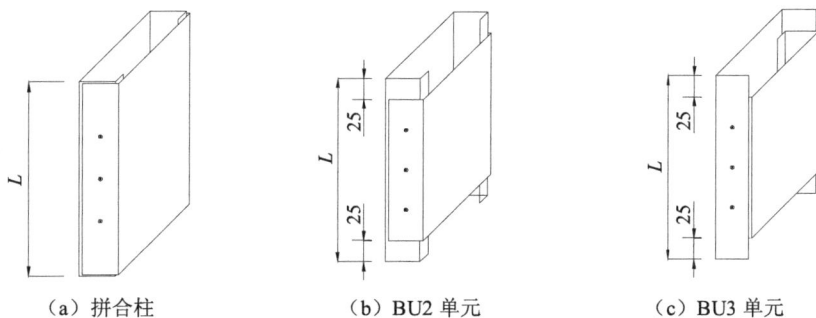

（a）拼合柱　　　　　（b）BU2 单元　　　　　（c）BU3 单元

图 10-1　试件基本形式

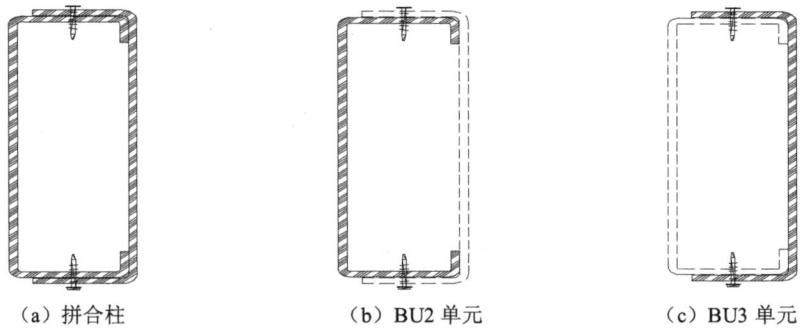

（a）拼合柱　　　　　　　　（b）BU2 单元　　　　　　　　（c）BU3 单元

图 10-2　试件截面连接

10.1　承载力单元局部屈曲承载力曲线

10.1.1　计算模型的提出

基于多年对 CFS 拼合柱研究的经验、成果的积累，发现相较于 EWM 较为保守的计算结果，DSM 计算结果误差值明显较小，因此本节在 DSM 中局部屈曲的数学模型上，提出可计算双肢闭合箱形截面短柱承载力单元局部屈曲承载力（以下简称承载力曲线）的计算方法。

具体计算方法：结合对承载力单元的定义，对 BU2、BU3 承载力单元有限元变参数研究数据，通过有限元模拟软件 ABAQUS 特征值分析得到各承载力单元的屈曲荷载 P_{cr}，并计算出弹塑性极限承载力 P_y，最后根据 Origin 回归拟合得出两种承载力单元各自的承载力曲线，拟合过程在本章进行具体介绍，计算模型如下：

$$P_u = \left[1 - \alpha \left(\frac{P_{cr}}{P_y}\right)^\beta\right]\left(\frac{P_{cr}}{P_y}\right)^\beta P_y \qquad (10\text{-}1)$$

式中，系数 α、β 由第 4 章变参数分析中变高厚比试件有限元分析结果屈曲荷载 P_{cr}、弹塑性极限承载力 P_y 拟合回归分析得到。

10.1.2　BU2、BU3 局部屈曲承载力曲线

分别计算 BU2、BU3 承载力单元变参数试件横截面各尺寸之间的比值，如 h/t、b/t、h/b 等，分析发现其中变高厚比参数变化范围较广，具体见表 10-1，因此选取变高厚比试件拟合回归所得的计算公式比较具有普遍性。

表 10-1　试件横截面尺度参数

h/t		b/t		d/t		h/b		h/d		b/d	
最小值	最大值	最小值	最大值	最小值	最大值	最小值	最大值	最小值	最大值	最小值	最大值
80	250	26.7	75	8.7	25	2	5	6	15.4	3	3

具体的回归方法：为了方便拟合过程，将变高厚比试件的屈曲荷载 P_{cr}、弹塑性极限承载力 P_y 比值 P_{cr}/P_y 作为自变量 x，以 P_A/P_y 比值作为因变量 y，通过 Origin 进行拟合回归分析确定函数模型中的参数 α、β，如表 10-2 所示，最终得到承载力曲线公式。

表 10-2　BU2、BU3 拟合回归所需数据

试件编号	P_{cr}/kN	P_y/kN	P_A/kN	试件编号	P_{cr}/kN	P_y/kN	P_A/kN
BU2-L120-40-0.8	9.152	99.526	32.4	BU2-L180-40-0.8	5.313	127.656	32.0
BU2-L120-40-1.0	18.207	123.367	44.3	BU2-L180-40-1.0	10.601	158.527	45.0
BU2-L120-40-1.2	31.715	147.210	56.3	BU2-L180-40-1.2	18.441	189.410	58.4
BU2-L120-40-1.5	66.315	182.991	75.2	BU2-L180-40-1.5	38.496	235.716	79.5
BU2-L120-50-0.8	10.092	110.785	35.0	BU2-L180-50-0.8	5.728	138.891	34.4
BU2-L120-50-1.0	20.038	137.446	50.3	BU2-L180-50-1.0	11.423	172.586	51.5
BU2-L120-50-1.2	34.925	164.090	65.4	BU2-L180-50-1.2	19.92	206.298	67.4
BU2-L120-50-1.5	72.459	204.078	87.5	BU2-L180-50-1.5	41.226	256.823	91.3
BU2-L120-60-0.8	10.917	121.551	37.8	BU2-L180-60-0.8	6.112	149.677	35.0
BU2-L120-60-1.0	21.687	150.901	56.4	BU2-L180-60-1.0	12.166	186.061	54.4
BU2-L120-60-1.2	36.823	180.273	73.5	BU2-L180-60-1.2	21.223	222.449	74.0
BU2-L120-60-1.5	72.382	224.309	99.0	BU2-L180-60-1.5	44.145	277.034	101.4
BU2-L150-40-0.8	6.753	113.591	32.2	BU2-L200-40-0.8	4.64	137.019	32.1
BU2-L150-40-1.0	13.46	140.947	44.9	BU2-L200-40-1.0	9.26	170.242	45.1
BU2-L150-40-1.2	23.437	168.314	57.2	BU2-L200-40-1.2	16.1	203.468	58.7
BU2-L150-40-1.5	48.969	209.348	77.8	BU2-L200-40-1.5	33.59	253.296	80.0
BU2-L150-50-0.8	7.353	124.835	34.8	BU2-L200-50-0.8	4.976	148.274	34.2
BU2-L150-50-1.0	14.633	155.012	51.3	BU2-L200-50-1.0	9.936	184.315	51.4
BU2-L150-50-1.2	25.516	185.191	66.6	BU2-L200-50-1.2	17.322	220.336	67.6
BU2-L150-50-1.5	52.893	230.455	89.8	BU2-L200-50-1.5	35.809	274.397	92.2
BU2-L150-60-0.8	7.91	135.618	34.8	BU2-L200-60-0.8	5.286	159.054	34.8
BU2-L150-60-1.0	15.714	168.499	54.4	BU2-L200-60-1.0	10.534	197.779	53.7
BU2-L150-60-1.2	27.403	201.353	73.0	BU2-L200-60-1.2	18.379	236.510	74.4
BU2-L150-60-1.5	57.076	250.654	99.8	BU2-L200-60-1.5	38.183	294.602	102.4
BU3-L120-40-0.8	7.960	99.526	22.0	BU3-L180-40-0.8	4.697	127.656	21.9
BU3-L120-40-1.0	19.246	123.367	32.1	BU3-L180-40-1.0	11.051	158.527	31.2
BU3-L120-40-1.2	33.353	147.210	43.9	BU3-L180-40-1.2	19.158	189.410	45.3
BU3-L120-40-1.5	52.712	182.991	65.1	BU3-L180-40-1.5	39.378	235.716	66.9
BU3-L120-50-0.8	8.607	110.785	23.3	BU3-L180-50-0.8	5.036	138.891	22.9
BU3-L120-50-1.0	21.450	137.446	33.7	BU3-L180-50-1.0	12.052	172.586	31.7

试件编号	P_{cr}/kN	P_y/kN	P_A/kN	试件编号	P_{cr}/kN	P_y/kN	P_A/kN
BU3-L120-50-1.2	37.120	164.090	46.2	BU3-L180-50-1.2	20.910	206.298	45.7
BU3-L120-50-1.5	60.103	204.078	68.8	BU3-L180-50-1.5	43.027	256.823	70.4
BU3-L120-60-0.8	9.188	121.551	24.4	BU3-L180-60-0.8	5.345	149.677	23.7
BU3-L120-60-1.0	23.554	150.901	35.3	BU3-L180-60-1.0	13.036	186.061	33.6
BU3-L120-60-1.2	40.634	180.273	48.5	BU3-L180-60-1.2	22.564	222.449	47.1
BU3-L120-60-1.5	63.539	224.309	72.3	BU3-L180-60-1.5	46.467	277.034	72.1
BU3-L150-40-0.8	5.945	113.591	22.2	BU3-L200-40-0.8	4.104	137.019	21.6
BU3-L150-40-1.0	14.130	140.947	31.4	BU3-L200-40-1.0	9.610	170.242	32.2
BU3-L150-40-1.2	24.501	168.314	44.6	BU3-L200-40-1.2	16.657	203.468	45.6
BU3-L150-40-1.5	50.343	209.348	66.2	BU3-L200-40-1.5	34.260	253.296	67.3
BU3-L150-50-0.8	6.399	124.835	23.1	BU3-L200-50-0.8	4.387	148.274	20.9
BU3-L150-50-1.0	15.554	155.012	32.9	BU3-L200-50-1.0	10.434	184.315	32.5
BU3-L150-50-1.2	26.959	185.191	46.6	BU3-L200-50-1.2	18.108	220.336	45.5
BU3-L150-50-1.5	55.532	230.455	68.7	BU3-L200-50-1.5	37.240	274.397	71.1
BU3-L150-60-0.8	6.814	135.618	24.0	BU3-L200-60-0.8	4.651	159.054	23.3
BU3-L150-60-1.0	16.954	168.499	34.0	BU3-L200-60-1.0	11.233	197.779	33.6
BU3-L150-60-1.2	29.316	201.353	48.5	BU3-L200-60-1.2	19.456	236.510	47.1
BU3-L150-60-1.5	60.420	250.654	71.8	BU3-L200-60-1.5	40.049	294.602	71.8

注：P_{cr}、P_y、P_A 分别为短柱承载力单元的局部屈曲荷载、弹塑性极限承载力、有限元计算结果。

1）变参数分析回归得出系数 α、β

以 BU2 系列为例，使用 Origin 拟合确定参数具体过程如下：

（1）导入数据：将表 10-2 中 P_{cr}、P_y、P_A 分别导入 Origin 工作表，并分别列为 x_1、x_2、y。

（2）构造自定义函数：依次单击 Origin 主界面分析菜单中的 Analysis→Fitting→Nonlinear curve fit→Open Dialog，在弹开的对话框中选择自定义函数，分别在 Independent Variables、Dependent Variables、Parameter Names 中设置自变量 x、因变量 y 及参数 α、β，最后在 Function Type 中输入计算模型，单击 Save 对自定义函数进行保存。

（3）曲线拟合：自定义函数输入完成后，回到 Nonlinear curve fit 对话框，在 Description 中对自定义函数查看校验，单击 Data Selection，分别在 x、y 中选择导入好的数据，最后在 Parameters 中赋予参数 α、β 初始值，单击 Fit，程序开始自动拟合，拟合结果见图 10-3。

由图 10-3 可知，皮尔逊相关系数为 0.932 68，调整后为 0.931 22，说明短柱承载力单元有限元分析计算值对于屈曲荷载相关度较高，拟合所得结果具有较高的可靠性，参数 α、β 可分别为 0.546、0.381。

同理，对 BU3 系列试件进行拟合，得到参数 α、β 可分别为 0.746、0.543，拟合结果见图 10-4。

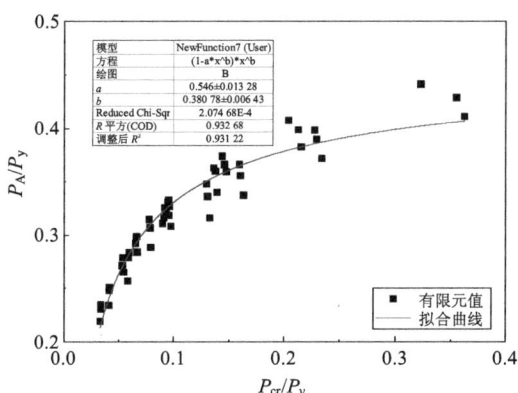

图 10-3　承载力单元 BU2 拟合结果

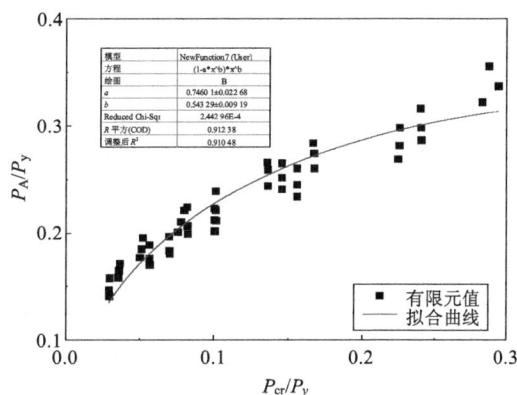

图 10-4　承载力单元 BU3 拟合结果

2）双肢拼合箱形截面短柱承载力单元局部屈曲承载力曲线

由以上分析可得到 BU2 系列、BU3 系列承载力曲线分别为

$$P_{u2} = \left[1 - 0.546 \left(\frac{P_{cr}}{P_y}\right)^{0.381}\right] \left(\frac{P_{cr}}{P_y}\right)^{0.381} P_y \qquad (10\text{-}2)$$

$$P_{u3} = \left[1 - 0.746 \left(\frac{PE}{P_y}\right)^{0.543}\right] \left(\frac{P_{cr}}{P_y}\right)^{0.543} P_y \qquad (10\text{-}3)$$

式中，P_{u2}、P_{u3} 分别为短柱承载力单元 BU2 系列和 BU3 系列试件的极限承载力。

10.2　CFS 双肢闭合箱形截面短柱承载力单元局部屈曲承载力设计叠加法

10.2.1　计算方法的提出

依照本章拟合回归得到的承载力曲线计算变高厚比试件极限承载力，并将结果进行叠加，叠加所得到的结果与双肢等长闭合箱形截面短柱有限元分析结果进行对比，对比情况如表 10-3 所示。

表 10-3　线性拟合所需数据

试件编号	组成构件	$\dfrac{P_{u2}}{P_{u3}}$	P_u	P_A	P_u/P_A	试件编号	组成构件	$\dfrac{P_{u2}}{P_{u3}}$	P_u	P_A	P_u/P_A
C4-120-40-0.8	BU2	31.3	51.7	48.7	1.067	C4-180-40-0.8	BU2	31.8	50.4	50.0	1.083
	BU3	20.5					BU3	18.6			

试件编号	组成构件	$\dfrac{P_{u2}}{P_{u3}}$	P_u	P_A	P_u/P_A	试件编号	组成构件	$\dfrac{P_{u2}}{P_{u3}}$	P_u	P_A	P_u/P_A
C4-120-40-1.0	BU2	43.8	76.6	70.1	1.096	C4-180-40-1.0	BU2	45.5	76.3	71.0	1.076
	BU3	32.7					BU3	30.8			
C4-120-40-1.2	BU2	57.1	100.9	93.8	1.033	C4-180-40-1.2	BU2	60.5	103.3	98.8	1.052
	BU3	43.8					BU3	42.9			
C4-120-40-1.5	BU2	78.2	136.0	135.6	1.004	C4-180-40-1.5	BU2	85.8	149.9	137.5	1.066
	BU3	57.8					BU3	64.0			
C4-120-50-0.8	BU2	34.7	57.2	48.9	1.175	C4-180-50-0.8	BU2	34.5	54.6	51.0	1.129
	BU3	22.5					BU3	20.1			
C4-120-50-1.0	BU2	48.7	85.2	74.7	1.143	C4-180-50-1.0	BU2	49.4	83.0	74.0	1.127
	BU3	36.5					BU3	33.5			
C4-120-50-1.2	BU2	63.4	112.3	101.5	1.109	C4-180-50-1.2	BU2	65.7	112.4	102.5	1.106
	BU3	48.8					BU3	46.7			
C4-120-50-1.5	BU2	86.9	151.6	141.2	1.076	C4-180-50-1.5	BU2	93.1	163.0	146.0	1.109
	BU3	64.7					BU3	69.8			
C4-120-60-0.8	BU2	37.9	62.4	49.4	1.268	C4-180-60-0.8	BU2	37.1	58.6	51.8	1.137
	BU3	22.4					BU3	21.5			
C4-120-60-1.0	BU2	53.3	93.3	81.7	1.295	C4-180-60-1.0	BU2	53.1	89.3	79.3	1.113
	BU3	40.1					BU3	36.2			
C4-120-60-1.2	BU2	69.1	122.7	108.3	1.198	C4-180-60-1.2	BU2	70.6	121.0	106.8	1.136
	BU3	53.6					BU3	50.4			
C4-120-60-1.5	BU2	94.0	164.6	146.3	1.167	C4-180-60-1.5	BU2	100.3	175.6	154.8	1.122
	BU3	70.6					BU3	75.3			
C4-150-40-0.8	BU2	31.5	51.0	49.6	1.028	C4-200-40-0.8	BU2	32.1	50.2	50.8	1.061
	BU3	19.4					BU3	18.1			
C4-150-40-1.0	BU2	44.7	76.5	72.1	1.061	C4-200-40-1.0	BU2	46.0	76.2	72.4	1.071
	BU3	31.8					BU3	30.1			
C4-150-40-1.2	BU2	59.0	102.6	94.6	1.084	C4-200-40-1.2	BU2	61.3	103.6	98.2	1.064
	BU3	43.6					BU3	42.3			
C4-150-40-1.5	BU2	82.6	145.9	135.4	1.078	C4-200-40-1.5	BU2	87.6	151.6	138.6	1.064
	BU3	62.3					BU3	64.0			
C4-150-50-0.8	BU2	34.6	55.7	50.9	1.095	C4-200-50-0.8	BU2	34.6	54.1	51.4	1.076
	BU3	21.2					BU3	19.5			
C4-150-50-1.0	BU2	49.1	84.0	74.4	1.129	C4-200-50-1.0	BU2	49.7	82.4	78.2	1.076
	BU3	35.0					BU3	32.7			
C4-150-50-1.2	BU2	64.7	112.7	100.3	1.124	C4-200-50-1.2	BU2	66.3	112.1	102.5	1.106
	BU3	48.0					BU3	45.8			
C4-150-50-1.5	BU2	90.5	160.3	142.1	1.128	C4-200-50-1.5	BU2	94.6	163.9	145.6	1.123
	BU3	69.8					BU3	69.4			
C4-150-60-0.8	BU2	37.4	60.2	52.9	1.181	C4-200-60-0.8	BU2	37.0	57.8	51.4	1.135
	BU3	22.8					BU3	20.8			

试件编号	组成构件	$\dfrac{P_{u2}}{P_{u3}}$	P_u	P_A	P_u/P_A	试件编号	组成构件	$\dfrac{P_{u2}}{P_{u3}}$	P_u	P_A	P_u/P_A
C4-150-60-1.0	BU2	53.2	91.2	79.8	1.203	C4-200-60-1.0	BU2	53.1	88.3	78.6	1.114
	BU3	38.0					BU3	35.1			
C4-150-60-1.2	BU2	70.1	122.3	107.0	1.203	C4-200-60-1.2	BU2	70.9	120.1	107.2	1.136
	BU3	52.2					BU3	49.2			
C4-150-60-1.5	BU2	98.3	174.2	152.4	1.183	C4-200-60-1.5	BU2	101.3	175.9	152.5	1.144
	BU3	75.9					BU3	74.5			
均值	—	—	—	—	—	均值	—	—	—	—	1.118
标准差	—	—	—	—	—	标准差	—	—	—	—	0.052

注：P_u 为双肢闭合箱形截面短柱局部屈曲极限承载力，P_{u2}、P_{u3} 分别为短柱承载力单元 BU2、BU3 的局部屈曲极限承载力；P_A 为有限元计算拼合箱形构件结果。P_{u2}、P_{u3}、P_u、P_A 单位均为 kN。

由表 10-3 对比结果可知，短柱承载力单元理论叠加结果与双肢闭合箱形截面短柱有限元分析结果的比值具有一定规律性，前者普遍比后者高 11.8%左右，且标准差为 0.052，说明此规律性比较稳定。为使理论值更精确，需在叠加之和前乘以一个折减系数 γ。由于每个承载力单元都考虑了相邻板件对受力单肢的相关屈曲影响，将各承载力单元极限承载力叠加后会存在考虑板件间的屈曲相关性重复，故需乘以一个折减系数 γ。通过 Origin 进行拟合回归确定其函数值为 0.897，具体过程同 4.2.2 节中所述，拟合结果如图 10-5 所示，最终所得双肢闭合箱形截面短柱局部屈曲承载力计算公式为

$$P_u=0.897（P_{u2}+P_{u3}） \tag{10-4}$$

式中，P_u 为双肢闭合箱形截面短柱局部屈曲极限承载力；P_{u2}、P_{u3} 分别为短柱承载力单元 BU2、BU3 的局部屈曲极限承载力，依照式（10-2）和式（10-3）计算得到。

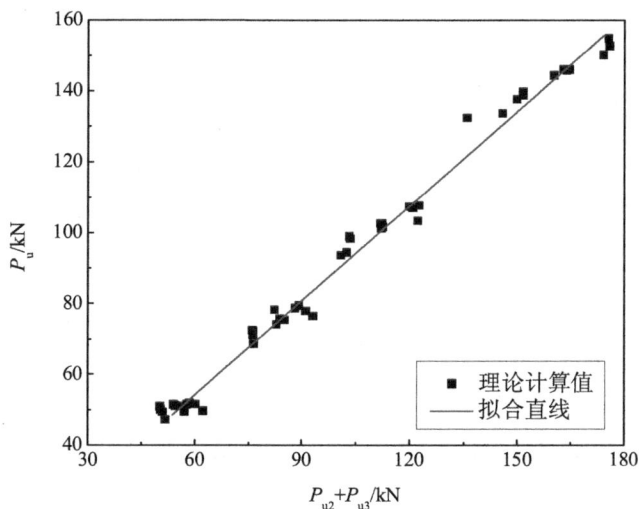

图 10-5　闭合箱形截面短柱理论计算值回归曲线

由图 10-5 可知，除个别散点外，其余散点均分布于拟合直线附近，短柱承载力单元 BU2、BU3 理论计算叠加值与双肢闭合箱形截面短柱极限承载力两者之间相关性较好，精度很高。

10.2.2 计算算例

将 10.2.1 节中依据承载力曲线求得的 BU2、BU3 承载力单元极限承载力计算值代入式（10-4）中，得到双肢闭合箱形截面短柱极限承载力理论计算值 P_u，并与试验值 P_t 进行对比，对比结果列于表 10-4 中。由表 10-4 可以看出，试验值 P_t 与理论计算值 P_u 的比值均值为 1.042，标准差为 0.033，即本书提出的双肢闭合箱形截面短柱局部屈曲承载力理论计算方法理论计算值与试验值吻合较好，计算结果精确度较高，而且离散程度较低，规律稳定性较强，说明本书提出的闭合箱形截面短柱承载力单元局部屈曲承载力设计叠加法是可靠且精确的。

表 10-4 理论计算与试验结果对比分析

试件编号	组成构件	P_{u2} / P_{u3}	P_u	P_t	P_t/P_u	试件编号	组成构件	P_{u2} / P_{u3}	P_u	P_t	P_t/P_u
C4-120-45-A1	BU2	60.4	91.68	94.95	1.036	C4-140-50-A1	BU2	60.3	93.59	95.63	1.022
	BU3	42.2					BU3	44.1			
C4-120-45-A2	BU2	58.4	94.13	91.04	0.967	C4-140-50-A2	BU2	56.2	89.07	93.74	1.052
	BU3	43.3					BU3	42.0			
C4-120-45-A3	BU2	58.0	88.21	92.05	1.043	C4-140-50-A3	BU2	56.2	89.30	86.61	0.970
	BU3	40.3					BU3	43.3			
C4-120-90-A1	BU2	54.6	89.89	92.02	1.024	C4-140-100-A1	BU2	56.6	87.62	88.28	1.007
	BU3	41.9					BU3	41.1			
C4-120-90-A2	BU2	55.6	86.06	90.85	1.056	C4-140-100-A2	BU2	57.1	88.14	93.09	1.056
	BU3	40.3					BU3	41.2			
C4-120-90-A3	BU2	58.3	85.29	91.84	1.077	C4-140-100-A3	BU2	59.3	89.67	95.77	1.068
	BU3	40.5					BU3	40.6			
C4-120-150-A1	BU2	54.9	82.90	87.18	1.052	C4-140-150-A1	BU2	65.1	92.47	95.82	1.036
	BU3	37.5					BU3	38.0			
C4-120-150-A2	BU2	54.5	82.14	86.61	1.054	C4-140-150-A2	BU2	57.9	84.80	91.98	1.085
	BU3	37.6					BU3	36.7			
C4-120-150-A3	BU2	55.6	82.30	89.03	1.082	C4-140-150-A3	BU2	61.2	87.21	93.4	1.071
	BU3	36.2					BU3	36.1			
均值	—	—	—	—	—	均值	—	—	—	—	1.042
标准差	—	—	—	—	—	标准差	—	—	—	—	0.033

10.3　本章小结

本章基于试验、有限元分析结果，提出本书研究的承载力单元及拼合柱的计算模型，基于变高厚比试件数据拟合回归确定模型中的待定系数 α、β，得到 BU2、BU3 单元局部屈曲承载力曲线，并通过试验验证其正确性。依照两类承载力曲线分别对各自变高厚比试件计算并将结果叠加，与同截面尺寸的 CFS 双肢闭合箱形截面拼合柱极限承载力对比，发现两者的比值具有一定的规律性，通过线性分析拟合回归 CFS 双肢闭合箱形截面拼合柱局部屈曲承载力计算公式。最后将中国和美国的相关标准 3 种轴压承载力计算方法和承载力单元叠加法计算结果与试验研究的实测值对比，验证承载力单元叠加法的精确性，总结出以下结论：

（1）分别使用中国和美国的相关标准有效宽度法计算同批试件，发现两者计算结果普遍小于本书实际试验结果，实际试验结果普遍比前两者分别高出 30%、26%以上，证明这两种方法偏于保守。

（2）使用美国规范直接强度法计算同批试件，计算结果与实际试验结果较为接近，但计算结果围绕试验结果上下浮动，此理论稳定性不好，使用此种方法进行实际工程设计时，建议在计算公式中增加一个安全系数。

承载力单元叠加法与实际试验结果大致相同，且整体前者略低，说明本书所提出的承载力单元叠加法与试验值吻合较好，且有一定的安全性。

参考文献

[1]　庄茁. 基于 ABAQUS 的有限元分析和应用[M]. 北京：清华大学出版社，2009.

第 11 章

冷弯薄壁型钢-地聚物泡沫混凝土柱研究

11.1 地聚物泡沫混凝土的应用现状

　　地聚物是以粉煤灰、矿渣、尾矿等固体废物为主要原料，经过适当的工艺流程，在碱性环境下发生化学反应生成的无机胶凝材料，是一种新型绿色建材。矿渣是矿石冶炼后产生的固体废物，粉煤灰是煤燃烧后产生的烟气中的细灰，相较于普通硅酸盐水泥，矿渣和粉煤灰作为地聚物材料，在制备过程中可以减少 26%～45%碳排放。地聚物泡沫混凝土是以地聚物技术为基础，采用物理发泡或化学发泡的方式将气泡引入地聚物料浆中制备的一种新型无机多孔材料。地聚物泡沫混凝土结合了地聚物材料和泡沫混凝土的优势，既具有传统泡沫混凝土节能利废、保温隔热、吸能防爆等优点，又因地聚物材料高强、耐热、耐腐蚀的特性被赋予了优异的机械性能和耐腐蚀性能，从而扩大了泡沫混凝土的应用领域。植物纤维板（GFC）的原料多为固体废物，工艺简单、能耗少、环境污染小，是一种应用前景广阔的绿色节能材料。Ibrahim 等将粉煤灰、脂肪醇聚氧乙烯醚硫酸钠和碱性溶液混合，并在 80℃条件下固化 24 h 制成轻质地聚物砖，密度等级为 1 415 kg/m³ 的试样，抗压强度能达到 15.6 MPa，吸水率仅为 7.7%。利用固体废物部分或全部替代偏高岭，不仅能够降低生产成本，掺加了部分固体废物的地聚物泡沫混凝土材料综合性能还可以得到显著提升。

　　地聚物泡沫混凝土的多孔结构赋予其优异的保温隔热性能，温度在这些孔洞中传递时被逐层削弱，大幅降低了材料的导热系数，从而达到保温隔热的作用。同时，地聚物材料致密的三维网络结构又使地聚物泡沫混凝土具有优异的机械性能和耐久性能，解决了传统泡沫混凝土保温材料强度低、耐久性差等问题。Liu 等以低钙粉煤灰（FA）和棕油燃料灰（POFA）为胶凝材料、油棕壳（OPS）为轻质粗集料（LWA），制备了密度为

1 300 kg/m³ 的油棕壳泡沫地聚物混凝土，其导热系数仅为 0.47 W/（m·K），比传统墙体材料砌块和砖分别低 22% 和 48%。Novais 等以粉煤灰和偏高岭为原料，通过化学发泡的方式制备出导热系数为 0.107 W/（m·K）的地聚物泡沫混凝土。刘岩对地聚物基本性能中的和易性、抗压强度、弹性模量、泊松比，耐久性能中的抗碳化性能、抗酸侵蚀性能、抗冻融性能，以及钢筋地聚物混凝土构件及结构性能进行分析综述。研究表明地聚物混凝土多数性能与普通硅酸盐水泥混凝土相当甚至更优，只要设计合理，完全可以取代普通硅酸盐水泥混凝土，应用于实际工程。

地聚物泡沫混凝土的多孔构造使其能够很好地吸收和分散外部的冲击，较高的抗变形能力和低弹性模量使其成为一种新型吸能防护材料。与其他吸能材料相比，地聚物泡沫混凝土具有制备工艺简单、生产成本低等优点，这种性能使其在军事工程、车辆飞机拦阻系统，以及防爆抗爆等领域得到了广泛应用。冯明德等研究发现，泡沫混凝土的吸能效果与密度成反比，当泡沫混凝土密度大于 600 kg/m³ 时，材料的吸能效果已不明显。这是因为泡沫混凝土密度越低，孔隙率就越高，能量在材料孔洞间的传递路径就越长，使得冲击波在孔隙间传递时能消耗更多的能量，所以实际应用中多将低密度泡沫混凝土作为吸能防护材料。高全臣等将低密度泡沫混凝土用于地下防护工程的支护材料中，发现添加低密度泡沫混凝土支护材料的防爆性能显著提升，其临界破坏药量为普通混凝土的 1.5 倍。

11.2　轻钢轻混凝土柱研究现状

李帼昌和钟善桐对内部填充矿渣、水泥并以煤矸石作为骨料的轻钢轻混凝土构件进行了抗弯试验，分析了构件的受弯过程、荷载-位移曲线和中和轴的变化规律，为研究轻钢轻混凝土构件在偏压作用下的力学性能奠定了基础。Reyes 等对承受斜荷载的空铝型材和泡沫填充的铝型材的结构受力特点及破坏形式进行了广泛的试验与数值研究，研究发现负载角度较小时能量吸收能力会显著降低，通过有限元程序 LS-DYNA 对空柱和泡沫填充的方形柱进行了模拟，模型对预测荷载具有较高的精度。吉伯海等对 24 根钢管高强轻集料混凝土短柱在不同紧固系数和不同混凝土强度等级下进行了轴压试验，研究了其受力性能和破坏形态，提出了钢管高强轻集料混凝土短柱承载力计算方法。其结果表明紧固系数越高，构件极限承载力提高越明显，延性越好。在此基础上，2007 年吉伯海等研究了 20 根具有不同长细比和混凝土强度等级的钢管轻集料中长柱在轴压作用下的破坏形态和破坏机理，并对钢管轻集料混凝土中长柱与普通钢管混凝土中长柱进行了对比分析。2009 年，傅中秋等又对 18 根长柱在不同长细比和含钢率下进行了轴压试验，并与普通钢管混凝土柱进行了对比，结果表明，长柱属于整体失稳破坏，长细比越大，承载力和稳定性越低，且稳定系数随长细比增大而减小，界限长细比在 80 左右。

Ghannam S 和 Alrawi O 等对填充普通混凝土和轻质（以膨胀珍珠岩为骨料）混凝土的矩形和圆形截面钢管柱进行了轴压试验，试验结果表明，两种类型的填充柱由于整体屈曲而失效，空心钢柱由于端部局部屈曲而失效。李红超等对内部设置冷弯薄壁矩形钢管的 6 根陶粒混凝土柱进行了轴压试验，研究了其在不同长细比、含钢率和缀板间距等参数下的力学性能，试验结果表明，轻钢轻混凝土柱承载力随含钢率增大而增大，随长细比增大而减小，缀板间距对承载力影响不大，长细比为 40.1 和 46.7 的组合柱发生强度破坏，钢管均发生局部屈曲，长细比为 57.2 的组合柱发生整体失稳破坏。刘殿忠等利用 ABAQUS 有限元软件对腹板开孔的 CFS-泡沫混凝土组合构件进行了数值模拟分析，通过改变泡沫混凝土的密度等级，研究了两者界面的抗剪强度。其结果表明，泡沫混凝土干表观密度越高，泡沫混凝土强度越强。Aaron 和 Lange 对内部填充聚氨酯泡沫的 CFS 进行了有限元分析及试验研究。有限元分析结果表明，内部填充聚氨酯泡沫可以有效提高构件的临界局部屈曲应力和临界畸变屈曲应力。试验表明，填充聚氨酯泡沫提高了构件的极限承载力，相较于空构件，承载力提高了 26%左右。相较于壁厚为 1.5 mm 的构件，壁厚为 2.0 mm 的构件与聚氨酯泡沫的黏结性更好。朴泓任利用 ABAQUS 建立了钢管发泡混凝土柱模型，研究了混凝土强度、摩擦系数、钢材强度等参数对构件受力性能的影响，结果表明，构件摩擦力越大，则极限承载力越大，内部填充泡沫混凝土可以有效提高构件承载力。Thumrongvut J 和 Tiwjantuk P 等对内部填充泡沫混凝土的矩形钢管柱进行了轴压试验，并与纯泡沫混凝土柱的轴向承载力进行了对比，然后将试验结果与美国规范中的设计方程得到的计算荷载进行比较，结果表明，泡沫混凝土矩形钢管柱在达到其最大荷载的 80%～90%之前荷载应变关系呈线性变化，其轴向荷载的大小由管壁的局部屈曲性能控制，美国规范 AISC 设计方程可以很好地预测泡沫混凝土矩形钢管柱的轴压承载力。Salgar P B 和 Patil P S 对内部填充轻质混凝土的方形钢管、矩形钢管和圆形钢管进行了轴压试验，比较了在不同长细比和不同厚度比下的屈曲性能和承载力，将美国规范和 EC4 规范计算的承载力与试验结果进行了对比。试验结果表明，相较于普通混凝土柱，轻质混凝土柱自重降低了 25.3%，长细比一定时，构件的承载力随着深度与厚度（d/t）之比的减小而增加。相关规范计算的承载力均小于试验结果。支旭东等对填充泡沫混凝土的圆钢管长柱和短柱进行了轴压试验，并通过 ABAQUS 有限元软件对构件进行了建模分析，分析了径厚比和长细比及泡沫混凝土密度等级对长柱构件的影响，结果表明，短柱构件发生叠缩破坏变形模式，长柱构件发生整体失稳破坏，且长柱构件的承载力随构件径厚比和长细比的增大而减小，随着泡沫混凝土密度增大而增大，最后基于 Perry-Robertson 公式推导出了圆钢管泡沫混凝土柱的承载力计算公式。李振远采用试验和有限元模拟对比的研究方法，研究了泡沫混凝土填充拼合 C 形钢柱的轴压承载力；首先，通过空心 CFS 柱和 CFS-泡沫混凝土柱进行轴心受压试验，分析了破坏现象及其变化过程，研究了泡沫混凝土干密度、截面高宽比和长细比等因素对 CFS-泡沫混凝土组合柱峰值承载力、刚度和延性的影响。其次，采用 ABAQUS 有限元软件对立柱进行了轴压性能分析，得到了 CFS-泡沫混凝土柱的破坏模式、受力过程、荷载-位移曲线、轴力-应变曲线和应力分布。再次，基于 CFS-泡沫混凝土柱有限元模拟结果确定了该横截面上泡沫混凝土应力区域划分的分析模型，提出了泡沫混凝土承载力增强系数；基于 CFS 筒在立柱峰值荷载时应变值分布图，提出了 CFS 承载力的折减系数。最后，提出了 CFS-泡沫混凝土立柱的正截面轴压承载力计算公式。纪梦为进行了 CFS 轻质混凝土组合柱力学性能研究，研究了含钢率、钢材屈服强度、截面积等对构件承载力及抗震性能的影响。结果表明：截面 CFS 空心柱的破坏形态主要表现为 CFS 的局部屈曲导致构件整体失稳破坏，壁厚对拼合截面 CFS 柱的承载能力影响较大；混凝土有效限制了型钢的局部屈曲，提高了构件的整体稳定性和极限承载力，且随着截面尺寸、含钢率的增大，拼合截面 CFS 组合柱的极限承载力也增大；随着尺寸、钢材屈服强度、含钢率的增大，拼合截面 CFS 组合柱的极限承载力也随之线性增大。侯亚杰对冷弯薄壁 C 形钢柱和 CFS-轻混凝土组合柱轴压性能进行对比分析，发现填充轻混凝土不仅可以有效提升构件承载力，也限制了构件的畸变屈曲变形，利用 ABAQUS 建模，分析了不同尺寸、加劲方式、边界条件和混凝土强度等参数对构件受力性能的影响，建议采用日本标准 AIJ 预测 CFS-轻混凝土柱承载力。

CFS-地聚物泡沫混凝土柱相较于早期的钢筋混凝土柱、钢管混凝土柱，其高延性及吸能性使其具有更好的抗震性能，与传统施工方法相比更经济，减少劳动力需求，允许快速施工，其不仅符合我国建筑产业化的发展方向，也顺应了建筑业节能减排的发展趋势。国内外学者对 CFS 和地聚物泡沫混凝土的研究内容已经非常丰富，类比钢管混凝土柱，将两者结合组成全新的结构构件用于低层房屋住宅，丰富了低层住宅的结构体系，同时对轻钢轻混凝土结构体系的进一步研究具有重要意义。

11.3　CFS-地聚物泡沫混凝土柱轴心受压性能数值模拟

11.3.1　非线性理论

结构的非线性问题就是指结构的刚度随着结构的变形而改变，主要包括几何非线性、材料非线性及边界非线性。几何非线性主要是由于结构产生大变形而导致结构的刚度或者受力方向发生变化。材料非线性主要是由于金属材料产生不可恢复的塑性变形，即发生屈服。边界非线性主要是由于在分析过程中边界条件会随着受力情况而改变。结合本次试验情况，为了使构件的模拟情况与试验实际情况保持一致，在建立模型时引入了几何非线性、材料非线性及边界非线性。

11.3.2　单元类型选择

采用 ABAQUS 软件建立有限元模型，构件的上、下端板采用解析刚体，CFS 模型采用 S4R 壳体单元，S4R 壳体单元表示 4 节点缩减积分壳单元。内部填充的地聚物泡沫混凝土模型采用 C3D8R 实体单元，C3D8R 实体单元表示 8 节点缩减积分单元。根据试验分析确定焊点连接处并未破坏，因此采用绑定方式模拟焊点。

11.3.3　材料本构

1）钢材

本书试验所用的 CFS 为 Q235 钢材，根据材性试验结果，CFS 采用三折线本构模型，其应力-应变关系如图 11-1 所示，屈服强度 f_y=267.5 MPa，弹性模量 E=1.74×10⁵ MPa，泊松比 υ =0.3。

$$ $$

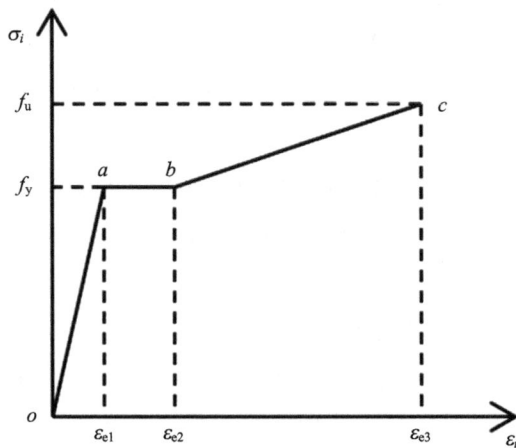

图 11-1　钢材三折线本构模型

该本构模型应力-应变共包含 3 个阶段：

弹性阶段（oa 段）：

$$\sigma = E_s\varepsilon, 0 < \varepsilon \leqslant \varepsilon_{e1} \tag{11-1}$$

屈服阶段（ab 段）：

$$\sigma = f_y, \ \varepsilon_{e1} < \varepsilon \leqslant \varepsilon_{e2} \tag{11-2}$$

强化阶段（bc 段）：

$$\sigma = f_y + E_s / [150(\varepsilon - \varepsilon_{e2})], \ \varepsilon_{e2} < \varepsilon \leqslant \varepsilon_{e3} \tag{11-3}$$

式中，E_s 为钢材弹性模量；ε_{e1} 为弹性阶段峰值应变；ε_{e2} 为屈服阶段峰值应变；ε_{e3} 为强化

阶段峰值应变；f_y 为钢材屈服强度。

屈服准则选用 V.Mises，其等效应力为

$$\sigma = \sqrt{\frac{1}{2}\left[(\sigma_1 - \sigma_2)^2 + (\sigma_2 - \sigma_3)^2 + (\sigma_1 - \sigma_3)^2\right]} \qquad (11\text{-}4)$$

式中，σ_1、σ_2、σ_3 分别为 3 个主应力。

2）地聚物泡沫混凝土

本书构件中填充的地聚物泡沫混凝土属于轻混凝土材料，考虑使用混凝土的本构关系，同时由于混凝土填充在拼合钢管中属于三向受压状态，拼合钢管的约束限制了混凝土内部裂缝的发展，因此本书采用的混凝土本构关系是李肖所提出的，该本构关系以韩林海提出的钢管混凝土本构模型关系为基础，同时考虑了钢管管壁设置加劲肋对混凝土约束效应的有利影响，引入了加劲肋约束效应系数 γ_i，其表达式为

$$y = \begin{cases} 2x - x^2 & x \leqslant 1 \\ \dfrac{x}{\beta_0(x-1)^n + x} & x > 1 \end{cases} \qquad (11\text{-}5)$$

其中，

$$x = \frac{\varepsilon}{\varepsilon_0}; \quad \varepsilon_0 = \left[1\,300 + 800\xi^{0.2} + 1\,450\left(\sum_{i=1}^{n}\gamma_i\right)^{0.12} + 12.5f_{ck}\right] \times 10^{-6};$$

$$\xi = \frac{f_y A_s}{f_{ck} A_c}; \quad \gamma_i = \frac{EI_{si}}{EI_c}; \quad y = \frac{f}{f_{ck}}; \quad n = 1.6 + \frac{1.5}{x};$$

$$\beta_0 = \frac{f_{ck}^{0.1}}{1.2\sqrt{1 + \xi + 12.5\sum_{i=1}^{n}\gamma_i}} \quad （矩形截面）$$

式中，EI_{si} 为第 i 个加劲肋距钢管壁中心线的抗弯截面模量，$I_s = \dfrac{1}{3t_s b_s^3}$，$t_s$ 为加劲肋的厚度，b_s 为加劲肋宽度；EI_c 为核心混凝土与第 i 个加劲肋垂直的中性轴的截面模量；f_y 与 f_{ck} 分别为钢材屈服强度与混凝土抗压强度标准值；$\sum_{i=1}^{n}\gamma_i$ 为截面所有加劲肋约束效应系数之和。

采用 ABAQUS 自带的 CDP（混凝土塑性损伤）模型，各参数取值如表 11-1 所示，塑性损伤因子采用式（11-6）。

表 11-1　混凝土塑性损伤参数

膨胀角	f_{b0}/f_{c0}	偏心率	k	黏性参数
30°	1.16	0.1	0.666 67	0.000 5

$$d = 1 - \sqrt{\frac{\sigma}{E_0 \xi}} \qquad (11\text{-}6)$$

式中，d 为损伤因子；σ、ε 分别为混凝土真实应力、应变；E_0 为混凝土弹性模量。

11.3.4　有限元模型建立及相互作用

本书有限元建模均采用构件实际尺寸，首先创建所需部件并定义材料属性，然后通过 ABAQUS 的装配功能将各个部件组装成实体模型，如图 11-2 所示。构件的钢垫板与冷弯薄壁 C 形钢和混凝土的两端采用 Tie 连接；CFS 与地聚物泡沫混凝土之间采用面—面接触，切线方向为"罚"接触，其摩擦系数为 0.25，法线方向为"硬"接触；两组冷弯薄壁 C 形钢采用 Tie 连接方式模拟焊点。

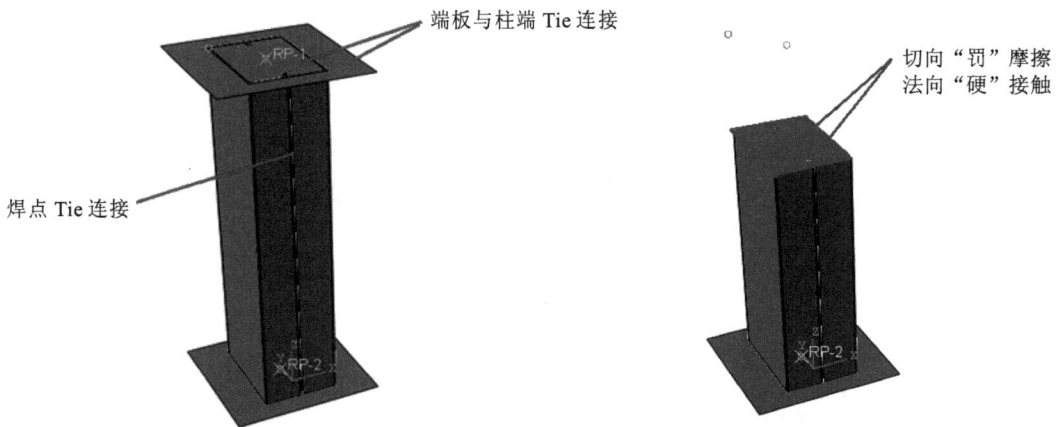

端板与柱端 Tie 连接

切向"罚"摩擦
法向"硬"接触

焊点 Tie 连接

图 11-2　有限元模型建立

11.3.5　荷载及边界条件

对于有限元模型荷载的施加，首先在两端板中心位置处建立参考点 RP-1 与 RP-2，其中 RP-1 为上端板参考点，RP-2 为下端板参考点。考虑本书试验为轴心受压试验，首先在 RP-1 点约束其沿 x 轴、y 轴方向的平动自由度，以及绕 x 轴、y 轴、z 轴的转动自由度，即 $U_1=U_2=U_{R_1}=U_{R_2}=U_{R_3}=0$，然后在 RP-1 点沿 z 轴方向施加位移荷载，最后在 RP-2 点约束其所有的平动自由度及转动自由度。

11.3.6　网格划分及初始缺陷

ABAQUS 中网格的划分形式对有限元的分析过程影响十分重要，如果网格划分不规则且较为粗糙，则可能造成有限元分析过程出现错误或者分析结果的精度较低；如果网格的划分过于精细则会增加计算量，造成有限元分析时间过长、效率降低。本书在不同网格划分情况下多次进行有限元分析，最终将有限元模型的各部件网格尺寸设置为 5 mm，如图 11-3 所示。

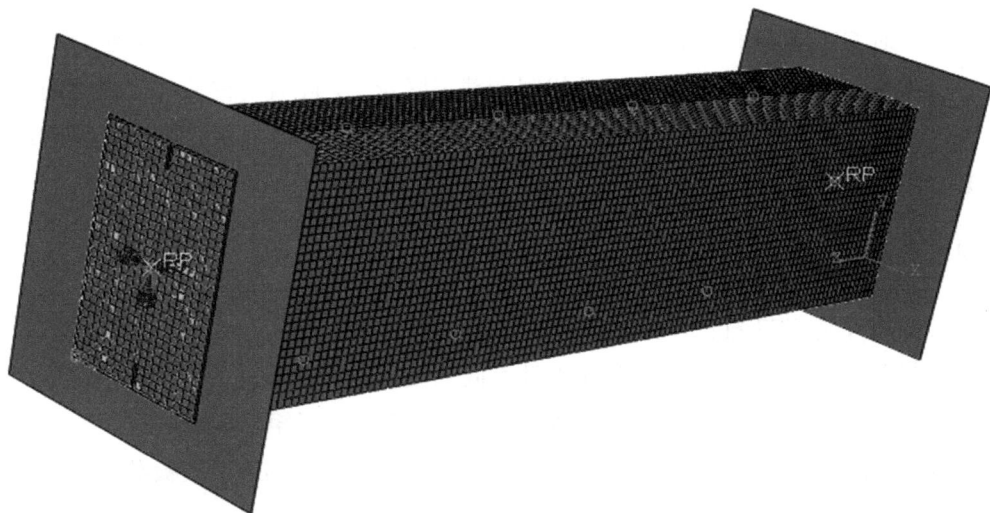

图 11-3　施加荷载及划分网格

此外，构件的初始缺陷对构件的屈曲破坏模式和极限承载力具有不可忽略的影响，因此，在轴压分析时，通过编辑关键字，将构件屈曲分析时的一阶特征值屈曲形式作为构件的初始缺陷输入非线性分析中。

11.3.7　有限元分析求解

本书有限元模型的分析求解共分为以下两步：

第一步为特征值屈曲分析。特征值屈曲分析又叫线弹性屈曲分析，以线弹性理论为基础，不考虑结构在受载过程中产生的大变形、大位移，当荷载达到某一特定的临界值时，结构突然变化为另一种随遇的平衡状态，即达到其临界屈曲状态及荷载。本书进行特征值屈曲分析主要是为了得到构件各个阶段的屈曲模态及其对应的临界荷载，为后续的非线性分析引入初始几何缺陷提供依据。

第二步为非线性分析。该分析考虑了几何、材料和结构非线性的静力分析，并在特征值分析的基础上引入了初始缺陷，尽可能模拟构件的真实变形情况，初始缺陷的比例因子根据试验具体情况确定。

11.4 CFS-地聚物泡沫混凝土柱受力性能的影响因素

11.4.1 长细比

长细比对 CFS 单肢柱、拼合柱及组合柱的极限荷载具有较大影响，对组合柱的影响更为明显。拼合柱长细比达到 45.44 后极限荷载下降较快，此时构件屈曲模式由局部屈曲变为整体屈曲。随着长细比的增大，内部填充的地聚物泡沫混凝土对构件极限荷载的影响逐渐减小。

11.4.2 宽厚比

横截面尺寸是 CFS 柱的承载力的重要影响因素，其中截面的宽厚比对构件的屈曲临界荷载与极限荷载影响很大。本次对 3 种不同长度构件的腹板宽厚比进行变参数分析。《钢管混凝土结构技术规范》（GB 50936—2014）中规定，于矩形截面的钢管混凝土柱，Q235 钢的截面边长和壁厚 b/t 之比不应大于 60。综合考虑本书选取腹板截面宽厚比分别为 40、58、78、100，对应的构件厚度分别为 3.5 mm、2.4 mm、1.8 mm、1.4 mm，共计 24 个构件。构件在不同宽厚比下的极限荷载-长细比关系曲线如图 11-4 所示，荷载-宽厚比关系曲线如图 11-5 所示。

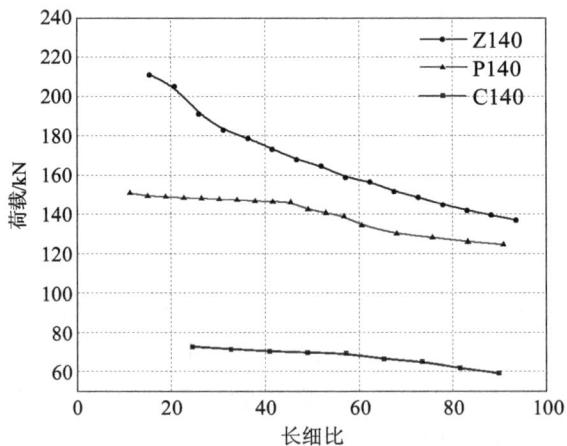

图 11-4 不同构件的荷载-长细比关系曲线

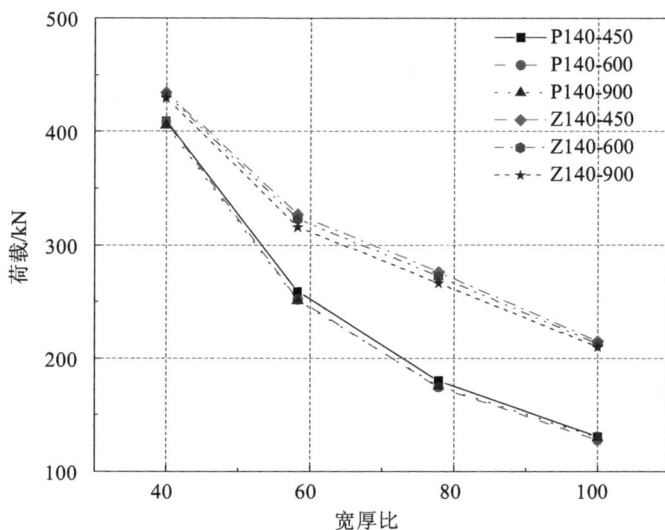

图 11-5　不同构件荷载-宽厚比关系曲线

　　宽厚比大小与构件极限荷载成反比。宽厚比由 40 增至 60 时，拼合柱与组合柱极限荷载下降较快，由 60 增至 100 时，拼合柱与组合柱极限荷载下降缓慢，且构件高度不同并不影响此规律；组合柱极限荷载下降幅度整体低于拼合柱，原因是随着宽厚比的增大，构件的厚度逐渐减小，板件易发生局部屈曲，而内部填充的地聚物泡沫混凝土对厚度较小的板件限制作用明显，此时可以发挥内部填充物的作用，达到增大钢柱极限荷载的目的。而随着截面宽厚比的减小，构件厚度变大，组合柱相较于拼合柱的极限荷载并不如宽厚比较小时增大明显，此时的内部填充物利用率较低；地聚物泡沫混凝土填充物可以增大冷弯薄壁型钢临界屈曲荷载，且宽厚比越大效果越明显。

11.4.3　焊点数量

　　为研究不同焊点个数对 CFS 拼合柱及组合柱的承载力影响规律，本书提出 3 种有限元计算模型，分别是Ⅰ：C+C 为构件极限承载力的下界值；Ⅱ：CFS 拼合柱与组合柱；Ⅲ：整体 CFS 柱极限承载力为上界值。有限元模型截面形式如图 11-6 所示，然后对高度为 900 mm 的 CFS 拼合柱与组合柱进行了变焊点个数的分析，焊点个数从 1 依次增加至 8 及全焊，不同构件在对应不同焊点个数时的极限荷载见图 11-7。

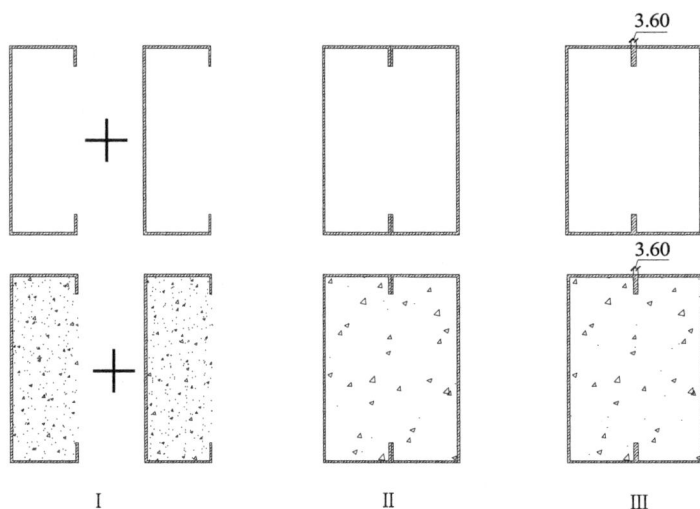

图 11-6 有限元模型截面形式

　　焊点个数对 CFS 拼合柱极限荷载有一定影响，但对组合柱几乎无影响。增加焊点个数可以提高拼合柱极限荷载。组合柱进行焊接时仅考虑构造要求，保证两肢柱稳定连接即可。图 11-7（a）为 CFS 拼合柱不同焊点个数对应的荷载曲线图，可以看出焊点个数大于 4 时，构件的荷载提升明显。全焊的方式相较于点焊方式对构件荷载的增加并不明显。整体来看，Ⅱ型截面的极限荷载靠近Ⅰ型截面，远离Ⅲ型截面，说明焊点个数的增加可以提高拼合柱极限荷载，且对截面的加强效果并不明显。图 11-7（b）为 CFS 组合柱不同焊点个数对应的荷载曲线，可以看出曲线的分布与拼合柱的荷载曲线图基本一致，Ⅱ型截面的极限荷载介于Ⅰ型截面与Ⅲ型截面之间，不同的是Ⅱ型截面的荷载曲线均靠近Ⅰ型截面与Ⅲ型截面的荷载曲线，说明焊接作用方式对 CFS 组合柱的截面加强效果并不明显，且相较于 CFS 拼合柱，组合柱外钢管的整体性对构件极限荷载增加的效果也减弱。

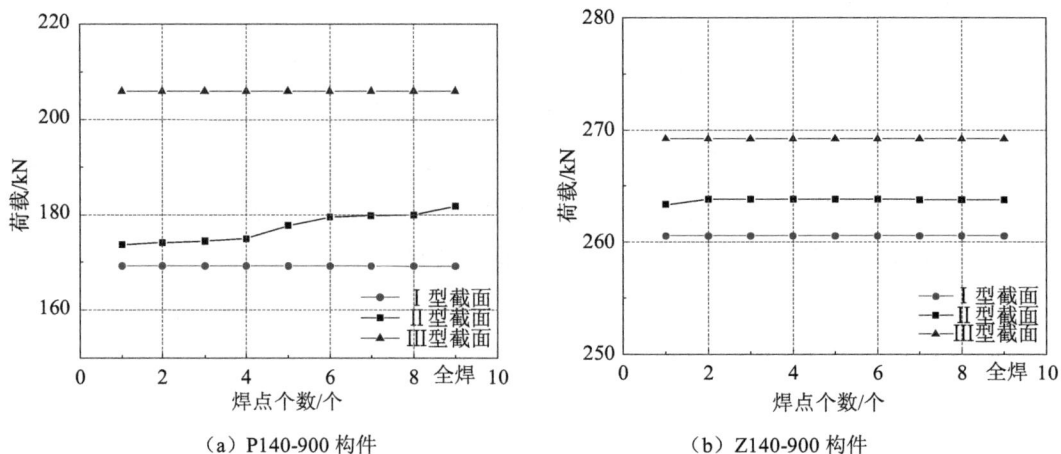

（a）P140-900 构件　　　　　　　　　　（b）Z140-900 构件

图 11-7 荷载-焊点个数曲线

11.4.4　地聚物泡沫混凝土密度等级

泡沫混凝土的密度等级是影响 CFS 组合柱轴压性能的重要因素。依据泡沫混凝土相关规范，本书的地聚物泡沫混凝土的密度等级越高其抗压强度越高。刘殿中等给出了泡沫混凝土密度等级与抗压强度，以及弹性模量的关系，通过 ABAQUS 有限元软件改变泡沫混凝土的密度等级，分析其密度等级分别为 A10（1 000 kg/m³）、A12（1 200 kg/m³）级时组合柱的轴压性能。

图 11-8 为不同泡沫混凝土密度等级下 CFS 组合柱的荷载-轴向位移曲线，可以看出，随着泡沫混凝土密度的增大，组合柱的极限荷载也随之增加。在弹性阶段，泡沫混凝土的弹性模量随其密度的增加而增大，导致 CFS 组合柱的刚度也变大。泡沫混凝土密度每提高一个等级，CFS 组合柱的极限荷载增长约 1.5%。因此，提高泡沫混凝土的密度等级可以增加组合柱的刚度，同时提高组合柱的轴向承载力。

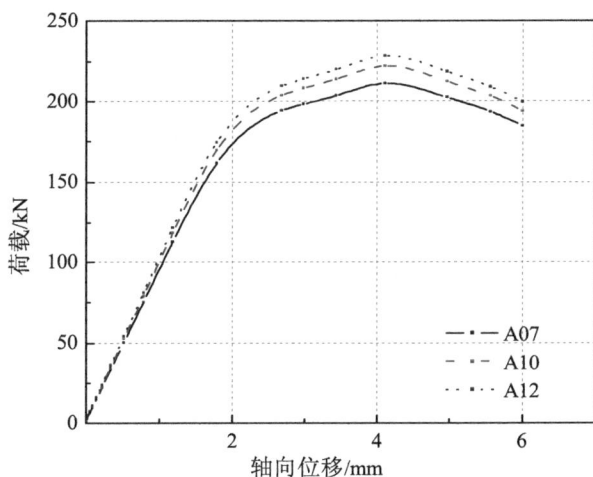

图 11-8　不同密度等级下的荷载-轴向位移曲线

11.4.5　加劲肋

内部填充地聚物泡沫混凝土的 CFS 柱，两种材料可以互相弥补对方的缺陷，一方面内填混凝土改变了钢材的屈曲承载性能，另一方面钢管对混凝土具有套箍作用，使混凝土由脆性材料转变为塑性材料。CFS 组合柱在承受轴心压力作用时，截面保持平面，二者共同受力产生纵向变形，随着压应力的增加，混凝土的泊松比 μ_c 逐渐增大到超过钢材的泊松比 μ_s。这时混凝土横向变形大于钢管横向变形，因而后者对前者产生紧箍力，前者改变了后者的屈曲模式。然而由于钢管内壁较为光滑，二者的协同作用效果并不理想，如图 11-9（b）所示为内部混凝土的应力云图，可以看到越靠近中心混凝土的应力越小，越靠近边缘混凝土的应力越大，同时在混凝土的角部处应力达到最大，说明钢管对角部的混凝土约束效果明显，而边缘处约束效果较弱。

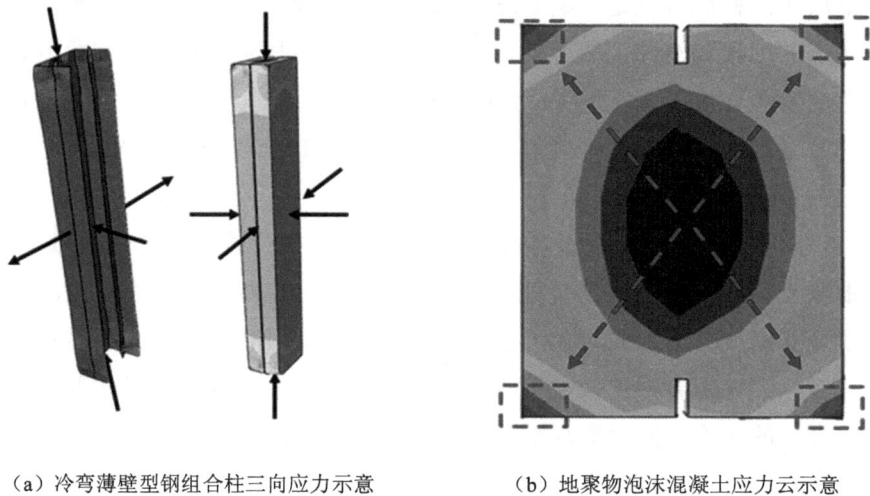

（a）冷弯薄壁型钢组合柱三向应力示意　　　　　　（b）地聚物泡沫混凝土应力云示意

图 11-9　CFS 组合柱应力示意

为探究腹板加劲对 CFS 组合柱构件的极限荷载提升效果，以及对混凝土的约束效应，本书考虑对钢管内壁附加加劲肋，有限元模型截面如图 11-10 所示，其中，S 截面为在钢管腹板处设置一道对称的加劲肋，D 截面为在钢管腹板处设置两道对称的加劲肋，C 截面为在钢管的角部设置加劲肋，加劲肋的板宽均为 15 mm。

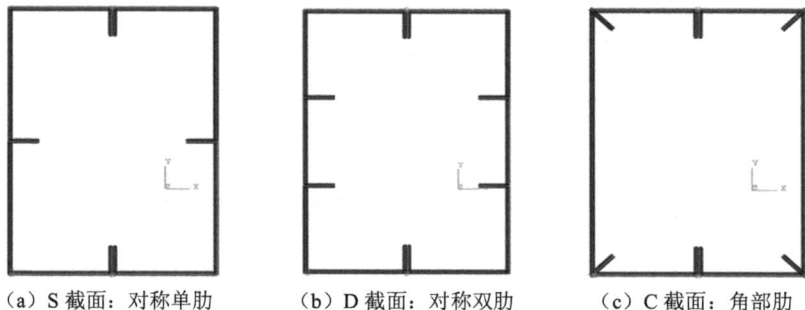

（a）S 截面：对称单肋　　　　　（b）D 截面：对称双肋　　　　　（c）C 截面：角部肋

图 11-10　CFS 加劲肋形式

设置加劲肋对组合柱的极限荷载有明显提高，其中设置角部肋的截面提高系数最大为 1.223，但从用钢量的角度来考虑，设置对称单肋效果更好。无肋、单肋、双肋、角肋截面的构件，混凝土最大应力值分别为 $1.52f_c$、$2.45f_c$、$2.50f_c$、$2.20f_c$（图 11-11），说明设置加劲肋提高了地聚物泡沫混凝土的应力值，且随着加劲肋个数的增多，应力值也提高。设置单肋、双肋及角部肋 3 类截面的构件，在腹板位置处的混凝土纵向应力分别达到了 $1.91f_c$、$2.00f_c$ 和 $2.03f_c$，与原构件腹板处混凝土应力 $1.28f_c$ 相比分别提高了 49.2%、56.3%

和 58.6%，说明加劲肋的设置提高了地聚物泡沫混凝土的轴向应力，从而增大了 CFS-地聚物泡沫混凝土组合柱的极限荷载。

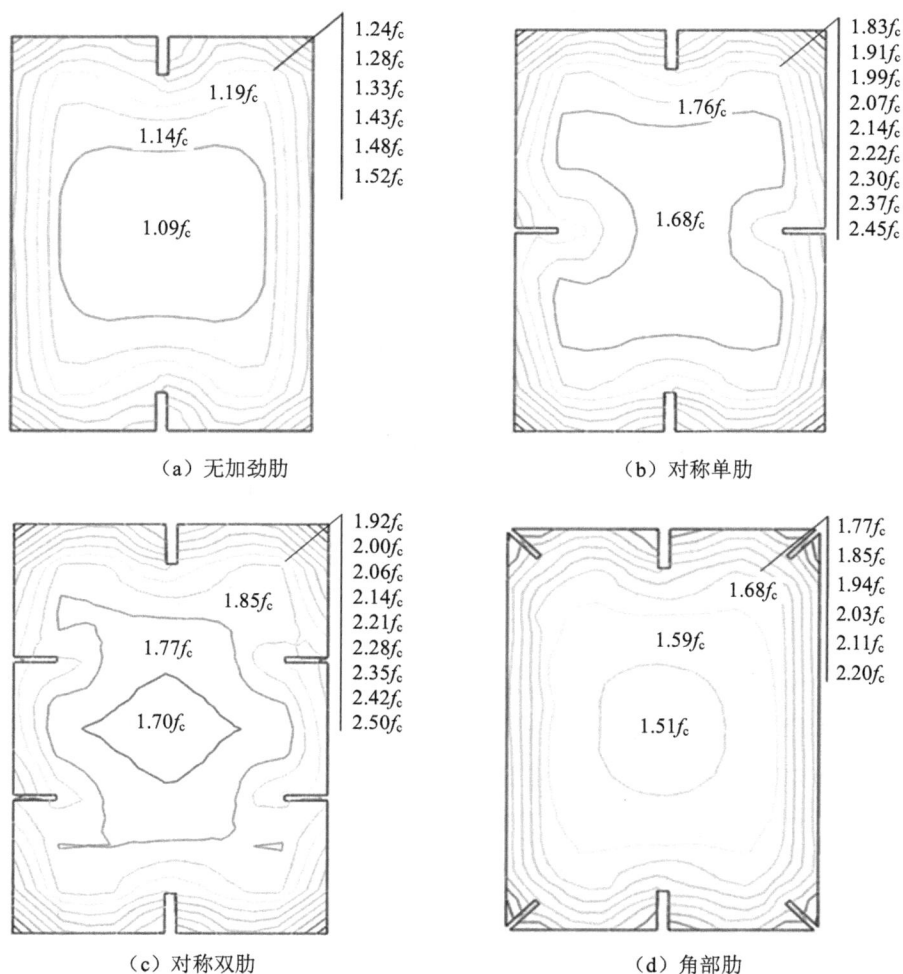

（a）无加劲肋

（b）对称单肋

（c）对称双肋

（d）角部肋

图 11-11　泡沫混凝土纵向应力图

11.5　本章小结

本章使用 ABAQUS 有限元软件对试验构件建立了有限元模型，详细介绍了模型的建立过程，并通过对比试验及有限元模型的破坏模式、极限荷载及荷载-位移曲线，验证了有限元模型的正确性，并进行了长细比、截面宽厚比、焊点个数、地聚物泡沫混凝土密度等级和加劲肋的变参数分析。得出的主要结论如下：

（1）通过比较试验与有限元模拟的构件破坏模式、极限荷载，以及二者的荷载-竖向位移曲线，发现试验结果与有限元模拟结果吻合较好，说明本书的有限元模型具有一定的正确性。

（2）长细比对 CFS 单肢柱、拼合柱及组合柱的极限荷载具有较大影响，对组合柱的影响更为明显。拼合柱长细比达到 45.44 后极限荷载下降较快，此时构件屈曲模式由局部屈曲变为整体屈曲。随着长细比的增大，内部填充的地聚物泡沫混凝土对构件极限荷载影响逐渐减小。

（3）宽厚比大小与构件极限荷载成反比。宽厚比由 40 增加至 60 时，拼合柱与组合柱极限荷载下降较快，由 60 增加至 100 时，拼合柱与组合柱极限荷载下降缓慢，且构件高度不同并不影响此规律；组合柱极限荷载下降幅度整体低于拼合柱，原因是随着宽厚比的增大，构件的厚度逐渐减小，板件易发生局部屈曲，而内部填充的地聚物泡沫混凝土对厚度较小的板件限制作用明显，此时可以发挥内部填充物的作用，达到增大钢柱极限荷载的目的。而随着截面宽厚比的减小，构件厚度变大，组合柱相较于拼合柱的极限荷载并不如宽厚比较小时增大明显，此时的内部填充物利用率较低；地聚物泡沫混凝土填充物可以增大冷弯薄壁型钢临界屈曲荷载，且宽厚比越大效果越明显。

（4）焊点个数对 CFS 拼合柱极限荷载有一定影响，而对组合柱几乎无影响。增加焊点个数可以提高拼合柱极限荷载。组合柱进行焊接时仅考虑构造要求，保证两肢柱稳定连接即可。

（5）随着泡沫混凝土密度的增大，组合柱的极限荷载也增加。泡沫混凝土密度每提高一个等级，CFS 组合柱的极限荷载增长约 1.5%。因此，提高泡沫混凝土的密度等级可以增加组合柱的刚度，同时提高组合柱的轴向承载能力。

（6）设置加劲肋对组合柱的极限荷载有明显提高，其中设置角部肋的截面提高系数最大为 1.223，但从用钢量的角度来考虑，设置对称单肋效果更好。无肋、单肋、双肋、角肋截面的构件，混凝土最大应力值分别为 $1.52f_c$、$2.45f_c$、$2.50f_c$、$2.20f_c$，说明设置加劲肋提高了地聚物泡沫混凝土的应力值，且随着加劲肋个数的增多，应力值也提高。设置单肋、双肋及角部肋 3 类截面的构件，在腹板位置处的混凝土纵向应力分别达到了 $1.91f_c$、$2.00f_c$ 和 $2.03f_c$，与原构件腹板处混凝土应力 $1.28f_c$ 相比分别提高了 49.2%、56.3% 和 58.6%，说明加劲肋的设置提高了地聚物泡沫混凝土的轴向应力，从而增大了 CFS-地聚物泡沫混凝土组合柱的极限荷载。

参考文献

[1] 陈开选. 泡沫混凝土的性能及应用研究进展[J]. 广东化工，2018，45（2）：132-134.

[2] 刘岩，叶涛萍，曹万林. 地聚物混凝土结构研究与发展[J]. 自然灾害学报，2020，29（4）：8-19.

[3] 张景飞，冯明德，陈金刚. 泡沫混凝土抗爆性能的试验研究[J]. 混凝土，2010（10）：17-19.

[4] 高全臣，刘殿书，王代华，等. 复合防护结构抗侵彻爆炸性能的试验研究[C]. 现代爆破理论与技术——

—第十届全国煤炭爆破学术会议论文集. 北京：煤炭工业出版社，2008.

[5] 王晴，丁纪楠，丁兆洋，等. 地聚物基泡沫混凝土制备与性能研究[J]. 混凝土，2018，349（11）：118-121，126.

[6] 李帼昌，钟善桐. 钢管轻砼受弯构件的试验研究[C]. 第九届全国结构工程学术会议论文集第 I 卷.《工程力学》期刊社，2000：5.

[7] 吉伯海，周文杰，王晓亮. 钢管轻集料混凝土中长柱轴压性能的试验研究[J]. 建筑结构学报，2007，28（5）：118-123.

[8] 吉伯海，王晓亮，马敬海，等. 钢管高强轻集料混凝土短柱轴压性能的试验研究[J]. 建筑结构学报，2005，26（5）：60-65.

[9] 傅中秋，吉伯海，胡正清，等. 钢管轻集料混凝土长柱轴压性能试验研究[J]. 东南大学学报（自然科学版），2009，39（3）：546-551.

[10] 李红超，熊晨，王建军. 轻钢轻混凝土柱轴心受压承载力试验研究[J]. 工程建设与设计，2014（10）：53-56.

[11] 刘殿忠，简振鹏，郝振鹏. 基于 ABAQUS 的型钢-泡沫混凝土界面抗剪性能研究[J]. 吉林建筑工程学院学报，2014，31（2）：1-4.

[12] 朴泓任. 钢管发泡混凝土轴心受压构件受力性能研究[D]. 长春：长春工程学院，2018.

[13] 支旭东，郭梦慧，王臣，等. 泡沫混凝土填充圆钢管的轴压力学性能[J]. 浙江大学学报（工学版），2019，53（10）：1927-1935，1945.

[14] 李振远. 冷弯薄壁型钢-泡沫混凝土柱轴压性能研究[D]. 青岛：山东科技大学，2020.

[15] 纪梦为. 拼合冷弯薄壁型钢组合柱力学性能研究[D]. 北京：北方工业大学，2021.

[16] 钢管混凝土结构技术规范：GB 50936—2014[S]. 北京：中国建筑工业出版社，2014.

[17] Ibrahim W M W，Hussin K，Abdullah M M A，et al. Effects of sodium hydroxide（NaOH）solution concentration on fly ash-based lightweight geopolymer[C]. AIP Conference Proceedings. American：AIP Publishing，2017.

[18] Liu M Y，Alengaram U J，Jumaat M Z，et al. Evaluation of thermal conductivity，mechanical and transport properties of lightweight aggregate foamed geopolymer concrete[J]. Energy and Buildings，2014，72：238-245.

[19] Novais R M，Buruberri L H，Ascens G，et al. Porous biomass fly ash-based geopolymers with tailored thermal conductivity[J]. Journal of Cleaner Production，2016，119：99-107.

[20] Ramamurthy K，Nambiar E K K，Ranjani G I S. A classification of studies on properties of foam concrete[J].　Cement and Concrete Composites，2009，31（6）：388-496.

[21] Reyes A. Oblique loading of aluminium crash components[J]. Faculty of Engineering Science & Technology，2003，42（5-6）：225-242.

[22] Reyes A，Hopperstad O S，Langseth M. Aluminum foam-filled extrusions subjected to oblique loading：experimental and numerical study[J]. International Journal of Solids & Structures，2004，41（5-6）：1645-1675.

[23] Shehdeh，Orabi. Experimental study on light weight concrete-filled steel tubes[J]. Jordan Journal of Civil Engineering，2011，5（4）：521-529.

[24] Lange J，Aaron V. Buckling behaviour of polyurethane foam-filled cold-formed steel c-sections[J]. 20th International Conference on Composite Materials，2015.

[25] Thumrongvut J，Tiwjantuk P. Strength and axial behavior of cellular lightweight concrete-filled steel rectangular tube columns under axial compression[C]. Materials Science Forum，2018：2417-2422.

[26] Committee ACI，Wight J K，Barth F G，et al. Building code requirements for structural concrete and commentary（ACI 318M-05）[M]. American Concrete Institute，2005.

[27] Salgar P B，Patil P S. Experimental investigation on behavior of high‐strength light weight concrete‐filled steel tube strut under axial compression[J]. Transactions of the Indian National Academy of Engineering，2019，4：207-214.

第 12 章

冷弯薄壁型钢-地聚物泡沫混凝土柱轴压承载力计算

12.1 现有型钢-混凝土组合柱承载力计算方法

1）轴压承载力计算公式

各国规范中给出了不同的钢管混凝土轴压承载力的计算公式，其制定思路可以概括为以下 4 种：

（1）拟混凝土理论。

拟混凝土理论将钢管混凝土中的钢管看作分布在内部核心混凝土周围的等效纵向钢筋，钢筋的面积由钢管的截面形状及截面面积确定。在此基础上主要考虑核心混凝土三向受压应力下的受力状态。其中，美国规范（318M-05）、现行国家规范《钢管混凝土结构技术规程》（CECS 28：2012）和《组合结构设计规范》（JGJ 138—2016）中的钢管混凝土轴压承载力计算公式就是基于此理论制定的。

以《组合结构设计规范》（JGJ 138—2016）为例，其矩形钢管混凝土柱轴压承载力计算公式如下：

$$N \leqslant 0.9\varphi(\alpha_1 f_c b_c h_c + 2f_a bt + 2f_a h_c t) \tag{12-1}$$

式中，N 为矩形钢管柱轴压承载力设计值；f_a、f_c 为矩形钢管抗压和抗拉强度设计值、内填混凝土抗压强度设计值；b、h 为矩形钢管截面宽度、高度；b_c 为矩形钢管内填混凝土的截面宽度；h_c 为矩形钢管内填混凝土的截面高度；t 为矩形钢管的管壁厚度；α_1 为受压区混凝土压应力影响系数，取 1.0；φ 为轴心受压柱稳定系数，按表 12-1 取值。

表 12-1 轴心受压柱稳定系数

l_0/i	≤28	35	42	48	55	62	69	76	83	90	97	104
φ	1.00	0.98	0.95	0.92	0.87	0.81	0.75	0.70	0.65	0.60	0.56	0.52

注：1. l_0 为构件计算长度；

2. i 为截面的最小回转半径，$i = \sqrt{\dfrac{E_c I_c + E_a I_a}{E_c A_c + E_a A_a}}$。

（2）拟钢理论。

拟钢理论与拟混凝土理论的思路相反，是将核心混凝土折算成钢，再按照钢结构规范进行设计推导。考虑钢管的强度受到核心混凝土的影响，需要将钢结构承载力计算公式中的各参数进行相应修改。例如，美国 LRFD 规范中考虑在不改变钢管横截面面积的情况下，将填充的混凝土等效为对钢管屈服应力以及弹性模量的提高，以此来换算求得等效钢管的承载力作为钢管混凝土的轴压承载力。且在计算时只加入轴压承载力提高的部分，不考虑其对抗弯和抗拉承载力的影响。其计算公式如下：

$$N_u = A_s f_{cr} \tag{12-2}$$

$$f_{cr} = \begin{cases} \left(0.658^{\lambda_c^2}\right) f_{my} & \lambda_c \leqslant 1.5 \\ \left(\dfrac{0.877}{\lambda_c^2}\right) f_{my} & \lambda_c > 1.5 \end{cases} \tag{12-3}$$

$$f_{my} = f_y + 0.85 f_c \left(\frac{A_c}{A_s}\right) \tag{12-4}$$

$$\lambda_c = \frac{L}{\pi \gamma_m} \sqrt{\frac{f_{my}}{E_m}} \tag{12-5}$$

$$E_m = E_s + 0.4 E_c \frac{A_c}{A_s} \tag{12-6}$$

式中，f_y、f_c' 分别为钢材的屈服强度和混凝土圆柱体抗压强度；A_s、A_c 分别为钢管的横截面面积和混凝土横截面面积；r_m、L 分别为钢管截面的回转半径和构件长度；λ_c、E_m 分别为换算长细比和修正弹性模量。

（3）叠加理论。

叠加理论是将钢管和内部混凝土的承载力相互叠加，作为钢管混凝土构件的极限承载力。该理论没有考虑钢管对混凝土之间的约束效应，并且对混凝土的强度进行了折减，较大程度地保证了构件的强度储备。例如，日本 AIJ 规范中给出的钢管混凝土承载力计算公式就是根据叠加理论提出的，其承载力计算公式如下：

$$N = k f_c' A_c + f_y A_s \tag{12-7}$$

式中，k 为混凝土强度系数，取 0.85；f_c'、f_y 分别为混凝土圆柱体抗压强度、钢材屈服强度；A_c、A_s 分别为混凝土截面面积、钢管截面面积。

（4）统一理论。

统一理论是在研究大量试验基础上，对试验得到的数据进行汇总分析，通过数学方法找出各影响因素与承载力之间的相互关系。试验回归拟合公式是建立在数值分析计算和试验的基础上，其结果更为真实、可靠，因此这种方法与其他方法相比，优点是计算结果更接近实际情况。缺点是拟合公式比较复杂，不便于设计使用。

我国现行国家标准《钢管混凝土结构技术规范》（GB 50936—2014）中的钢管混凝土承载力计算公式就是基于此理论提出的，其计算公式如下：

$$N_0 = A_{sc} f_{sc} \tag{12-8}$$

$$f_{sc} = \left(1.212 + B\theta + C\theta^2\right) f_c \tag{12-9}$$

$$\theta = \frac{f A_s}{f_c A_c} \tag{12-10}$$

式中，N_0 为钢管混凝土短柱的轴心受压强度承载力设计值，N；A_{sc} 为实心或空心钢管混凝土构件的截面面积，等于钢管和管内混凝土面积之和，mm^2；f_{sc} 为实心或空心钢管混凝土抗压强度设计值，MPa；A_s、A_c 分别为钢管、管内混凝土的面积，mm^2；θ 为实心或空心钢管混凝土构件的套箍系数；B、C 分别为截面形状对套箍效应的影响系数，按公式 $B = \dfrac{0.131f}{213} + 0.723$、$C = \dfrac{-0.07f_c}{14.4} + 0.026$ 计算；f 为钢材抗压强度设计值，MPa；f_c 为混凝土抗压强度设计值，MPa。

2）轴心受压构件系数

轴心受压构件稳定系数是考虑了材料的初始缺陷、外荷载的偏心、构件两端约束、构件长细比以及截面形状后用于计算构件承载力用到的系数，由于上述 LRFD、EC4 规范给出的均为钢管混凝土的强度公式，因此引入现行国家标准《钢管混凝土结构技术规范》（GB 50936—2014）中给出的轴心受压构件稳定系数公式：

$$\varphi = \frac{1}{2\overline{\lambda}^2}\left[\overline{\lambda}^2 + 1 + 0.25\overline{\lambda}_n - \sqrt{\left(\overline{\lambda}_n^2 + 1 + 0.25\overline{\lambda}_n\right)^2 - 4\overline{\lambda}_n^2}\right] \tag{12-11}$$

$$\overline{\lambda}_n = \frac{\lambda_n}{\pi}\sqrt{\frac{f_{sc}}{E_{sc}}} \approx 0.01\lambda_n(0.001f_y + 0.781) \tag{12-12}$$

式中，φ 为轴心受压构件稳定系数，也可按表 12-1 取值；λ_n 为构件长细比，等于构件计算长度 l_0 除以回转半径 i；$\overline{\lambda}_n$ 为构件正则长细比。

3）材料参数换算

由于各国规范中的材料参数存在差异，国外规范中常用 150 mm×300 mm 的圆柱体强度，常用 150 mm×300 mm 的棱柱体强度。因此，对材料的参数进行统一换算，本书采用余志武的研究结果进行材料统一换算。

100 mm 与 150 mm 立方体换算公式：

$$f_{cu} = 1.17 f_{cu,100}^{0.95} - 0.7 \tag{12-13}$$

圆柱体轴心抗压强度与标准立方体抗压强度换算公式：

$$f_{cu} = \begin{cases} \dfrac{f_c'}{0.8} & f_c' \leqslant 32 \text{ MPa} \\ f_c' + 8 & f_c' > 32 \text{ MPa} \end{cases} \tag{12-14}$$

棱柱体轴心抗压强度与立方体抗压强度换算公式：

$$f_c = 0.4 f_{cu}^{7/6} \tag{12-15}$$

12.2 现有型钢-混凝土组合柱承载力影响因素

基于实际工程，现作出如下假设：

（1）由于焊点对组合柱的承载力几乎没有影响，因此不考虑组合柱外钢管焊接残余应力影响。

（2）外钢管的约束效应提高了内部混凝土的轴心受压强度，因此考虑引入泡沫混凝土轴心受压强度增强系数 ω_c。

（3）外钢管的拼合导致其与普通矩形钢管具有不同的截面形式，从设置加劲肋的角度来看，加劲肋位置及个数的不同影响了组合柱的整体承载力，因此考虑引入组合柱截面形状影响系数 γ。

故对现行行业标准《组合结构技术规范》（JGJ 138—2016）中的承载力计算公式进行以下修正：

$$N \leqslant 0.9\phi\gamma \left(\alpha_1 \omega_c f_c b_c h_c + 2f_a b t + 2f_a h_c t \right) \tag{12-16}$$

12.2.1 泡沫混凝土轴心受压强度增强系数

CFS-地聚物泡沫混凝土柱的内部核心混凝土的强度被加强。在靠近中心位置处，泡沫混凝土的应力较小，靠近边缘的泡沫混凝土应力较大，同时在混凝土的角部处应力达到最大，其应力分布及不同应力区域面积划分如图 12-1 所示。根据泡沫混凝土的应力分布图，将不同的应力区域面积进行划分：A_1 为中部泡沫混凝土应力加强区面积，A_2 为角部泡沫混凝土应力加强区面积，A_3 为边缘泡沫混凝土应力加强区面积。图 12-1 中每个小正方形的面积为 58.6 mm^2，每个小长方形的面积为 28.29 mm^2，总面积 A_c 为 $13\,073.66 \text{ mm}^2$。

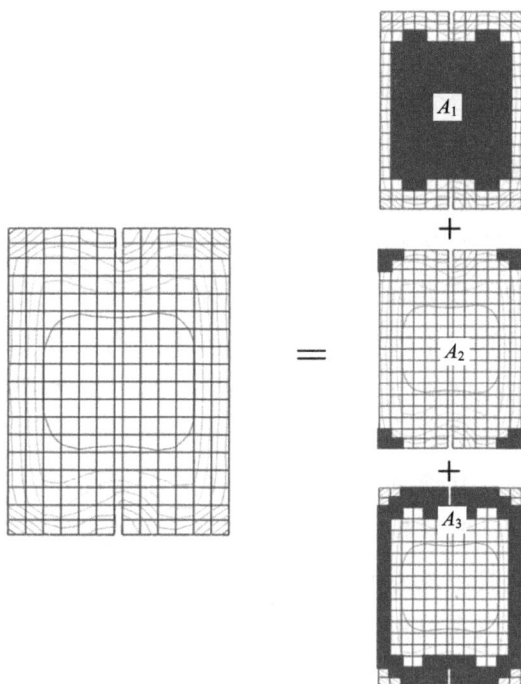

图 12-1　地聚物泡沫混凝土应力区域划分

由此推出可得

A_1：$58.6 \text{ mm}^2 \times 128 + 28.29 \text{ mm}^2 \times 12 = 7\,840.28 \text{ mm}^2$；

A_2：$58.6 \text{ mm}^2 \times 12 = 723.2 \text{ mm}^2$；

A_3：$58.6 \text{ mm}^2 \times 76 + 28.29 \text{ mm}^2 \times 2 = 4\,510.18 \text{ mm}^2$。

则各部分面积与总面积（A_c）比 A_1/A_c、A_2/A_c、A_3/A_c 分别为 0.6、0.05、0.35，即 A_1=0.6A_c，A_2=0.05A_c，A_3=0.35A_c。

此外，根据第 3 章有限元分析结果可知：

中部泡沫混凝土应力分布（由内到外）值为 $1.09f_c$、$1.14f_c$、$1.19f_c$，取其平均值为 $1.14f_c$。

角部泡沫混凝土应力分布（由内到外）值为 $1.38f_c$、$1.43f_c$、$1.48f_c$、$1.52f_c$，取其平均值为 $1.45f_c$。

边缘泡沫混凝土应力分布（由内到外）值为 $1.24f_c$、$1.28f_c$、$1.33f_c$，取其平均值为 $1.28f_c$。

由此可得

$$\omega_c f_c A_c = 1.14 f_c A_1 + 1.45 f_c A_2 + 1.28 f_c A_3$$

将换算面积代入可得

$$\omega_c f_c A_c = 1.204\,5 f_c A_c$$

即本书中泡沫混凝土轴心受压强度增强系数 $\omega_c = 1.204\,5$。

12.2.2 截面形状影响系数

现行行业标准《组合结构设计规范》（JGJ 138—2016）给出的承载力计算仅针对矩形截面构件，本书构件截面类型类似于矩形截面并加对称单肋形式，根据有限元分析结果可知，加劲肋的数量与位置的不同对构件的极限承载力有显著的影响，因此考虑对公式引入截面形状影响系数，进而使公式的计算结果满足本书构件模型。

根据有限元分析结果：

构件设置对称单肋时，其承载力相较于不加肋时的提高系数为 1.124；

构件设置对称双肋时，其承载力相较于设置对称单肋时的提高系数为 1.083；

构件设置角部肋时，其承载力相较于设置对称单肋时的提高系数为 1.088。

因此，其截面形状影响系数 $\gamma = (1.124 + 1.083 + 1.088) / 3 = 1.098\,33$。

12.3 CFS-地聚物泡沫混凝土柱轴心受压承载力计算公式

应用于本书 CFS-地聚物泡沫混凝土柱轴心受压承载力的计算公式为

$$N \leqslant 0.9 \times 1.098 \varphi \left(1.204\,5 \alpha_1 f_c b_c h_c + 2 f_a b t + 2 f_a h_c t \right) \tag{12-17}$$

12.4 计算算例

将试验及有限元各构件参数代入公式，其承载力结果与理论计算的承载力结果比较如表 12-2 所示，从表中数据可以看出，理论计算值与试验值及有限元值整体吻合较好，平均值为 0.94，标准差为 0.07；图 12-2 为理论计算值与试验值及有限元值比较结果，可以看出理论计算值与试验值及有限元值误差集中在 5% 左右，说明本书提出的 CFS-地聚物泡沫混凝土柱轴心受压承载力计算公式具有一定的准确性。

表 12-2　试验值及有限元值与理论计算值对比

	试件编号	轴压承载力 P/kN	理论承载力 N/kN	N/P
试验值对比	Z140-450-1	212.93	190.16	0.89
	Z140-450-2	204.85	190.16	0.93
	Z140-450-3	213.5	190.16	0.89
	Z140-600-1	217.6	190.16	0.87
	Z140-600-2	203.83	190.16	0.93
	Z140-600-3	214.3	190.16	0.89
	Z140-900-1	206.87	190.16	0.92
	Z140-900-2	202.67	190.16	0.94
	Z140-900-3	209.31	190.16	0.91
有限元值对比	Z140-900	210.78	190.16	0.90
	Z140-1200	205.1	190.16	0.93
	Z140-1500	191.04	190.16	1.00
	Z140-1800	182.88	188.44	1.03
	Z140-2100	178.82	185.24	1.04
	Z140-2400	173.34	181.00	1.04
	Z140-2700	167.93	176.13	1.05
	Z140-3000	164.65	169.57	1.03
	Z140-3300	158.82	161.93	1.02
	Z140-3600	156.64	153.46	0.98
	Z140-3900	151.81	145.00	0.96
	Z140-4200	148.71	137.54	0.92
	Z140-4500	144.96	130.04	0.90
	Z140-4800	142.02	123.43	0.87
	Z140-5100	139.59	116.36	0.83
	Z140-5400	136.97	110.27	0.81
平均值	—	—	—	0.94
标准差	—	—	—	0.07

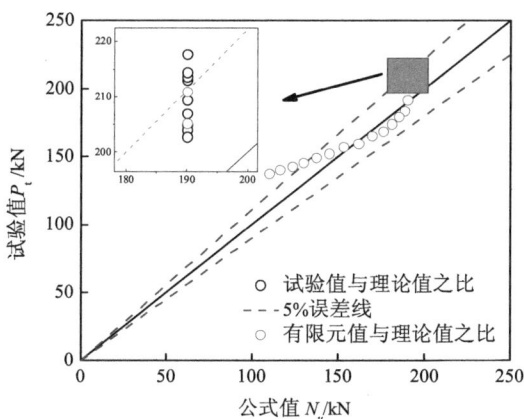

图 12-2　理论计算值与试验及有限元值误差

12.5　本章小结

（1）采用国内外规范中的钢管混凝土组合柱轴心受压承载力计算公式对本书构件承载力进行了计算，发现现行行业标准《组合结构技术规范》（JGJ 138—2016）中的计算公式符合本书的 CFS-地聚物泡沫混凝土柱承载力计算预期结果，但其理论值相较于试验值误差超过 10%。

（2）基于组合结构技术规范中的承载力计算公式，结合本书第 2 章试验研究及第 3 章有限元模拟，建立了适用于本书 CFS-地聚物泡沫混凝土柱轴心受压承载力计算公式。

（3）建立的 CFS-地聚物泡沫混凝土柱轴心受压承载力计算公式计算值与试验值和模拟值吻合较好，误差集中在 5%左右，说明该公式可以较好地预测 CFS-地聚物泡沫混凝土柱的轴心受压承载力。

参考文献

[1]　钢管混凝土结构技术规程：CECS 28：2012[S]. 北京：中国计划出版社，2012.

[2]　组合结构设计规范：JGJ 138—2016[S]. 北京：中国建筑工业出版社，2016.

[3]　钢管混凝土结构技术规范：GB 50936—2014[S]. 北京：中国建筑工业出版社，2014.

[4]　Committee ACI，Wight J K，Barth F G，et al. Building code requirements for reinforced concrete and commentaiy（ACI 318M-05）[M]. American Concrete Institute，2005.

[5]　Load and resistance factor design specification for structural steel buildings[S]. Chicago，USA：American Institute of Steel Construction（AISC-LRFD），1999.

[6]　Recommendations for design and construction of concrete filled steel tubular structures[S]. Tokyo，Japan：Architectural Institute of Japan（AIJ），1997.